OKiDOKi

FiT iN ...

Mathematik

für den Übergang in die Sekundarstufe II

Schroedel

OKiDOKi FiT iN Mathematik
für den Übergang in die Sekundarstufe II

Klasse 10 ➡ 11

Jürgen Ruschitz
Bernd Wurl

Bibliografische Information Der Deutschen Bibliothek
Die Deutsche Bibliothek verzeichnet diese Publikation in der Deutschen Nationalbibliografie; detaillierte bibliografische Daten sind im Internet über http://dnb.ddb.de abrufbar.

ISBN 3-507-22263-9

Layout: Janssen Kahlert Design & Kommunikation, Hannover
Illustrationen: Dietmar Griese, Laatzen
Satz und Lithos: DTP-Studio Koch Oberweißbach
Druck und Bindung: pva, Landau

10/05

INHALT

Liebe Schülerin, lieber Schüler,

Okidoki „Fit in Mathematik für den Übergang in die Sekundarstufe II“ (Übergang in die gymnasiale Oberstufe zum Abitur oder zum Fachabitur) soll Ihnen helfen, Ihre Fähigkeiten im Fach Mathematik richtig einzuordnen und das zu trainieren, was Sie noch nicht sicher genug beherrschen. Sie sollten mit diesem Buch arbeiten, wenn Sie kurz vor dem Abschluss der Klasse 10 stehen oder diese Klasse gerade abgeschlossen haben.

Zu Anfang wartet ein **Einstiegstest** auf Sie. Er enthält auf 6 Seiten alle wichtigen Inhalte, die Sie in den vergangenen zehn Schuljahren im Fach Mathematik gelernt haben. Vor dem Bearbeiten dieses Tests sollten Sie sich die Hinweise auf dieser Seite gut durchlesen.
Zu jeder der sechs Seiten gibt es in diesem Buch ein ganzes Kapitel, das dieselbe Überschrift wie die Testseite hat. Dort finden Sie Erklärungen, vorgerechnete Beispiele und Tipps sowie Aufgaben, die Sie selbst lösen sollen. Ob Sie die Aufgaben richtig gelöst haben, können Sie am Ende des Buches nachschlagen. Die Lösungen zu diesen Übungsteilen sind ab Seite 106 abgedruckt und enthalten nicht nur das richtige Ergebnis, sondern bei komplexeren Aufgabenstellungen auch die entscheidenden Etappen des Lösungsweges.
Die Lösungen des Einstiegstests finden Sie ab Seite 104, ebenso Bewertungsangaben für die einzelnen Aufgaben. Insgesamt sind 108 Punkte zu erreichen. Bitte addieren Sie die Bewertungen Ihrer Lösungen. Zur Einschätzung Ihrer im Test gezeigten Leistung finden Sie am Ende der Lösungen für den Einstiegstest eine eingefärbte Punkteskala. Liegt Ihre Leistung im dunkelgrünen oder gar blauen Bereich, werden Sie in der gymnasialen Oberstufe im Fach Mathematik keine Schwierigkeiten haben. Sie können dieses Buch getrost zur Seite legen oder an „Bedürftigere“ weiterreichen. Im mittelgrünen Bereich sind Sie gut beraten, vorhandene Defizite zu beheben. Liegt Ihre Leistung im gelben Bereich, raten wir Ihnen dringend dazu, dieses Buch intensiv durchzuarbeiten.
Wir empfehlen Ihnen, den Einstiegstest in drei Sequenzen aus jeweils zwei Seiten zu bearbeiten. Dazwischen sollte eine Pause von mindestens einer Stunde liegen – und es scheint nicht sinnvoll, den gesamten Einstiegstest im Laufe eines einzigen Tages abzuleisten (Empfehlung: 2 Seiten am Vormittag, 2 Seiten am Nachmittag, 2 Seiten am nächsten Vormittag). Gestatten Sie sich eine Formelsammlung und einen Taschenrechner (außer bei Aufgaben, bei denen er ausdrücklich nicht verwendet werden soll) – mehr nicht.
Nach dem Einstiegstest wissen Sie auch, in welchen Kapiteln Sie besser und in welchen Sie schlechter „zu Hause“ sind. Dennoch sollten Sie die Kapitel der Reihe nach durcharbeiten, denn häufig benötigen Sie in einem Kapitel Inhalte aus anderen Kapiteln (Sie benötigen z. B. den Satz des Pythagoras im Kapitel zur Körperberechnung). Mathematik ist eine sehr stringente und systematische Disziplin, die man nur dann beherrscht, wenn man Inhalte aus verschiedenen Bereichen miteinander vernetzt anwenden kann.
Sie sollten bei der Durcharbeitung der einzelnen Kapitel nicht länger als 90 Minuten hintereinander tätig bleiben. Danach überlagert der Konzentrationsverlust den Informationsgewinn. Wenn Sie – zum Beispiel in den Ferien oder an einem Wochenendtag – den ganzen Tag über Zeit haben, können Sie auch mehr als eine Lernsequenz pro Tag durchführen, aber bitte nicht mehr als drei 90-minütige Lernsequenzen mit mindestens einer Stunde Pause zwischen zwei Sequenzen.

Unter „Durcharbeitung“ eines Kapitels ist folgendes zu verstehen:

- Genaues Lesen der Informationen
- Wiedergeben der Informationen mit eigenen Worten
- Nachrechnen der Musteraufgaben
- Lösen aller Übungsaufgaben
- Nachschlagen der richtigen Lösungen, bei Fehlern das Nachvollziehen des angegebenen Weges, den Sie bei der Lösung finden

Wenn Sie alle Kapitel in der angegebenen Weise gründlich durchgearbeitet haben, sind Sie fit für den **Abschlusstest**. Er ist so konzipiert und testtechnisch erprobt, dass er die Leistung analog und nach Themengebieten gleichverteilt wie der Einstiegstest misst. Auch die erreichbare Gesamtpunktzahl ist mit 108 wie beim Einstiegstest. Wir empfehlen Ihnen, auch beim Abschlusstest nur jeweils zwei Seiten zu bearbeiten und dann eine längere Pause einzulegen. Zugelassen sind wieder eine Formelsammlung und der Taschenrechner.
Wir versprechen Ihnen bereits an dieser Stelle: Wenn Sie beim Einstiegstest nicht über ein „mittelgrün“ hinausgekommen sind und das Buch vor dem Abschlusstest in der angegebenen Weise gründlich durchgearbeitet haben, werden Sie beim Abschlusstest mit sehr großer Wahrscheinlichkeit ein besseres Ergebnis als beim Einstiegstest erzielen.
Sie können und werden mithilfe dieses Buches Ihre Leistungsfähigkeit im Fach Mathematik steigern. Deshalb möchten wir Ihnen Durchhaltevermögen, viel Freude an der eigenen Leistung und viel Erfolg vor allem beim Abschlusstest wünschen.

Übrigens: OKiDOKi freut sich über Post.
E-Mail: okidoki@schroedel.de
Sie können OKiDOKi auch im Internet besuchen: www.okidoki.de

TIPP

Im Tipp finden Sie Regeln und Merksätze verständlich formuliert. Der Tipp gibt Ihnen außerdem Hilfestellungen zum Lösen der Aufgaben.

ÜBUNGSTIPP

Der Übungstipp erklärt Ihnen, wie Sie sich das Lernen erleichtern können.

ACHTUNG

Hier bekommen Sie Hilfen für knifflige Fälle und Ausnahmen, um Fallen zu vermeiden.

TEST

WAS KANN ICH SCHON?

1. Lösen Sie die Gleichung und führen Sie die Probe durch.

$3(4 - y) - 5y + (y - 2)(y + 3) = y^2 - 9y + 32$

2. Ergänzen Sie die fehlenden Terme in der Gleichung. Links steht der Produktterm, rechts der Summenterm gemäß einer binomischen Formel.

a) $(3ab + 5b^2)^2 = \_\_\_ + \_\_\_ + \_\_\_$

b) $(3{,}5x - \_\_\_)^2 = \_\_\_ - \_\_\_ + 36x^2y^2$

c) $(-3x - \_\_\_)(\_\_\_ - \_\_\_) = 25a^2 - 9x^2$

d) $(\_\_\_ + \_\_\_)^2 = 64x^2 + 112x + \_\_\_$

3. Lösen Sie die Bruchgleichung und führen Sie die Probe durch.

$\frac{3}{x - 3} = \frac{4x + 1}{x^2 - 9}$.

4. Lösen Sie die Formel nach der gesuchten Variablen auf.

a) $A = \frac{g \cdot h}{2}$, gesucht ist g

b) $u = 2a + 2b$, gesucht ist b

c) $V = \frac{4}{3}\pi r^3$, gesucht ist r

d) $O = 2\pi r^2 + 2\pi rh$, gesucht ist h

5. Lösen Sie das Gleichungssystem nach dem von Ihnen bevorzugten Verfahren rechnerisch.

a) I $3x - 5y = 37$
II $2x + 4y = 10$

b) I $2(x + 6) + 8 = 5y - 25$
II $3(x + y) - 2x = 2y + 2$

6. Lösen Sie die Gleichung und führen Sie die Probe durch.

$(2x - 5)^2 - 7x + 16 = x - 7$

7. Prüfen Sie mit dem Satz des Vieta, ob die Gleichung die beiden angegebenen Lösungen x_1 und x_2 hat.

Gleichung: $x^2 - 7x - 18 = 0$

Lösungen: $x_1 = -9$ und $x_2 = 2$

1. a) $\frac{7}{4} - \frac{6}{5} =$ b) $5{,}28 - \frac{81}{25} =$

2. a) $\frac{1}{2} \cdot 1{,}7 =$ b) $0{,}45 : \frac{1}{5} =$

3. a) $-25 - 6 \cdot 3 =$ b) $-7{,}25 + 8{,}4 \cdot \left(-\frac{1}{2}\right) =$

4. a) $2{,}8 : (-4) - 0{,}9 \cdot (-2) =$ b) $-\frac{3}{4} \cdot \frac{8}{9} + \frac{5}{6} : \left(-\frac{1}{3}\right) =$

5. Schreiben Sie in normierter Exponentialform.

a) 37 468 000 = b) 0,0000000813 =

6. Ermitteln Sie das Ergebnis ohne Taschenrechner in normierter Exponentialform.

a) $\frac{6^5 \cdot 10^3}{0{,}1^3 \cdot 3^5} =$ b) $\frac{9^4 \cdot 10^{-3}}{3^7 \cdot 10^6} =$

7. Vereinfachen Sie den Term so weit wie möglich.

a) $x^{2n-7} \cdot x^{9-3n} =$ b) $\frac{64y^{m-3}}{2^5 y^{m-4}} =$

c) $(a^{2n-3})^2 \cdot a^{8-5n} =$ d) $(2a^2b)^{n-1} \cdot \left(\frac{1}{4ab}\right)^{n-1} =$

8. Berechnen Sie das Ergebnis ohne Taschenrechner.

a) $\sqrt[3]{2} \cdot \sqrt[3]{4} =$ b) $\frac{\sqrt[5]{9}}{\sqrt[5]{\frac{1}{27}}} =$ c) $\sqrt[21]{125^7} =$

9. Berechnen Sie das Ergebnis ohne Taschenrechner.

a) $7^{\frac{1}{3}} \cdot 7^{\frac{2}{3}} =$ b) $\sqrt[3]{8^4} \cdot 2^{\frac{2}{3}} \cdot 4^{\frac{2}{3}} =$ c) $\left(4^{-\frac{1}{3}}\right)^{-6} =$

TEST

WAS KANN ICH SCHON?

TEST

WAS KANN ICH SCHON?

1. Ordnen Sie die Gleichungen linearer Funktionen den abgebildeten Graphen zu.

(1) $y = 2x - 5$

(2) $y = -4 - 0{,}3x$

(3) $y = -\frac{1}{2}x + 4$

(4) $y = 3 - 2x$

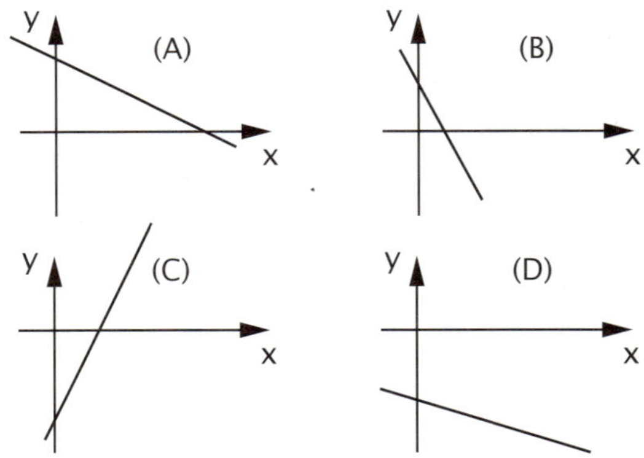

2. Bestimmen Sie die Gleichung der linearen Funktion zu folgendem Graphenverlauf.

a) Der Graph schneidet die y-Achse im Punkt 4,5 und hat die Steigung 3.

b) Der Graph schneidet die y-Achse im Punkt –3 und verläuft durch den Punkt (4|5).

c) Der Graph verläuft durch die Punkte A(–1|4) und B(2|–5).

d) Der Graph schneidet die x-Achse an der Stelle 5 und die y-Achse an der Stelle –8.

3. Eine quadratische Funktion hat die Gleichung $f(x) = x^2 - 6x + 5$

a) Formen Sie die Gleichung in die Scheitelpunktsform um und zeichnen Sie den zugehörigen Funktionsgraphen.

b) Notieren Sie die Koordinaten des Scheitelpunktes.

c) Wie heißen die Nullstellen der Funktion?

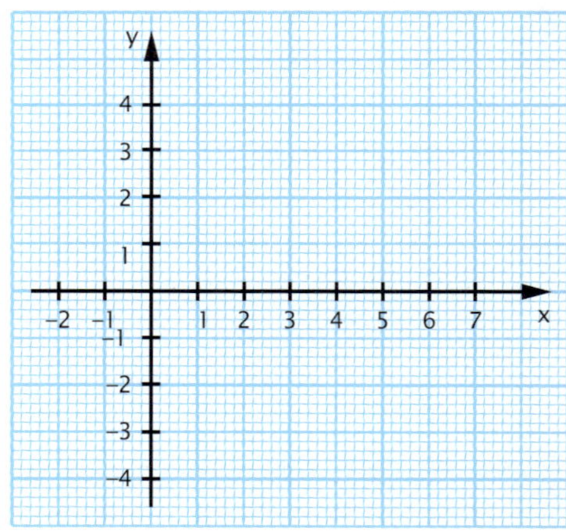

4. Dargestellt sind die Funktionsgraphen von

$f(x) = 2^x$, $g(x) = \left(\frac{1}{2}\right)^x$, $h(x) = \log_2 x$, $k(x) = \log_{0,5} x$.

Ordnen Sie richtig zu.

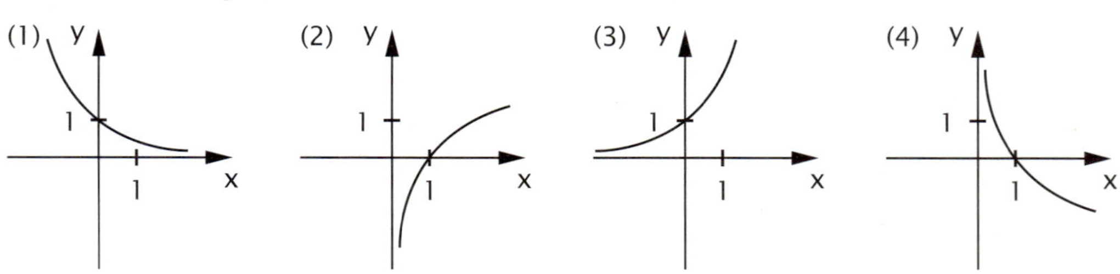

1. Bei der Achsenspiegelung sind Originalpunkt P und Bildpunkt P' gleich weit von der Spiegelachse s entfernt.
Außerdem gilt $\overline{PP'} \perp s$.

Beweisen Sie mit Hilfe von Kongruenzsätzen:
Die Strecke $\overline{PQ}$ ist genauso lang wie die Strecke $\overline{P'Q'}$.

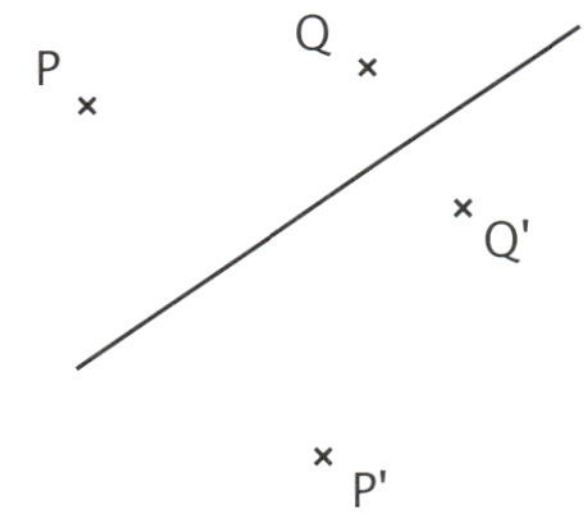

2. a) Wie lang ist die Strecke x?
g || h

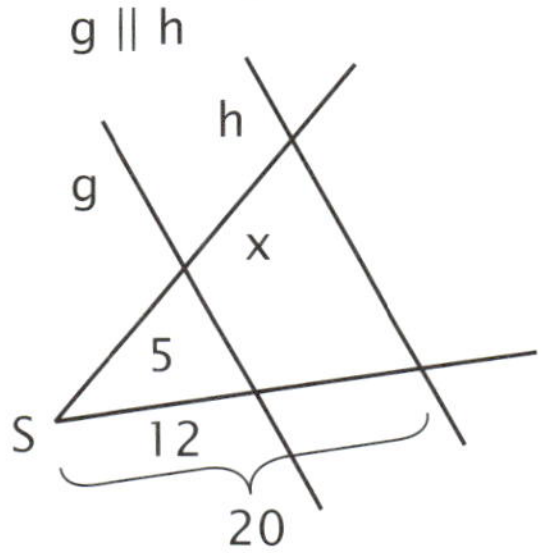

b) Wie lang ist die Strecke y?
p || q

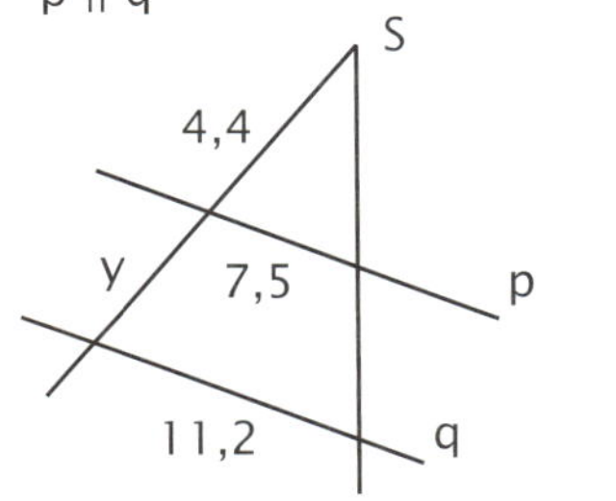

3. Abgebildet ist ein Quader mit den angegebenen Maßen.

a) Wie lang ist die Bodendiagonale d?

b) Wie lang ist die Raumdiagonale e?

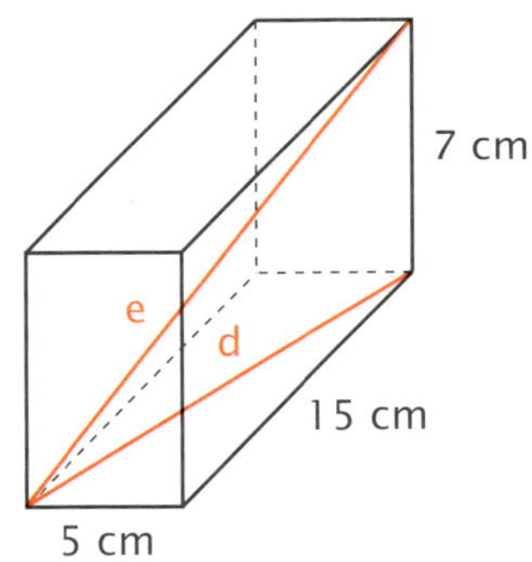

4. Eine Leiter ist 5,8 m lang. Sie lehnt an einer senkrechten Wand. Ihr eines Ende ist 3,10 m von der Wand entfernt aufgesetzt. In welcher Höhe lehnt das andere Ende an der Wand?

5. Berechnen Sie das gesuchte Maß, das als Variable notiert ist.

a)

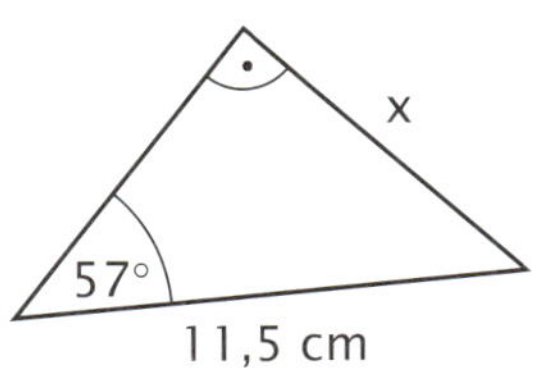

b)

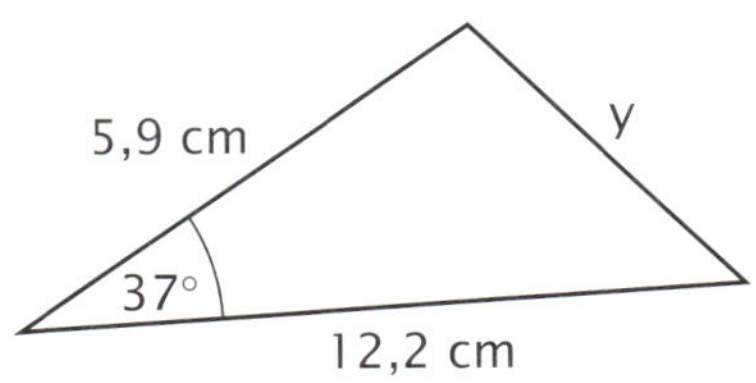

c)

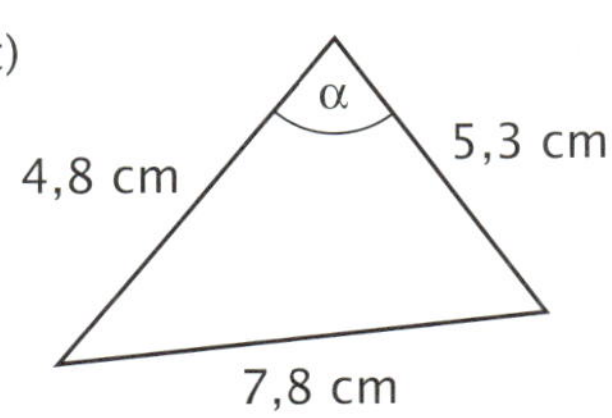

d)

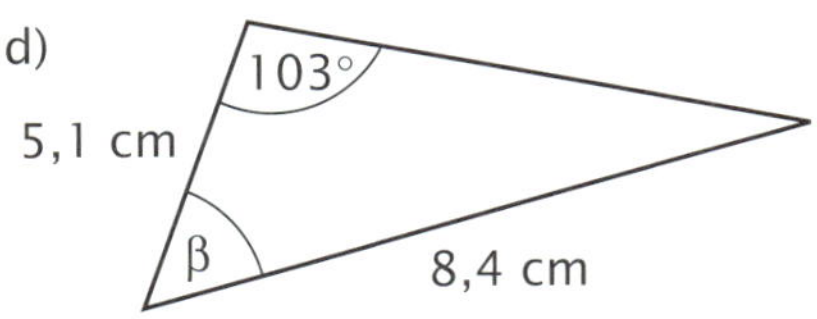

1. Ein Würfel hat eine Oberfläche von 294 cm^2. Wie groß ist sein Volumen?

2. Aus einem Quadrat der Kantenlänge 12 cm wird der größtmögliche Kreis ausgeschnitten. Welchen Flächeninhalt hat er?

3. Berechnen Sie Flächeninhalt und Umfang des abgebildeten Kreissektors.

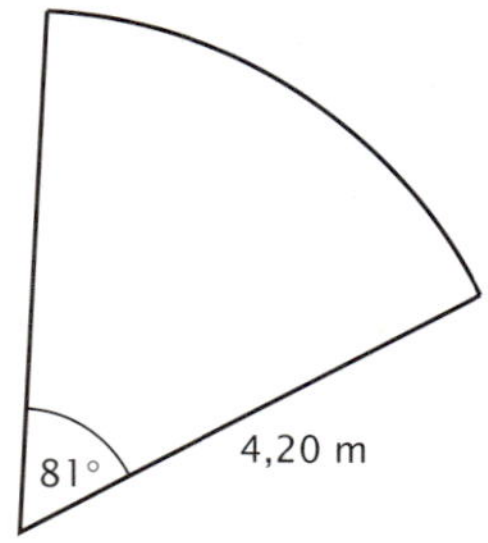

4. Ein Auto mit Reifen von 60 cm Durchmesser hat eine Gesamtfahrleistung von 24 526 km erbracht und besitzt noch die Erstbereifung.
Wie oft haben sich die Reifen gedreht?

5. Der abgebildete Zylinder mit aufgesetzter Halbkugel ist 70 cm breit und 1,80 m hoch.

a) Berechnen Sie das Volumen des Körpers.

b) Berechnen Sie die Oberfläche des Körpers.

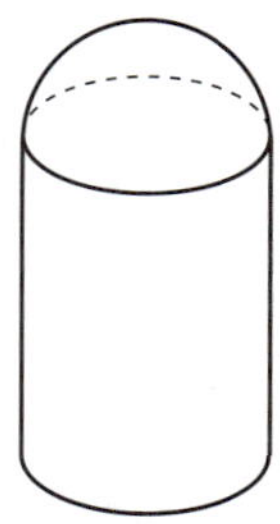

6. Berechnen Sie das Volumen des abgebildeten Körpers in Litern.

a)

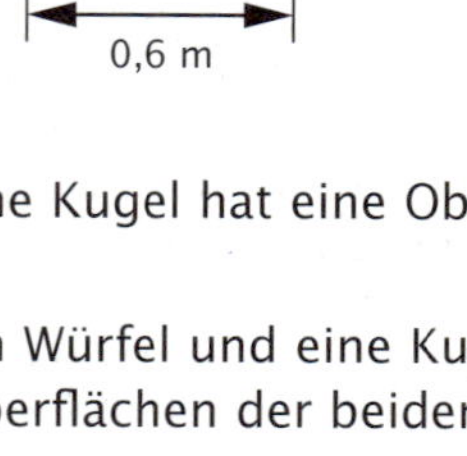

b)

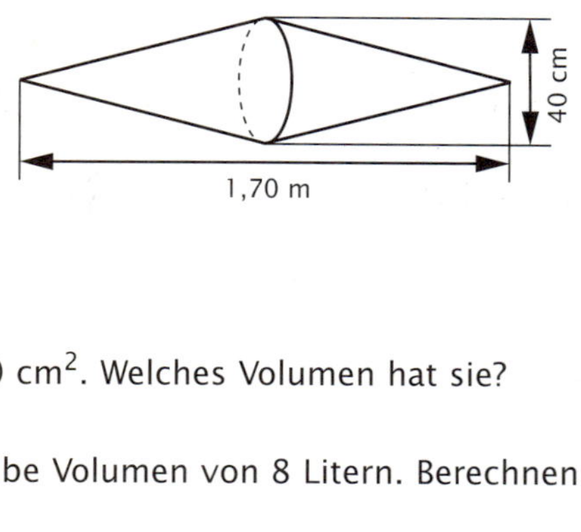

7. Eine Kugel hat eine Oberfläche von 850 cm^2. Welches Volumen hat sie?

8. Ein Würfel und eine Kugel haben dasselbe Volumen von 8 Litern. Berechnen Sie die Oberflächen der beiden Körper.

9. Ein Kegel hat die Kantenlänge s = 12 cm und die Oberfläche 267 cm^2.

a) Berechnen Sie den Grundflächenradius r.

b) Berechnen Sie das Volumen des Kegels.

1. Ein Flugzeug legt in 10 km Flughöhe in 8 Minuten 114 km zurück.
In welcher Zeit schafft es bei gleicher Geschwindigkeit eine Flugstrecke von 2 137,5 km?

2. Drei C-Rohre der Feuerwehr pumpen einen mit 12 m^3 Wasser überschwemmten Keller in 5 Stunden leer. Der Keller des Rathauses ist mit 24 m^3 Wasser überschwemmt.

a) Wie viele C-Rohre müssen eingesetzt werden, um den Rathauskeller in 5 Stunden leer zu pumpen?

b) Wie viele C-Rohre müssen zum Einsatz kommen, um den Rathauskeller in 3 Stunden leer zu pumpen?

3. Ein Auto, das bisher 18 400 € kostete, wird nun für 19 320 € angeboten. Um wie viel Prozent hat der Hersteller den Preis erhöht?

4. Bei einer Grippewelle sind 120 Mitarbeiter der Kommunalverwaltung erkrankt, das sind 15 % aller Beschäftigten. Wie viele Personen sind in der Kommunalverwaltung beschäftigt?

5. Frau Krause leiht sich für 75 Tage einen Betrag von 1400 € zu einem Zinssatz von 8 % p. a. aus. Wie viel Zinsen muss sie bezahlen?

6. In einem Entwicklungsland wächst die Bevölkerung jährlich um 1,8 %. Heute leben 8 500 000 Menschen in diesem Land. Welche Einwohnerzahl ist bei unverändertem Wachstum in 25 Jahren zu erwarten?

7. Alle Schülerinnen und Schüler der 11. Klasse eines Gymnasiums haben einen Test absolviert, der mit Punkten zwischen 0 und 15 bewertet wurde. Hier ist das Ergebnis:

0	1	2	3	4	5	6	7	8	9	10	11	12	13	14	15
0	2	1	3	5	4	7	8	11	9	8	6	4	1	2	1

Berechnen Sie den Punktedurchschnitt auf eine Stelle nach dem Komma gerundet.

8. Sechs Freundinnen fahren in ein Skigebiet, in dem sie ein 6-er-Sessellift zur Bergstation bringt.
Wie oft müssen sie auf den Sessellift steigen, um jede mögliche Sitzanordnung einmal eingenommen zu haben?

9. In einem Karton liegen 12 gleichartige Kugeln. 6 von ihnen sind rot, 4 blau und 2 gelb. Karsten greift mit verbundenen Augen hinein und holt zwei Kugeln heraus. Wie groß ist die Wahrscheinlichkeit, dass mindestens eine davon gelb ist?

KAPITEL 1

ALGEBRAISCHE GESETZE

TIPP

*In einer Summe oder in einem Produkt darf man beliebig Klammern setzen oder weglassen. Dieses Gesetz heißt **Assoziativgesetz**.*

$(a + b) + c = a + (b + c) = a + b + c$ $\quad$ $(a \cdot b) \cdot c = a \cdot (b \cdot c) = a \cdot b \cdot c$

Beispiel: $(34 + 47) + 3 = 34 + (47 + 3) = 34 + 50$ $\quad$ $(3 \cdot 12) \cdot 5 = 3 \cdot (12 \cdot 5) = 3 \cdot 60$

*In einer Summe oder in einem Produkt darf man die Summanden bzw. die Faktoren vertauschen. Dieses Gesetz heißt **Kommutativgesetz**.*

$a + b = b + a$ $\quad$ $a \cdot b = b \cdot a$

Beispiel: $11 + 53 = 53 + 11 = 64$ $\quad$ $12 \cdot 3 = 3 \cdot 12 = 36$

Summen und Differenzen darf man gliedweise multiplizieren.
*Dieses Gesetz heißt **Distributivgesetz**.*

$a \cdot (b + c) = a \cdot b + a \cdot c$ $\quad$ $a \cdot (b - c) = a \cdot b - a \cdot c$

Beispiel: $4 \cdot (6 + 8) = 4 \cdot 6 + 4 \cdot 8$ $\quad$ $6 \cdot (20 - 1) = 6 \cdot 20 - 6 \cdot 1$

1. Setzen Sie die Klammern so, dass Sie geschickt rechnen können.

a) $8{,}8 + 1{,}2 + 15{,}4 =$ $(8{,}8+1{,}2)+15{,}4 = 25{,}4$ b) $2{,}8 + 5{,}7 + 0{,}3 =$ $2{,}8+(5{,}7+0{,}3) = 8{,}8$

c) $4 \cdot 2{,}5 \cdot 1{,}7 =$ $(4 \cdot 2{,}5) \cdot 1{,}7 = 17$ d) $7 \cdot 6 \cdot 0{,}5 =$ $7 \cdot (6 \cdot 0{,}5) = 21$

2. Vertauschen Sie geschickt und berechnen Sie dann die Summe bzw. das Produkt.

a) $27 + 4 + 3 + 56 =$ $27+3+56+4=90$ b) $4 \cdot 2 \cdot 5 \cdot 25 =$ $2 \cdot 25 \cdot 4 \cdot 5 = 1000$

c) $175 + 14 + 25 =$ $175+25+14=214$ d) $125 \cdot 6 \cdot 8 =$ $125 \cdot 8 \cdot 6 = 6000$

3. Berechnen Sie die fehlenden Rechenausdrücke in der Tabelle.

a)

a	b	c	b + c	a (b + c)	a · b	a · c	a · b + a · c
6	3	8	11	66	18	48	66

b)

a	b	c	b – c	a (b – c)	a · b	a · c	a · b – a · c
4	15	3	12	48	60	12	48

4. Welche Gesetze wurden hier benutzt?

a) $4 + 8 \cdot (2 + 9) = 16 + 4 + 72$ Distributivgesetz + Kommutativg.

b) $0{,}8 + 5 - 2 + 0{,}2 = 1 + 5 - 2$ Kommutativgesetz

TIPP

Mit dem Assoziativgesetz lassen sich viele Aufgaben leicht im Kopf berechnen.

$7 \cdot 28 + 7 \cdot 12 = 7(28 + 12) = 7 \cdot 40$ $\quad$ $6 \cdot 108 - 6 \cdot 8 = 6(108 - 8) = 6 \cdot 100$

5. Berechnen Sie das Ergebnis geschickt im Kopf.

a) $4 \cdot 44 + 4 \cdot 6$ 206 b) $3 \cdot 1{,}25 - 3 \cdot 0{,}25$ 3 c) $8 \cdot 625 + 8 \cdot 375$ 8000

TIPP

Rechenwege werden jeweils durch einen Term beschrieben. Dieser kann auch Variablen enthalten. Setzt man für die Variablen Zahlen ein, so erhält man eine Zahl als Ergebnis.

Beispiel:
Welchen Umfang hat das Dreieck?
$x = 3$ und $y = 2{,}5$

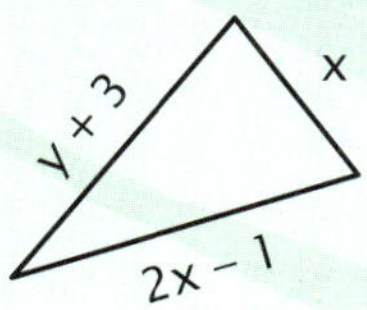

Multiplikationszeichen dürfen in Termen weggelassen werden, wenn es zu keinen Missverständnissen führt!

$u = 2x - 1 + x + y + 3$ — Variablen und Zahlen ordnen
$u = 2x + x + y - 1 + 3$ — Gleiche Variablen zusammenfassen
$u = 3x + y + 2$ — Zahlen einsetzen
$u = 3 \cdot 3 + 2{,}5 + 2$ — Term berechnen
$u = 13{,}5$

1. Schreiben Sie einen Term für den Umfang des Vierecks auf.
Berechnen Sie anschließend den Umfang.

a)

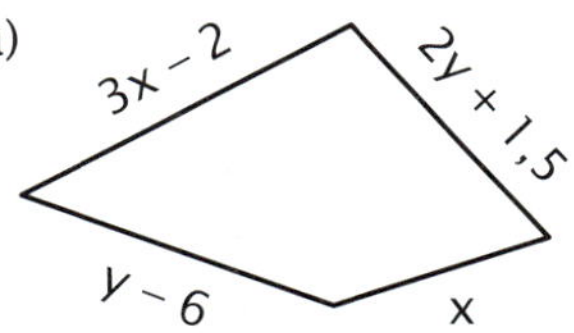

$x = 5{,}5$ und $y = 9$

b)

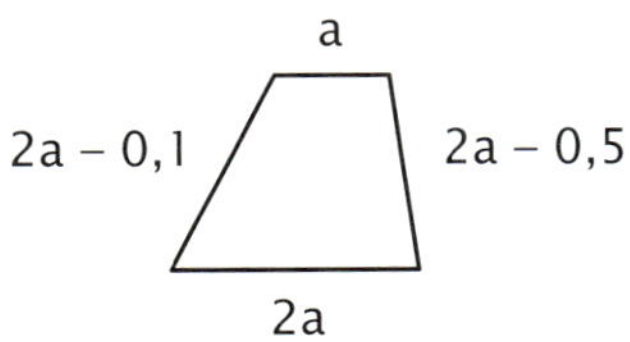

$a = 1{,}3$

c)

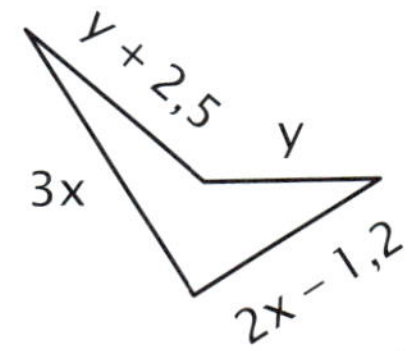

$x = 2{,}6$ und $y = 1{,}8$

ACHTUNG

Beim Auflösen einer Klammer mit einem Minuszeichen davor ändern sich die Vorzeichen.

$5 - (x - y) = 5 - x + y$
$5 - (x + y) = 5 - x - y$
$5 - 3(x - y) = 5 - 3x + 3y$
$5 - 3(-x + y) = 5 + 3x - 3y$

TIPP

Gleichungen werden vereinfacht, indem man
- *die Klammern auflöst,*
- *die Terme links und rechts des Gleichheitszeichens ordnet und zusammenfasst,*
- *auf beiden Seiten dasselbe addiert bzw. subtrahiert,*
- *beide Seiten mit derselben Zahl multipliziert oder durch dieselbe Zahl (außer 0) dividiert.*

$2(2x - 5) + 7 = 22 - (7 - x)$ — Klammern auflösen
$4x - 10 + 7 = 22 - 7 + x$ — Ordnen und zusammenfassen
$4x - 3 = x + 15 \quad | -x$
$3x - 3 = 15 \quad | +3$
$3x = 18 \quad | :3$ — Gegenoperation durchführen
$x = 6$

2. Lösen Sie die Gleichung. Beachten Sie die Lösungsschritte.
a) $5(2x + 3) = 8x - 6$
b) $2(3x + 4) = 8(2x - 4)$
c) $-4(x - 7) = 2x + 4$

TIPP

Zwei Summen werden miteinander multipliziert, indem man jeden Summanden der einen Summe mit jedem Summanden der anderen Summe multipliziert.

$$(a + b)(c + d) = ac + ad + bc + bd$$

$(6 + x)(y - 3)$	$(2x - 5)(x + 8)$	$(2x + 5y)(3y - 4x)$
$= 6y - 18 + xy - 3x$	$= 2x^2 + 16x - 5x - 40$	$= 6xy - 8x^2 + 15y^2 - 20xy$
$= xy - 3x + 6y - 18$	$= 2x^2 + 11X - 40$	$= 8x^2 - 14xy + 15y^2$

1. Multiplizieren Sie die Summen und fassen Sie dann zusammen.
a) $(x + 7)(5 + y)$ b) $(4x + 9)(-3 + 2x)$ c) $(3x - 2y)(6x - 4y) + (x + 3y)(2x - y)$

2. Multiplizieren Sie erst die Summen und fassen Sie dann zusammen.
a) $(2x + y)(4 + 3x) - 6x + 9$
b) $3a - 6 + (2a - 4)(3a + 5) + 2b$
c) $(4b - 2a)(5 + b) + 3(2b + 4a)$
d) $2x + 4(x - 10) + 4 + (5x - 8)(1 + x)$

TIPP

Auch in Gleichungen mit Produkten von Summen werden zuerst die Klammern aufgelöst. Anschließend wird auf beiden Seiten der Gleichung geordnet und zusammengefasst.

$(4x + 2)(3x - 2) + 6$	$=$	$12x^2 + 4$	Summen multiplizieren
$12x^2 - 8x + 6x - 4 + 6$	$=$	$12x^2 + 4$	Zusammenfassen
$12x^2 - 2x + 2$	$=$	$12x^2 + 4$	$\mid -12x^2$
$-2x + 2$	$=$	$+4$	$\mid -2$
$-2x$	$=$	$+2$	$\mid :(-2)$
x	$=$	-1	

3. Lösen Sie die Gleichung.
a) $(3y - 2)(5 - 8y) = 21 - 24y^2$
b) $(3x + 4)(4x + 3) = (2x + 6)(6x + 2)$

4. Vervollständigen Sie den Lösungsgang.

$4x(2x - 9) - 10x$	$=$	$(x - 7)(8x - 4) - 2(x + 4)$	
$8x^2 - 36x - 10x$	$=$	$8x^2 - 4x - 56x + 28 - 2x - 8$	
$8x^2 - 46x$	$=$	$8x^2 + 20 - 62x$	$\mid -8x^2$
$-46x$	$=$	$-62x + 20$	$\mid +62x$
$16x$	$=$	20	$\mid :16$
x	$=$	$\frac{10}{8}$ $\frac{5}{4}$ $= 1{,}25$	

TIPP

*Ein **Binom** ist eine Summe aus zwei Summanden.*

*Wird ein Binom aus zwei Summanden mit gleichen Vorzeichen quadriert, so kann die **1. binomische Formel** angewendet werden.*

$$(a + b)(a + b) = \mathbf{(a + b)^2 = a^2 + 2ab + b^2}$$

$(x + 3)^2 = x^2 + 6x + 9$ $\quad$ $(-2y - 5)^2 = 4y^2 + 20y + 25$

*Wird ein Binom aus zwei Summanden mit unterschiedlichen Vorzeichen quadriert, so kann die **2. binomische Formel** angewendet werden.*

$$(a - b)(a - b) = \mathbf{(a - b)^2 = a^2 - 2ab + b^2}$$

$(x - 2)^2 = x^2 - 4x + 2$ $\quad$ $(-3y + 1)^2 = 9y^2 - 6y + 1$

*Werden zwei Binome multipliziert, die in einem Summanden übereinstimmen und deren zweite Summanden sich nur in ihrem Vorzeichen unterscheiden, kann die **3. binomische Formel** angewendet werden.*

$$\mathbf{(a + b)(a - b) = a^2 - b^2}$$

$(x + 3)(x - 3) = x^2 - 9$ $\quad$ $(-2y + 4)(2y + 4) = -4y^2 + 16$

1. Bilden Sie aus dem Produktterm den Summenterm mit der zutreffenden binomischen Formel.

a) $(5x + 10)^2$ b) $(-4a + 7)(4a + 7)$ c) $(-3 + 2x)^2$ d) $(-0{,}5x - 0{,}3)^2$
e) $(7x - 12)^2$ f) $(8z - 6)(8z + 6)$ g) $(9x + 15)^2$ h) $(-0{,}2x + 0{,}1)^2$

2. Der Summenterm wurde mit einer binomischen Formel umgeformt.
Notieren Sie den passenden Produktterm.

a) $4b^2 + 12b + 9$ b) $0{,}25x^2 - 2{,}25$ c) $9y^2 - 48y + 64$ d) $a^2 + 8ay + 16y^2$

3. Ergänzen Sie den fehlenden Term.

a) $x^2 + 4x +$ [2²] $= (x +$ [2] $)^2$ b) $x^2 - 16x +$ [4] $= (x -$ [4] $)^2$
c) $25x^2 + 20x +$ [4] $= ($ [5] $x +$ [4] $)^2$ d) $9x^2 - 30x +$ [10] $= ($ [3] $x -$ [10] $)^2$

4. Lösen Sie die Gleichung. Als erstes wird mit einer binomischen Formel die Klammer aufgelöst.

a) $(2x - 2)^2 = 4x^2 - 4$ b) $(-2y + 1)^2 = 4y^2 - 7$ c) $(5x + 3)^2 = 25x^2 + 39$

TIPP

Beachten Sie das Minuszeichen vor der Klammer.

$5x - (3x - 4)^2 = 42 - 9x^2$	Binomische Formel anwenden, Klammer belassen,
$5x - (9x^2 - 24x + 16) = 42 - 9x^2$	Klammern auflösen,
$5x - 9x^2 + 24x - 16 = 42 - 9x^2$	Ordnen und Zusammenfassen,
$-9x^2 + 29x - 16 = 42 - 9x^2 \quad \vert + 9x^2$	Gegenoperation durchführen ...

5. Lösen Sie die Gleichung.

a) $5x - (2x + 4)^2 = 17 - 4x^2$ b) $18 - (4x - 3)^2 = 9 - 16x^2$ c) $(x + 5)^2 - (x - 3)^2 = 12(x + 4)$

TIPP

Brüche, bei denen im Nenner Variable auftreten, heißen ***Bruchterme****. Da die Division durch Null nicht definiert ist, müssen Sie darauf achten, dass der Nenner bei Einsetzung von Zahlen für die Variable nicht Null wird. Solche Zahlen müssen vorab, z. B. durch Angabe eines* ***Definitionsbereiches D****, ausgeschlossen werden.*

$\frac{4}{x}$	$\frac{1}{x-3}$	$\frac{2x}{2x(x-y)}$	$\frac{2x+6}{a(b-c)}$	$\frac{5-2x}{x^2-36}$
Definiert für alle Zahlen außer 0 kurz: $D = \mathbb{Q}\setminus\{0\}$ oder $x \neq 0$	$x - 3 = 0$ $x = 3$ $D = \mathbb{Q}\setminus\{3\}$ $x \neq 3$	$x \neq 0,\ x \neq y$	$a \neq 0,\ b \neq c$	$(x + 6)(x - 6) = 0$ Binomische Formel $D = \mathbb{Q}\setminus\{6,-6\}$ $x \neq -6,\ x \neq 6$

1. Bestimmen Sie, für welche Zahlen der Bruchterm definiert ist.

a) $\frac{5}{8x}$ b) $\frac{2b}{b+5}$ c) $\frac{a+3}{4a-20}$ d) $\frac{b-6}{5-2b}$ e) $\frac{y-2}{y^2-9y}$ f) $\frac{3x+6}{x^2+4x+4}$

TIPP

Bruchterme können wie Brüche gekürzt und erweitert werden.
Kürzen von Bruchtermen

$\frac{6xy}{2x^2y} = \frac{{}^3\cancel{6}\cancel{x}^1\cancel{y}^1}{\cancel{2}_1 x\cancel{x}\cancel{y}_1} = \frac{3}{x}$ für $x \neq 0$ und $y \neq 0$

$\frac{5(x+3)}{x^2+6x+9} = \frac{5(x+3)}{(x+3)^2} = \frac{5}{x+3}$ für $x \neq -3$

2. Kürzen Sie so weit wie möglich.

a) $\frac{14a^2b}{28ab^3}$ b) $\frac{16x^2y^3}{4xy^2}$ c) $\frac{10x+25}{5x}$ d) $\frac{3(x-4)}{x^2-8x+16}$ e) $\frac{3(x+5)}{x^2+10x+25}$

TIPP

Bruchterme können wie Brüche addiert, subtrahiert, multipliziert und dividiert werden.

$\frac{a}{c} \pm \frac{b}{c} = \frac{a \pm b}{c}$ $\frac{a}{b} \cdot \frac{c}{d} = \frac{a \cdot c}{b \cdot d}$ $\frac{a}{b} : \frac{c}{d} = \frac{a \cdot d}{b \cdot c}$

Vor dem Addieren (Subtrahieren) den Hauptnenner bestimmen

$\frac{3+a}{5a} + \frac{7a-2}{4a}$ Hn: $5 \cdot 4 \cdot a$ $\frac{4(3+a)}{20a} + \frac{5(7a-2)}{20a} = \frac{12+4a+35a-10}{20a} = \frac{39a+2}{20a}$

$\frac{3x}{4} + \frac{5}{x-2}$ Hn: $4(x-2)$ $\frac{3x(x-2)}{4(x-2)} + \frac{4 \cdot 5}{4(x-2)} = \frac{3x^2-6x+20}{4(x-2)} = \frac{3x^2-6x+20}{4x-8}$

3. Fassen Sie so weit wie möglich zusammen und kürzen Sie, wenn es möglich ist.

a) $\frac{y}{c} \cdot \frac{8}{2y^2}$ b) $\frac{x-3}{x+4} \cdot \frac{2(x+4)}{3}$ c) $\frac{4}{3x} + \frac{5}{9}$ d) $\frac{3}{(a+2)} - \frac{2a}{5}$

4. a) $\frac{3x}{4x+8} + \frac{5x}{x+2}$ b) $\frac{3y}{y^2+4y+4} : \frac{4y}{y^2-2^2}$ c) $\frac{4x+6}{10x+5} - \frac{3x+2}{6x+3}$

TIPP

Gleichungen, in denen mindestens ein Bruchterm auftritt, heißen Bruchgleichungen.
In der Grundmenge G einer Bruchgleichung darf keine Zahl auftreten, für die einer der Bruchterme nicht definiert ist.

Haben Bruchgleichungen die Form $\frac{a}{b} = \frac{c}{d}$*, darf man „über Kreuz multiplizieren“.*
Anschließend löst man die neue Gleichung.

$\frac{1}{3} = \frac{5}{2x}$ G = Q\{0}

$1 \cdot 2x = 3 \cdot 5$

$2x = 15 \quad | : 2$

$x = 7{,}5$

$\frac{2x}{x+3} = \frac{5}{4}$ G = Q\{–3}

$2x \cdot 4 = 5(x + 3)$

$8x = 5x + 15 \quad | - 5x$

$3x = 15 \quad | : 3$

$\mathbf{x = 5}$

1. Geben Sie die Grundmenge an und lösen Sie dann die Bruchgleichung.

a) $\frac{a-3}{2a} = \frac{3}{4}$ b) $\frac{7}{3x+4} = \frac{1}{4}$ c) $\frac{12}{3x-6} = \frac{5}{x}$

d) $\frac{3}{x+4} = \frac{2}{x-2}$ e) $\frac{x-2}{x+3} = \frac{x}{x+4}$ f) $\frac{3x+1}{4x-2} = \frac{6x-1}{8x-7}$

TIPP

Bruchgleichungen lassen sich auch lösen, indem man mit dem Hauptnenner multipliziert, anschließend kürzt und die neue Gleichung löst.

$\frac{5}{2x} + 3 = \frac{7}{3x}$ G = Q\{0}

Hauptnenner: $2 \cdot 3 \cdot x = 6x$

$\frac{5 \cdot 6x}{2x} + 3 \cdot 6x = \frac{7 \cdot 6x}{3x}$ Multiplizieren mit 6x

$5 \cdot 3 + 3 \cdot 6x = 7 \cdot 2$ Kürzen

$15 + 18x = 14 \quad | - 15$

$18x = -1 \quad | : 18$

$x = -\frac{1}{18}$

$\frac{3}{x} - \frac{2}{4x} = \frac{1}{5}$ G=Q\{0}

Hauptnenner: $4 \cdot 5 \cdot x = 20x$

$\frac{3 \cdot 20x}{x} - \frac{2 \cdot 20x}{4x} = \frac{1 \cdot 20x}{5}$ Multiplizieren mit 20x

$3 \cdot 20 - 2 \cdot 5 = 1 \cdot 4x$ Kürzen

$60 - 10 = 4x$ | Zusammenfassen

$50 = 4x$ | : 4

$12{,}5 = x$

2. Lösen Sie die Bruchgleichung.

a) $\frac{8}{x} + \frac{7}{x} = 5$ b) $\frac{1}{2x} + \frac{1}{3x} = \frac{1}{4}$ c) $\frac{8}{3x} - \frac{2}{6x} = \frac{4}{x} + \frac{5}{6}$

ACHTUNG

Stehen im Nenner Summen, ist es hilfreich, den Nenner zu faktorisieren.

$\frac{3x+11}{4x+8} = \frac{6x+10}{8x-16}$ *faktorisieren* $\frac{3x+11}{4(x+2)} = \frac{6x+10}{8(x-2)}$ *Hauptnenner:* $8(x+2)(x-2)$

3. a) $\frac{6x+8}{12x-4} = \frac{2x+6}{4x+2}$ b) $\frac{2x+1}{4x-2} = \frac{6x-1}{8x-4}$ c) $\frac{5}{x-2} = \frac{2x}{x^2-4}$

TIPP

Um Formeln nach einer Variablen aufzulösen, geht man wie beim Lösen von Gleichungen vor. Man isoliert die gesuchte Variable auf einer Gleichungsseite.

Dreiecksfläche

Formel: $A = \frac{g \cdot h}{2}$

gesucht h.

$A = \frac{g \cdot h}{2} \quad | \cdot 2$

$2A = g \cdot h \quad | : g$

$\frac{2A}{g} = h$

Kreisfläche

Formel $A = \pi r^2$

gesucht r

$A = \pi r^2 \quad | : \pi$

$\frac{A}{\pi} = r^2 \quad | \sqrt{\ }$

$\sqrt{\frac{A}{\pi}} = r$

1. Stellen Sie die Formel nach der gesuchten Variablen im Kopf um.

a) Umfang Quadrat $u = 4a$ gesucht a.
b) Umfang Dreieck $u = a + b + c$ gesucht b.
c) Umfang Dreieck $u = a + b + c$ gesucht c.
c) Umfang Rechteck $u = 2(a + b)$ gesucht b.

2. Stellen Sie die Formel erst um und berechnen Sie dann die gesuchte Größe.

a) Formel: $V = a\,b\,c$ $V = 14{,}504\ \text{cm}^3$ $a = 3{,}7$ cm $b = 2{,}8$ cm gesucht c.

b) Formel: $W = G\,\frac{p}{100}$ $W = 15$ € $\frac{p}{100} = 2{,}5\ \%$ gesucht G.

TIPP

Enthält die Formel einen Bruch, ist es oft hilfreich, durch Multiplizieren den Bruch zu beseitigen.

$R = \frac{U}{I}$ mit I multiplizieren $R \cdot I = U$ Jetzt nach I auflösen

3. Lösen die Formel auf.

a) Dichte: $\rho = \frac{m}{V}$ gesucht: m, dann gesucht V.

b) Geschwindigkeit: $v = \frac{s}{t}$ gesucht: s, dann gesucht t.

c) Trapez: $V = \frac{a + c}{2} \cdot h$ gesucht: a, dann c und anschließend h.

4. Zur Berechnung der Bildweite b, der Gegenstandsweite g und der Brennweite f an Linsen gilt die Formel: $\frac{1}{f} = \frac{1}{g} + \frac{1}{b}$

a) Auflösen nach f: Addieren Sie die Brüche auf der rechten Seite der Gleichung, indem Sie auf den Hauptnenner erweitern. Bilden Sie nun den Kehrwert.

b) Auflösen nach b: Subtrahieren Sie zunächst $\frac{1}{g}$ auf beiden Seite. Subtrahieren Sie dann die Brüche auf der linken Seite, indem Sie auf den Hauptnenner erweitern.

TIPP

I $ax + by = c$
II $dx + ey = f$
Dies ist die Grundform eines linearen Gleichungssystems mit zwei Variablen.

Die Lösungsmenge L enthält alle Zahlenpaare (x|y), die aus beiden Gleichungen des Systems wahre Aussagen machen. Um das Gleichungssystem zu lösen, kann man beide Gleichungen addieren, wenn entweder a und d oder b und e Gegenzahlen voneinander sind.

Additionsverfahren:

$$\left.\begin{array}{ll} \text{I} & 3x - 2y = 13 \\ \text{II} & 2x + 2y = 22 \end{array}\right\} +$$
$$5x = 35$$
$$x = 7$$

Teillösung in eine Gleichung einsetzen

$$2 \cdot 7 + 2y = 22$$
$$14 + 2y = 22$$
$$2y = 8$$
$$y = 4$$

$L = \{7|4\}$

1. Lösen Sie das Gleichungssystem mit dem Additionsverfahren.

a) I $14x - y = 40$
II $5x + y = 17$

b) I $-5x + 2y = 48$
II $5x + 9y = -4$

c) I $11x - 5y = 52$
II $-4x + 5y = -3$

TIPP

Sind bei einem Gleichungssystem in beiden Gleichungen die Faktoren vor x oder vor y gleich, können Sie eine der Gleichungen mit –1 multiplizieren.

I $-9x + 6y = 3$ $\quad | \cdot (-1)$
II $10x + 6y = 22$

$$\left.\begin{array}{ll} \text{I} & 9x - 6y = -3 \\ \text{II} & 10x + 6y = 22 \end{array}\right\} +$$
$$19x = 19$$
$$x = 1$$

Teillösung in Gleichung I oder II einsetzen, um y zu bestimmen

2. Multiplizieren Sie zuerst eine der Gleichungen mit -1. Addieren Sie dann.

a) I $5x - 3y = -2$
II $5x - 7y = -38$

b) I $6x + 3y = 33$
II $-5x + 3y = -11$

c) I $4x + 3y = 32$
II $7x + 3y = 47$

TIPP

Sind die Faktoren sowohl vor x als auch vor y im Betrag verschieden, müssen Sie beide Gleichungen mit geeigneten Zahlen multiplizieren.

I $5x + 7y = 18$ $\quad | \cdot (-3)$
II $6x + 3y = 27$ $\quad | \cdot 7$

$$\left.\begin{array}{ll} \text{I} & -15x - 21y = -54 \\ \text{II} & 42x + 21y = 189 \end{array}\right\} +$$
$$27x = 135$$
$$x = 5$$

Teillösung in Gleichung I oder II einsetzen, um y zu bestimmen

3. Multiplizieren Sie geschickt und addieren Sie dann.

a) I $2x - 7y = -71$
II $7x + 5y = 76$

b) I $3x - 7y = 1$
II $2x + 4y = 18$

c) I $4x + 3y = 37$
II $3x + 4y = 40$

TIPP

Lineare Gleichungssysteme lassen sich oft recht vorteilhaft mit dem ***Einsetzungsverfahren*** *lösen.*

I $y = 2x + 11$
II $8x + 4y = -4$

Einsetzen von I in II:
$8x + 4(2x + 11) = -4$
$8x + 8x + 44 = -4$
$16x = -48$
$x = -3$

Teillösung in Gleichung I einsetzen.
$y = 2\,(-3) + 11$
$y = 5$ $\quad L = \{-3|5\}$

1. Lösen Sie das Gleichungssystem mit dem Einsetzungsverfahren.

a) I $3x + y = 8$
II $y = 3x - 1$

b) I $x + y = 6$
II $x = 2y$

c) I $4x - 3y = 27$
II $-y = 2x - 11$

TIPP

Vor dem Anwenden des Einsetzungsverfahrens ist es oft notwendig, eine der beiden Gleichungen nach x oder y aufzulösen.

I $3x + y = -18$
II $2x - 5y = 22$

Gleichung I nach y auflösen
$y = -3x - 18$
Einsetzen in Gleichung II
$2x - 5(-3x - 18) = 22$

Gleichung lösen
$2x + 15x + 90 = 22$
$17x = -68$
$x = -4$

y aus I berechnen
$y = -3\,(-4) - 18$
$y = -6$
$L = \{-4|-6\}$

2. Lösen Sie erst eine Gleichung nach x oder y auf und setzen Sie dann ein.

a) I $5x + y = -4$
II $-7x + y = 20$

b) I $2{,}5x - 8y = 4$
II $x - 2y = 1$

c) I $2x - 7y = 4$
II $5x + y = 10$

TIPP

Oft kann der Rechenaufwand verringert werden, wenn man eine Gleichung des Systems nach einem geeigneten Vielfachen einer Variablen auflöst und dann einsetzt.

I $3x - 2y = -14$
II $3x + y = 46$

Gleichung I nach 3x auflösen
$3x = 2y - 14$
Einsetzen in Gleichung II
$2y - 14 + y = 46$

Gleichung lösen
$3y - 14 = 46$
$3y = 60$
$y = 20$

Teillösung in Gleichung I oder II einsetzen und x berechnen

3. Lösen Sie das Gleichungssystem nach einem Verfahren Ihrer Wahl.

a) I $7x + 4y = 44$
II $9x - 4y = 28$

b) I $3x + 4y = 32$
II $4x + 11y = 54$

c) I $x - 3y = -10$
II $x - 4y = -15$

TIPP

Ein Sonderfall des Einsetzungsverfahrens ist das ***Gleichsetzungsverfahren.***

	Gleichsetzen von I und II	Teillösung in eine Gleichung einsetzen
I $y = 3x - 10$	$3x - 10 = 2x - 7 \quad \mid -2x$	$y = 3 \cdot 3 - 10$
II $y = 2x - 7$	$x - 10 = -7 \quad \mid +10$	$y = -1 \qquad L = \{3 \mid -1\}$
	$x = 3$	

1. Lösen Sie das Gleichungssystem mit dem Gleichsetzungsverfahren.

a) I $x = 3y + 9$
II $x = 5y + 17$

b) I $y = 4x + 12$
II $y = x - 3$

c) I $y = -2x - 4$
II $y = -x + 4$

TIPP

Liegen in einem Gleichungssystem in beiden Gleichungen gleiche Vielfache einer Variablen x oder y vor, ist es oft geschickt, nach diesen aufzulösen und dann gleichzusetzen.

	Gleichungen nach 2x auflösen	Gleichsetzen	Teillösung in Gleichung I oder II einsetzen und x berechnen.
I $-6y + 2x = 9$	I $2x = 6y + 9$	$6y + 9 = 3y + 3$	
II $3y = 2x - 3$	II $2x = 3y + 3$	$3y = -6$	
		$y = -2$	

2. Lösen Sie das Gleichungssystem möglichst geschickt mit dem Gleichsetzungsverfahren.

a) I $4y = 3x - 2$
II $4y = 5x - 8$

b) I $2x + 2y = -7$
II $2y = 3x - 12$

c) I $3x - 5y = -13$
II $3x = 1 - 2y$

TIPP

Vor dem Lösen eines Gleichungssystems ist es oft notwendig, dieses auf die Normalform zu bringen. Anschließend löst man es mit einem vorteilhaften Verfahren.

I $4(x + 5) = -8y$	I $\frac{x}{4} - \frac{y}{3} = 5 \quad \mid \cdot 12$	I $\frac{2x + 3y}{7} = \frac{5x - 7}{3} \quad \mid$ über Kreuz multiplizieren
II $8x - 3y = 36$	II $3x + 2y = -40$	II $26x - 27y = 25$
I $4x + 20 = -8y$	I $3x - 4y = 60$	I $6x + 9y = 35 - 49$
II $8x - 3y = 36$	II $3x + 2y = -40$	II $26x - 27y = 25$
I $4x + 8y = -20 \quad \mid \cdot (-2)$	nach 3x auflösen	I $-29x + 9y = -49 \mid \cdot 3$
II $8x - 3y = 36$		II $26x - 27y = 25$

3. Bringen Sie das Gleichungssystem erst auf die Normalform und lösen Sie es dann mit einem Verfahren Ihrer Wahl.

a) I $2(x + 1) = y$
II $4x + 2y = 6$

b) I $3x + 4y = 24$
II $\frac{x}{6} - \frac{y}{5} = -5$

c) I $\frac{x - 7}{5} = \frac{y - 6}{3}$
II $4x + 15 = 7y$

TIPP

Gleichungen, die in die Form $ax^2 + bx + c = 0$ *mit* $a \neq 0$ *gebracht werden können, heißen* ***quadratische Gleichungen****. Diese Form wird auch als* ***Nullform*** *der quadratischen Gleichung bezeichnet. Dabei ist* ax^2 *das quadratische,* bx *das lineare und* c *das absolute Glied.*
Hat das quadratische Glied den Faktor 1, so spricht man von der
Normalform der quadratischen Gleichung: $x^2 + px + q = 0$

$3x(x-6) + 5 = (x-4)^2$	
$3x^2 - 18x + 5 = x^2 - 8x + 16$	ordnen und zusammenfassen
$2x^2 - 10x - 11 = 0$	Nullform der quadratischen Gleichung
$x^2 - 5x - 5{,}5 = 0$	Normalform der quadratischen Gleichung mit $p = -5$ und $q = -5{,}5$

1. Bringen Sie die Gleichung auf die Normalform und bestimmen Sie p und q.
a) $(x-3)(3+x) = 8x - 3$
b) $(x-7)^2 + 5x^2 = -7(2-x)$
c) $(x-2)^2 + (3+x)^2 = (x-1)^2 - x^2$
d) $(x-5)(x-10) = 10 - 2x^2$

TIPP

Eine Gleichung der Form $x^2 + q = 0$ *heißt* ***reinquadratische Gleichung****. Sie ist nur lösbar für* $q \leq 0$*. Wir schreiben:* $x^2 - q = 0$ *für* $q \geq 0$*.*

Umformen in:	$x^2 - \sqrt{q}^{\,2} = 0$		
Binomische Formel:	$(x + \sqrt{q})(x - \sqrt{q}) = 0$	$x^2 - 36 = 0$	$x^2 - 5 = 0$
Ein Produkt ist 0, wenn ein Faktor 0 ist:		$(x+6)(x-6) = 0$	$(x + \sqrt{5})(x - \sqrt{5}) = 0$
Die Lösungen heißen:	$x_1 = -\sqrt{q}$; $x_2 = \sqrt{q}$	$x_1 = -6$; $x_2 = 6$	$x_1 = -\sqrt{5}$; $x_2 = \sqrt{5}$

2. Lösen Sie die Gleichung. Dividieren Sie zunächst gegebenenfalls durch den Faktor von x^2.
a) $x^2 - 144 = 0$
b) $-4x^2 + 28 = 0$
c) $x^2 - \frac{16}{25} = 0$
d) $3x^2 - 6{,}75 = 0$

TIPP

Eine Gleichung der Form $x^2 + px = 0$ *heißt* ***gemischtquadratische Gleichung*** *ohne absolutes Glied. Durch Ausklammern von x ergeben sich die beiden Lösungen:*

$x^2 + px = 0$	$x^2 + 9x = 0$	$x^2 - 5{,}3x = 0$
$x(x + p) = 0$	$x(x + 9) = 0$	$x(x - 5{,}3) = 0$
$x_1 = 0$ und $x_2 = -p$	$x_1 = 0$ und $x_2 = -9$	$x_1 = 0$ und $x_2 = 5{,}3$

3. Bestimmen Sie die Lösungen der Gleichung.
a) $x^2 - 12x = 0$
b) $x^2 + 5{,}6x = 0$
c) $x^2 - \frac{2}{3}x = 0$
d) $2x^2 - 8x = 0$

TIPP

Die Lösungen von quadratischen Gleichungen lassen sich mit der quadratischen Ergänzung rechnerisch bestimmen.

(1) Die Gleichung wird in die Normalform gebracht.
$3x^2 + 18x - 21 = 0 \quad | : 3$
$x^2 + 6x - 7 = 0$

(2) Die quadratische Ergänzung $\left(\frac{p}{2}\right)^2$ und ihre Gegenzahl werden eingefügt.
$x^2 + 6x + \mathbf{9} - \mathbf{9} - 7 = 0$

(3) Die ersten drei und letzten zwei Summanden werden zusammengefasst.
$(x + 3)^2 - 16 = 0$
$(x + 3)^2 - 4^2 = 0$

(4) Die dritte binomische Formel wird angewandt.
$(x + 3 + 4)(x + 3 - 4) = 0$
$(x + 7)(x - 1) = 0$

(5) Die Lösungen x_1 und x_2 werden notiert.
$\mathbf{x_1 = -7; \quad x_2 = 1}$

1. Lösen Sie die Gleichung durch quadratische Ergänzung.
a) $x^2 + 2x - 15 = 0$ b) $x^2 - 4x - 21 = 0$ c) $2x^2 - 8x - 64 = 0$ d) $-4x^2 - 8x + 192 = 0$

TIPP

Die quadratische Gleichung $\boldsymbol{x^2 + px + q = 0}$ hat die Lösungen:

$x_{1/2} = -\frac{p}{2} \pm \sqrt{\left(\frac{p}{2}\right)^2 - q}$

Für $\left(\frac{p}{2}\right)^2 - q < 0$ *gibt es keine Lösung*

Für $\left(\frac{p}{2}\right)^2 - q = 0$ *ist die Lösung* $x = -\frac{p}{2}$

$x^2 - 3{,}5x - 15 = 0$
$p = -3{,}5 \quad q = -15$
$x_{1/2} = -\frac{3{,}5}{2} \pm \sqrt{\left(\frac{3{,}5}{2}\right)^2 + 15}$
$x_{1/2} = 1{,}75 \pm \sqrt{18{,}0625}$
$\mathbf{x_1 = 6 \quad x_2 = -2{,}5}$

2. Lösen Sie die Gleichung durch Einsetzen in die Lösungsformel.
a) $x^2 - 4x - 77 = 0$ b) $x^2 + 8x + 16 = 0$ c) $x^2 + 4{,}5x - 17{,}5 = 0$ d) $x^2 - 0{,}5x - 22{,}5 = 0$

TIPP

Zum Überprüfen der Lösungen einer quadratischen Gleichung ist der ***Satz des Vieta*** *hilfreich:* x_1 *und* x_2 *sind Lösungen einer quadratischen Gleichung* $x^2 + px + q = 0$*, wenn* $\boldsymbol{x_1 + x_2 = -p}$ *und* $\boldsymbol{x_1 \cdot x_2 = q}$ *gilt, sonst nicht.*

Gleichung: $x_2 + 5x + 6 = 0$ Lösungen: $x_1 = -3$, $x_2 = -2$

Anwenden Satz des Vieta

$x_1 + x_2 = -3 + (-2) = -5 = -p$
$x_1 \cdot x_2 = -3 \cdot (-2) = 6 = q$

x_1 und x_2 sind die Lösungen.

3. Überprüfen Sie, ob x_1 und x_2 Lösungen der Gleichung sind.
a) $x^2 + 11x - 336$; $x_1 = 7$ und $x_2 = -18$
b) $x^2 - \frac{5}{12}x - \frac{1}{4}$; $x_1 = \frac{3}{4}$ und $x_2 = -\frac{1}{3}$
c) $x^2 + 0{,}5x - 16{,}5$; $x_1 = 4{,}5$ und $x_2 = -4$
d) $x^2 + \frac{8}{15}x - \frac{1}{15}$; $x_1 = \frac{1}{5}$ und $x_2 = \frac{1}{3}$

KAPITEL 2

BRÜCHE

TIPP

Brüche mit gleichem Nenner werden addiert oder subtrahiert, indem man die Zähler addiert oder subtrahiert. Der Nenner bleibt unverändert. $\frac{a}{c} \pm \frac{b}{c} = \frac{a \pm b}{c}$

$\frac{3}{7} + \frac{2}{7} = \frac{5}{7}$ $\frac{5}{8} - \frac{1}{8} = \frac{4}{8} = \frac{1}{2}$ $\frac{3}{5} + \frac{4}{5} = \frac{7}{5} = 1\frac{2}{5}$

$3\frac{3}{8} + 2\frac{1}{8} = 3 + 2 + \frac{3}{8} + \frac{1}{8} = 5\frac{4}{8} = 5\frac{1}{2}$ $3\frac{1}{8} - \frac{6}{8} = 2\frac{9}{8} - \frac{6}{8} = 2\frac{3}{8}$ (weil $3\frac{1}{8} = 2 + \frac{8}{8} + \frac{1}{8} = 2\frac{9}{8}$)

1. Rechnen Sie aus. Kürzen Sie das Ergebnis, wenn es möglich ist.

a) $\frac{5}{14} + \frac{11}{14}$ b) $\frac{7}{8} - \frac{5}{8}$ c) $2\frac{4}{5} + 6\frac{3}{5}$ d) $4\frac{2}{9} - \frac{5}{9}$ e) $7\frac{4}{15} - 2\frac{9}{15}$

TIPP

Bei der Addition und Subtraktion ungleichnamiger Brüche muss erst ein gemeinsamer Nenner gesucht werden. Der Hauptnenner ist das kleinste gemeinsame Vielfache (kgV) beider Nenner.

$\frac{5}{6} - \frac{7}{10}$ kgV(6,10) = 30

$= \frac{5 \cdot 5}{6 \cdot 5} - \frac{7 \cdot 3}{10 \cdot 3}$

$= \frac{25}{30} - \frac{21}{30}$

$= \frac{4}{30} = \frac{2}{15}$

$2\frac{3}{4} + 3\frac{2}{3}$ kgV(3,4) = 12

$2 + 3 + \frac{3 \cdot 3}{4 \cdot 3} + \frac{2 \cdot 4}{3 \cdot 4}$

$= 5 + \frac{9}{12} + \frac{8}{12}$

$= 5\frac{17}{12} = 6\frac{5}{12}$

2. Erweitern Sie zuerst auf den gemeinsamen Nenner und rechnen Sie dann.

a) $\frac{5}{6} - \frac{7}{9}$ b) $\frac{5}{7} + \frac{3}{4}$ c) $2\frac{3}{5} + 1\frac{2}{7}$ d) $2\frac{5}{6} - \frac{3}{10}$ e) $3\frac{1}{9} - 1\frac{5}{6}$

TIPP

Man multipliziert zwei Brüche, indem man Zähler mit Zähler und Nenner mit Nenner multipliziert.

$\frac{a}{b} \cdot \frac{c}{d} = \frac{a \cdot c}{b \cdot d}$

$\frac{2}{7} \cdot \frac{3}{4}$

$= \frac{{}^{1}\cancel{2} \cdot 3}{7 \cdot \cancel{4}_{2}} = \frac{3}{14}$

Man dividiert durch einen Bruch, indem man mit dem Kehrbruch multipliziert.

$\frac{a}{b} : \frac{c}{d} = \frac{a \cdot d}{b \cdot c}$

$4\frac{1}{2} : 3\frac{3}{7} = \frac{9}{2} : \frac{24}{7}$

$= \frac{{}^{3}\cancel{9} \cdot 7}{2 \cdot \cancel{24}_{8}} = \frac{21}{16} = 1\frac{5}{16}$

3. a) $\frac{5}{6} \cdot \frac{3}{4}$ b) $\frac{5}{6} \cdot 4\frac{1}{5}$ c) $\frac{8}{9} : \frac{5}{6}$ d) $2\frac{1}{6} : \frac{2}{3}$ e) $2\frac{1}{2} : 4\frac{3}{4}$

TIPP

Zur Menge der rationalen Zahlen Q gehören alle positiven und negativen ganzen Zahlen und Brüche sowie die Null.

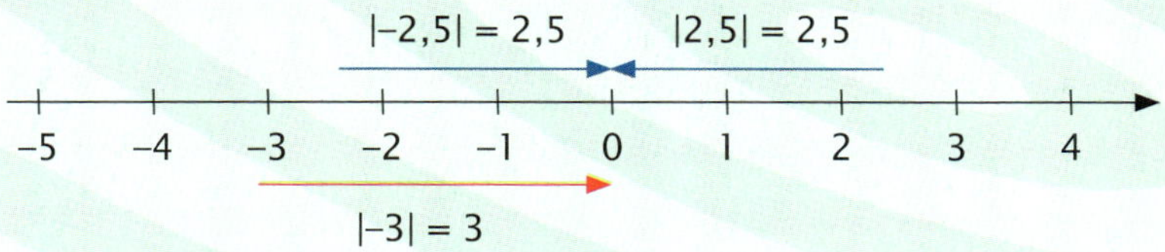

Der Abstand einer rationalen Zahl von Null heißt Betrag dieser Zahl.
$|-3| = 3$ (Betrag von minus 3 ist 3)

Zwei Zahlen heißen Gegenzahlen zueinander, wenn sie denselben Betrag, aber verschiedene Vorzeichen haben.
−1,8 ist Gegenzahl zu 1,8

Von zwei Zahlen ist die weiter rechts auf der Zahlengeraden angeordnete die größere Zahl.

1. Jeweils zwei Zahlen sind Gegenzahlen zueinander. Finden Sie die Paare heraus.

$\frac{3}{4}$; $-\frac{2}{5}$; $1\frac{2}{3}$; $-1{,}8$; -4; $2{,}5$; $\frac{18}{10}$; $-0{,}75$; $\frac{20}{5}$; $0{,}4$; $-\frac{10}{6}$; $-\frac{5}{2}$

2. Setzen Sie das richtige Zeichen ein: <, > oder =.

a) $-0{,}26$ ☐ $-2{,}6$ b) $|1{,}4|$ ☐ $|-1\frac{2}{5}|$ c) $|0{,}02|$ ☐ $|-255|$ d) $|-3{,}5|$ ☐ 0

TIPP

***Addition** von zwei Zahlen mit*

(1) gleichem Vorzeichen
- *Die Beträge werden addiert.*
- *Das Ergebnis erhält das gemeinsame Vorzeichen.*

$-7 + (-14) = -21$
kurz: $-7 - 14 = -21$

(2) unterschiedlichen Vorzeichen
- *Der kleinere Betrag wird vom größeren subtrahiert.*
- *Das Ergebnis hat das Vorzeichen der Zahl mit dem größeren Betrag.*

$9 + (-14) = -5$
kurz: $9 - 14 = -5$

*Eine rationale Zahl wird **subtrahiert**, indem man die **Gegenzahl addiert**.*

$-9 - (-4) = -9 + 4 = -5$ $5 - 7 = 5 + (-7) = -2$

***Multiplikation** und **Division** von zwei Zahlen mit*

(1) gleichem Vorzeichen
- *Die Beträge werden multipliziert bzw. dividiert.*
- *Das Ergebnis ist positiv.*

(2) verschiedenen Vorzeichen
- *Die Beträge werden multipliziert bzw. dividiert.*
- *Das Ergebnis ist negativ.*

3.

a) $-6 + (-13)$ b) $-8 - 14$ c) $-14{,}5 - (-5{,}2)$ d) $-8{,}9 - 2{,}6$ e) $-\frac{3}{4} - \frac{2}{5}$

f) $8 - (-26)$ g) $-11 - 22$ h) $2{,}6 + (-4{,}7)$ i) $-4{,}9 + 2{,}3$ j) $-\frac{3}{8} + \frac{1}{2}$

k) $6 \cdot (-0{,}5)$ l) $-18 : 0{,}5$ m) $-4 \cdot (-3) \cdot (-2)$ n) $(-8 - 7) : (-3)$ o) $-5 : (-2{,}5)$

TIPP

*Produkte mit n gleichen Faktoren a kann man verkürzt als **Potenz a^n** schreiben.*

$\underbrace{a \cdot a \cdot a \cdot a \ldots a \cdot a}_{n \text{ Faktoren}} = a^n$ *a heißt **Basis**, n heißt Hochzahl bzw. **Exponent**.*

Festlegung: $a^1 = a$ *und* $a^0 = 1$ *(außer 0^0)*

Potenzrechnung geht vor Punkt- und Strichrechnung.

$(-4)^5 = (-4) \cdot (-4) \cdot (-4) \cdot (-4) \cdot (-4)$

$-4^5 = -4 \cdot 4 \cdot 4 \cdot 4 \cdot 4$

$(3x - 2)^3 = (3x - 2) \cdot (3x - 2) \cdot (3x - 2)$

$3 \cdot \left(\frac{1}{2}\right)^3 = 3 \cdot \frac{1}{2} \cdot \frac{1}{2} \cdot \frac{1}{2}$

1. Schreiben Sie ausführlich.

a) $(3x + 4)^4$ b) $3x + 4^4$ c) $3(x + 4)^4$ d) $\frac{(4y)^3}{3}$

e) $\frac{4y^3}{3}$ f) $\left(\frac{4y}{3}\right)^3$ g) a^3b^4 h) $(3a)^3b^4$

i) $-3^3 \cdot 2a^3$ j) $x^4 + y^4$ k) $(2a^3b)^2$ l) $(-4)^3 - x^2$

2. Setzen Sie das richtige Zeichen ein: <, > oder =.

a) $(-2)^4 \;\square\; -2^4$ b) $3^2 \;\square\; 2^3$ c) $2^5 \;\square\; 2 \cdot 5$ d) $10^2 \;\square\; 2^{10}$

3. Schreiben Sie mit Potenzen.

a) $x \cdot x \cdot x \cdot x - 3 \cdot 3 \cdot 3 \cdot 3 \cdot 3 = \square$ b) $a \cdot a \cdot a - 2 \cdot (-2) = \square$

c) $4 \cdot 5 \cdot 4 \cdot 5 \cdot 4 = \square$ d) $x \cdot x \cdot x \cdot (-3) \cdot (-3) = \square$

4. Rechnen Sie aus. Beachten Sie die Rechengesetze.

a) $4 \cdot 2^3 = \square$ b) $20 - 3^3 = \square$ c) $(2 \cdot 4)^2 = \square$

d) $\frac{2^4}{8} = \square$ e) $\left(\frac{1}{2}\right)^3 = \square$ f) $\frac{6 + 3^2}{5} = \square$

TIPP

Zerlegt man Terme mit mehreren Potenzen zunächst in ihre Faktoren, lässt sich ein solcher Term oft noch weiter vereinfachen.

$2 \cdot x^4 \cdot b^3 \cdot 4 \cdot x^2 \cdot b$
$= 2 \cdot x \cdot x \cdot x \cdot x \cdot b \cdot b \cdot b \cdot 4 \cdot x \cdot x \cdot b$
$= 2 \cdot 4 \cdot x \cdot x \cdot x \cdot x \cdot x \cdot x \cdot b \cdot b \cdot b \cdot b$
$= 8x^6b^4$

$$\frac{4 \cdot x^2 \cdot b^3}{8 \cdot x^3 \cdot b} = \frac{{}^1\cancel{4} \cdot {}^1\cancel{x} \cdot {}^1\cancel{x} \cdot {}^1\cancel{b} \cdot b \cdot b}{{}_2\cancel{8} \cdot {}_1\cancel{x} \cdot {}_1\cancel{x} \cdot x \cdot {}_1\cancel{b}} = \frac{b^2}{2x}$$

5. Vereinfachen Sie den Term.

a) $3x^2x^3 \cdot 5xy \cdot 4xy^2$ b) $\frac{10 \cdot a^6b^2 \cdot 3a^4}{6a^3 \cdot 2b^4}$ c) $6s^2t \cdot 0{,}5s^5t^3$ d) $\frac{2 \cdot x^2y^2 \cdot 2x^3}{8x^5 \cdot 2y^6}$

TIPP

Potenzen mit einer negativen ganzen Zahl als Exponent sind so definiert:

$$a^{-1} = \frac{1}{a} \qquad a^{-n} = \frac{1}{a^n}$$

$$2^{-1} = \frac{1}{2} \qquad 3^{-3} = \frac{1}{3^3} = \frac{1}{27} \qquad \left(\frac{1}{2}\right)^{-4} = \frac{1}{\frac{1}{16}} = 16 \qquad \left(-\frac{2}{3}\right)^{-5} = \frac{1}{-\frac{32}{243}} = -\frac{243}{32}$$

1. Schreiben Sie als Bruch mit Exponenten m im Nenner, dann ohne Exponent.
a) 4^{-3} b) 2^{-6} c) 10^{-3} d) $(-5)^{-2}$ e) 10^{-1} f) 2^{-4}

2. Berechnen Sie mit dem TR. Runden Sie das Ergebnis auf 3 Stellen nach dem Komma.
a) $\left(\frac{3}{4}\right)^{-3}$ b) $\left(\frac{2}{5}\right)^{-4}$ c) $\left(\frac{4}{10}\right)^{-3}$ d) $\left(\frac{3}{100}\right)^{-2}$ e) $\left(\frac{5}{6}\right)^{-4}$

3. Berechnen Sie in der Tabelle das Ergebnis dezimal ohne TR.

Basis \ Exponent	0	−1	−2	−3	−4
1					
2					
10					
−1					
−2					
−10					

TIPP

So vereinfachen Sie einen Term mit negativen Exponenten schrittweise:
- *Schreiben Sie den Term mit Brüchen.*
- *Schreiben Sie Potenzen als Produkte gleicher Faktoren.*
- *Kürzen Sie.*
- *Fassen Sie in Zähler und Nenner gleiche Faktoren zusammen.*
- *Schreiben Sie nun den Term mit positiven und negativen Exponenten auf.*

$$\frac{4}{5}x^2\,y^3\,y^{-4}\,x^{-5} = \frac{4\cancel{x}\cancel{x}\cancel{y}\cancel{y}\cancel{y}}{5\cancel{x}\cancel{x}xxx\cancel{y}\cancel{y}\cancel{y}y} = \frac{4}{5}x^{-3}\,y^{-1}$$

4. Vereinfachen Sie den Term schrittweise.
a) $2\,a^2\,b^5\,a^{-1}\,b^{-3}$ b) $v^5\,z^2\,v^{-2}\,z^{-4}$ c) $\frac{2}{5}\,a^8\,b^{-4}\,b^2\,a^{-2}$ d) $u^6\,v^3\,w^2\,u^{-2}\,w^{-5}$

5. Oft werden Einheiten für physikalische Größen mit negativen Exponenten angegeben. Geben Sie die Einheit als Bruch an.
a) v in $m\,s^{-1}$ b) a in $m\,s^{-2}$ c) E in $kg\,m^2\,s^{-2}$ d) ρ in $g\,cm^{-3}$ e) F in $kg\,m\,s^{-2}$

TIPP

*Potenzen mit **gleicher** Basis $a \neq 0$ werden multipliziert (dividiert), indem man die Basis mit der Summe (Differenz) der Exponenten potenziert.*

$$a^x \cdot a^y = a^{x+y} \qquad a^x : a^y = a^{x-y}$$

$4^3 \cdot 4^5 = 4^8$ $\quad 2^4 \cdot 2^{-5} = 2^{-1}$ $\quad 5^6 : 5^2 = 5^4$ $\quad 3^2 : 3^{-5} = 3^{2-(-5)} = 3^7$

1. Schreiben Sie das Produkt als Potenz.
a) $6^7 \cdot 6^3$ b) $2^{-3} \cdot 2^{-4}$ c) $10^8 \cdot 10^{-5}$ d) $(\frac{1}{2})^3 \cdot (\frac{1}{2})^4$

2. Schreiben Sie den Quotienten als Potenz.
a) $8^6 : 8^5$ b) $4^{-5} : 4^2$ c) $10^{-6} : 10^{-4}$ d) $0{,}2^{10} : 0{,}2^{-4}$

3. Schreiben Sie erst als eine Potenz. Geben Sie die Potenz dann nur mit positivem Exponenten an (siehe S. 27).
a) $4^2 \cdot 4^{-6}$ b) $3^{-4} : 3^2$ c) $10^{-7} : 10^{-3}$ d) $0{,}5 : 0{,}5^3$

TIPP

Terme mit Potenzen vereinfacht man so:
- *Schreiben Sie den Term unter Anwendung der Potenzgesetze als eine Potenz.*
- *Beachten Sie die Rechenregeln für rationale Zahlen, ordnen Sie die Exponenten und fassen Sie diese dann zusammen.*

$$\begin{aligned} & x^{n-3} \cdot x^{4-n} \\ &= x^{n-3+4-n} \\ &= x^{n-n-3+4} \\ &= x^1 \\ &= x \end{aligned} \qquad \begin{aligned} & x^{2n+3} : x^{-3n+4} \\ &= x^{2n+3-(-3n+4)} \\ &= x^{2n+3+3n-4} \\ &= x^{2n+3n+3-4} \\ &= x^{5n-1} \end{aligned}$$

4. Vereinfachen Sie den Term.
a) $x^{4n-3} \cdot x^{2-n}$ b) $y^{4z+2} : y^{3z+5}$ c) $m^{2x} \cdot m^{2(x-4)}$

5. Vereinfachen Sie den Term in der Tabelle. Setzen Sie für die Variable die Zahl ein. Berechnen Sie dann den Wert der Potenz.

Term	Termvereinfachung	x	Wert der Potenz	x	Wert der Potenz
$10^{3x-4} \cdot 10^{2x+3}$		6		4	
$2^{-3+x} : 2^{-4-2x}$		4		2	

TIPP

*Potenzen mit Basen a, $b \neq 0$ und **gleichen Exponenten** werden multipliziert (dividiert), indem man das Produkt (den Quotienten) der Basen mit dem gemeinsamen Exponenten potenziert.*

$$a^x \cdot b^x = (a \cdot b)^x \qquad a^x : b^x = (a : b)^x$$

$4^3 \cdot 25^3 = 100^3$ $\quad (5x)^{-3} \cdot \left(\frac{1}{5}\right)^{-3} = x^{-3}$ $\quad 16^6 : 8^6 = 2^6$ $\quad (6x)^{2+n} : (3x)^{2+n} = 2^{2+n}$

1. Multiplizieren Sie zuerst die Basen. Berechnen Sie das Ergebnis dann im Kopf.

a) $4^6 \cdot 0{,}25^6$ b) $10^{-9} \cdot 0{,}1^{-9}$ c) $10^4 \cdot 0{,}2^4$ d) $\left(\frac{1}{14}\right)^3 \cdot 7^3$

2. Dividieren Sie zuerst die Basen. Berechnen Sie das Ergebnis dann im Kopf.

a) $20^3 : 4^3$ b) $7^{-5} : 3{,}5^{-5}$ c) $30^{-6} : 3^{-6}$ d) $20^2 : 0{,}2^2$

3. Vereinfachen Sie den Term.

a) $2m^{n+1} \cdot \left(\frac{1}{2}\right)^{n+1}$ b) $\left(\frac{x}{8}\right)^5 : \left(\frac{x}{4}\right)^5$ c) $(ab)^{-7} \cdot (2b)^{-7}$ d) $(uv)^{-2} : (2v)^{-2}$

TIPP

Potenzen werden potenziert, indem man die Basis mit dem Produkt der Exponenten potenziert.

$$(a^x)^y = a^{x \cdot y} \quad (a \neq 0)$$

$(5^6)^2 = 5^{12}$ $\quad (4^{-3})^5 = 4^{-15}$ $\quad (a^{3x+1})^2 = a^{6x+2}$ $\quad (b^{-4})^{-y} = b^{4y}$

4. Schreiben Sie als nur eine Potenz.

a) $(3^4)^5$ b) $(6^{-3})^8$ c) $(10^{-6})^{-5}$ d) $(3^{-1})^4$

5. Ergänzen Sie den fehlenden Exponenten.

a) $\left(b^{\square}\right)^3 = b^{12}$ b) $(a^{-5})^{\square} = a^{10}$ c) $(x^{-4})^{\square} = b^{-8x+4}$

6. Vereinfachen Sie den Term.

a) $(x^{2n-3})^4$ b) $(y^{2z+1})^{3z}$ c) $(m^{2y+3})^{y-2}$

7. Vereinfachen Sie den Term so weit wie möglich. Beachten Sie dabei alle Potenzgesetze.

a) $(a^{3n-2})^2 \cdot (a^{3-n})^4$ b) $(b^3)^{2u-3v} \cdot (b^{-5})^{4v+u}$ c) $\frac{(m^{2+3n})^4 \cdot m^{4n-1}}{(m^{n-1})^{-3}}$

d) $(x^{-6})^{5+t} \cdot (x^t)^{5-1}$ e) $(y^{-m})^{-(n+3)} \cdot (y^{-4+2n})^m$ f) $(a^{-n})^{m-3} \cdot (a^{-m})^{2-n}$

TIPP

Sehr große Zahlen gibt man häufig in der ***normierten Exponentialform*** *an. Man schreibt dann eine Zahl a als Produkt aus einem Dezimalbruch x ($1 \leq x < 10$) und einer Potenz zur Basis 10. $a = x \cdot 10^y$ (y ist eine positive ganze Zahl)*

1000	6 000 000	45 000 000 000	20 030
$= 1 \cdot 10^3$	$= 6 \cdot 10^6$	$= 4{,}5 \cdot 10^{10}$	$= 2{,}003 \cdot 10^4$

Zum Auffinden des Exponenten setzen Sie einfach hinter der ersten Ziffer ein Komma und zählen dann die verbleibenden Stellen.

1. Schreiben Sie die Zahlen in der normierten Exponentialform.
a) 100 b) 1 Mio. c) Zehntausend d) 1 Bio. e) 1 Mrd. f) 10

2. Schreiben Sie in der normierten Exponentialform.
a) 360 000 b) 800 200 000 c) 600 Mio. d) 38 Mrd. e) 0,5 Mio. f) 708 400 000

3. Schreiben Sie die Zahl ausführlich.
a) $5{,}13\ 10^7$ b) $1{,}926\ 10^6$ c) $2{,}08\ 10^5$ d) $4{,}702\ 10^8$

4. Die Lichtgeschwindigkeit c beträgt ca. 300 000 km pro Sekunde.
a) Geben Sie die Lichtgeschwindigkeit in normierter Exponentialform an.
b) Geben Sie die Lichtgeschwindigkeit in normierter Exponentialform in der Einheit $\frac{m}{s}$ an.

TIPP

Sehr kleine Zahlen gibt man häufig in der ***normierten Exponentialform*** *mit negativen Exponenten an. Man schreibt dann eine Zahl a als Produkt aus einem Dezimalbruch x ($1 \leq x < 10$) und einer Potenz zur Basis 10. $a = x \cdot 10^y$ (y ist eine negative ganze Zahl)*

0,001	0,000 006	0,000 000 0045	0,0305
$= 1 \cdot 10^{-3}$	$= 6 \cdot 10^{-6}$	$= 4{,}5 \cdot 10^{-9}$	$= 3{,}05 \cdot 10^{-2}$

Zum Auffinden des Exponenten zählen Sie einfach die Stellen nach dem Komma einschließlich der ersten geltenden Ziffer.

5. Schreiben Sie die Zahlen in der normierten Exponentialform.
a) 0,01 b) 1 Millionstel c) 1 Zehntausendstel d) 1 Milliardstel

6. Schreiben Sie in der normierten Exponentialform.
a) 0,0036 b) 0,000 207 c) 1 : 200 Mio. d) 1 : 5 Mrd. e) 0,000 000 00038

7. Schreiben Sie die Zahl ausführlich.
a) $4{,}18 \cdot 10^{-5}$ b) $1{,}926 \cdot 10^{-10}$ c) $4 \cdot 10^{-6}$ d) $9{,}604 \cdot 10^{-9}$

8. Setzen Sie die Reihe fort: $1\ mm = 10^{-1}\ cm$ = ____ dm = ____ m = ____ km

TIPP

Produkte oder Quotienten von Zahlen lassen sich in normierter Exponentialform leicht unter Anwendung der Potenzgesetze berechnen.

$a \cdot 10^x \cdot b \cdot 10^y = ab \cdot 10^{x+y}$ $\qquad$ $\frac{a \cdot 10^x}{b \cdot 10^y} = \frac{a}{b} \cdot 10^{x-y}$

$4{,}5 \cdot 10^7 \cdot 6{,}2 \cdot 10^8$
$= 27{,}9 \cdot 10^{15}$

$\frac{5{,}5 \cdot 10^{12}}{8 \cdot 10^4} = 0{,}6875 \cdot 10^8$

Ergebnisse in die normierte Exponentialform bringen:

$2{,}79 \cdot 10 \cdot 10^{15} = 2{,}79 \cdot 10^{16}$ $\qquad$ $6{,}875 \cdot 10^{-1} \cdot 10^8 = 6{,}875 \cdot 10^7$

$8 \cdot 10^{-3} \cdot 2 \cdot 10^7$
$= 16 \cdot 10^{-3+7}$
$= 16 \cdot 10^4$
$= 1{,}6 \cdot 10^5$

$\frac{5 \cdot 10^{-12}}{2 \cdot 10^{-3}}$
$= 2{,}5 \cdot 10^{-12-(-3)}$
$= 2{,}5 \cdot 10^{-12+3}$
$= 2{,}5 \cdot 10^{-9}$

1. Geben Sie das Produkt in der normierten Exponentialform an.
a) $4{,}53 \cdot 10^9 \cdot 5 \cdot 10^6$ $\quad$ b) $7{,}4 \cdot 10^{12} \cdot 6 \cdot 10^3 \cdot 4{,}5 \cdot 10^8$ $\quad$ c) $250 \cdot 7 \cdot 10^3 \cdot 9 \cdot 10^6$

2. Der Neptun ist 30-mal weiter von der Sonne entfernt als die Erde. Der mittlere Abstand Erde – Sonne beträgt $1{,}5 \cdot 10^8$ km. Berechnen Sie die mittlere Entfernung Sonne – Neptun.

3. Geben Sie den Quotienten in der normierten Exponentialform an.
a) $\frac{4{,}75 \cdot 10^9}{5 \cdot 10^4}$ $\quad$ b) $\frac{5 \cdot 10^8 \cdot 8 \cdot 10^9}{2{,}5 \cdot 10^7}$ $\quad$ c) $\frac{1{,}04 \cdot 10^{15}}{5{,}2 \cdot 10^3 \cdot 4 \cdot 10^5}$

4. Die Masse der Erde beträgt ca. $6 \cdot 10^{24}$ kg, die der Sonne ca $2 \cdot 10^{30}$ kg. Wie viel mal so groß ist die Masse der Sonne gegenüber der Masse der Erde?

5. Geben Sie das Produkt in der normierten Exponentialform an.
a) $5{,}2 \cdot 10^{-8} \cdot 4{,}1 \cdot 10^{-6}$ $\quad$ b) $8{,}3 \cdot 10^{-11} \cdot 2 \cdot 10^3$ $\quad$ c) $32 \cdot 5 \cdot 10^8 \cdot 4 \cdot 10^{-5}$

6. Geben Sie den Quotienten in der normierten Exponentialform an.
a) $\frac{3 \cdot 10^{-11}}{4 \cdot 10^{-6}}$ $\quad$ b) $\frac{5 \cdot 10^5}{4 \cdot 10^{-8}}$ $\quad$ c) $\frac{2 \cdot 10^{-16}}{8 \cdot 10^3 \cdot 2{,}5 \cdot 10^{-5}}$

7. Die Masse eines Wasserstoffatoms beträgt $1{,}6727 \cdot 10^{-27}$ kg. Wie viele Atome davon sind in 1 g Wasserstoffgas enthalten? Runden Sie ganzzahlig.

8. Unter einem Lichtjahr (Lj) versteht man die vom Licht in einem Jahr im leeren Raum zurückgelegte Strecke. Pro Sekunde legt das Licht 300 000 km zurück.
a) Berechnen Sie die Anzahl der Sekunden eines Jahres. Geben Sie den errechneten Wert in der normierten Exponentialform an.
b) Welchen Weg legt das Licht in dieser Zeit zurück?

9. Wie viel Atome bilden eine 1 mm dicke Goldschicht? (Atomdurchmesser ca. 10^{-10} m)

TIPP

Für alle positiven rationalen Zahlen a ist das Wurzelziehen eine Umkehrung des Potenzierens.

$$a \underset{\text{hoch n}}{\overset{\text{n-te Wurzel}}{\rightleftarrows}} b \qquad \textit{Für alle } a > 0 \textit{ und } n \in \mathbb{N}^{*} \setminus \{1\}$$

$\sqrt[n]{a}$ (lies n-te Wurzel aus a) ist diejenige ***positive*** *Zahl b, für die $b^n = a$ gilt.*
$\sqrt[2]{a}$ wird kurz $\sqrt{a}$ geschrieben und heißt Quadratwurzel, $\sqrt[3]{a}$ heißt Kubikwurzel.

Allgemein gilt $\sqrt[n]{a^n} = \left(\sqrt[n]{a}\right)^n = a$

$\sqrt{9} = 3$	$\sqrt[3]{1\,000} = 10$	$\sqrt[4]{\frac{1}{16}} = \frac{1}{2}$	$\sqrt{\frac{25}{49}} = \frac{5}{7}$
weil $3^2 = 9$	weil $10^3 = 1\,000$	weil $\left(\frac{1}{2}\right)^4 = \frac{1}{16}$	weil $\left(\frac{5}{7}\right)^2 = \frac{25}{49}$

1. Berechnen Sie die Wurzel.
a) $\sqrt{144}$ b) $\sqrt[3]{343}$ c) $\sqrt{0{,}16}$ d) $\sqrt[3]{\frac{64}{216}}$

2. Bestimmen Sie n durch Probieren.
a) $\sqrt[n]{289} = 17$ b) $\sqrt[n]{0{,}0081} = 0{,}3$ c) $\sqrt[n]{256} = 2$ d) $\sqrt[n]{\frac{81}{625}} = \frac{3}{5}$

TIPP

Viele Wurzeln sind keine rationalen Zahlen, sie sind ***irrational*** *(d. h. nicht darstellbar als gekürzter Bruch $\frac{a}{b}$ mit $a \in \mathbb{N}$ und $b \in \mathbb{N}$. Man kann Sie dann als unendliche, nicht periodische Brüche schreiben.*

$\sqrt{2}$ ist z. B. irrational. Beweis: Gäbe es einen gekürzten Bruch $\frac{a}{b}$ ($b \neq 1$) mit $\sqrt{2} = \frac{a}{b}$, dann müsste durch Quadrieren gelten $2 = \frac{a^2}{b^2}$. Das aber ist unmöglich, da nicht weiter gekürzt werden kann.

Welche Kantenlänge a hat ein Würfel, dessen Volumen 4 m^3 beträgt?
Auch $\sqrt[3]{4}$ ist irrational, es gilt: $\sqrt[3]{4} = 1{,}5874010...$ $a \approx 1{,}59$ m

3. Geben Sie die Wurzel auf 3 Nachkommastellen gerundet an.
a) $\sqrt{2}$ b) $\sqrt[3]{10}$ c) $\sqrt[4]{5}$ d) $\sqrt{0{,}75}$

4. Gegeben ist der Flächeninhalt eines Quadrates. Geben Sie seine Kantenlänge auf 4 geltende Ziffern gerundet an.
a) $A = 7\ m^2$ b) $A = 4{,}8\ m^2$ c) $A = 12{,}5\ m^2$ d) $A = 1\,000\ m^2$

5. Gegeben ist das Volumen eines Würfels. Geben Sie die Kantenlänge auf 3 geltende Ziffern gerundet an.
a) $V = 2cm^3$ b) $V = 5{,}5m^3$ c) $V = 200\ dm^3$ d) $V = 100\ mm^3$

TIPP

Es gelten die folgenden Wurzelgesetze:

1. $\sqrt[n]{a} \cdot \sqrt[n]{b} = \sqrt[n]{ab}$ 2. $\sqrt[n]{a} : \sqrt[n]{b} = \sqrt[n]{a : b}$ 3. $\sqrt[n]{\sqrt[m]{b}} = \sqrt[n \cdot m]{b}$

$\sqrt[3]{10} \cdot \sqrt[3]{2{,}7} = \sqrt[3]{27} = 3$ $\sqrt{50} : \sqrt{2} = \sqrt{25} = 5$ $\sqrt[3]{\sqrt{64}} = \sqrt[6]{64} = 2$

Hinweis: Die Zahl unter dem Wurzelzeichen heißt Radikand.

1. Wenden Sie das passende Wurzelgesetz an und ziehen Sie dann die Wurzel.
a) $\sqrt{3} \cdot \sqrt{27}$ b) $\sqrt{8} \cdot \sqrt{18}$ c) $\sqrt[3]{250} \cdot \sqrt[3]{4}$ d) $\sqrt[3]{432} \cdot \sqrt[3]{0{,}5}$

2. Wenden Sie das passende Wurzelgesetz an und ziehen Sie dann die Wurzel.
a) $\sqrt{7{,}2} : \sqrt{0{,}2}$ b) $\sqrt[5]{2430} : \sqrt[5]{10}$ c) $\sqrt[3]{96} : \sqrt[3]{12}$ d) $\sqrt[3]{171{,}5} : \sqrt[3]{0{,}5}$

3. Wenden Sie das passende Wurzelgesetz an, ziehen Sie dann die Wurzel mit dem Taschenrechner und geben Sie das Ergebnis auf 2 Nachkommastellen gerundet an.
a) $\sqrt[3]{\sqrt{25}}$ b) $\sqrt[4]{\sqrt[3]{100}}$ c) $\sqrt[3]{\sqrt[3]{91}}$ d) $\sqrt[5]{\sqrt{0{,}4}}$

TIPP

Durch geschicktes Anwenden der Potenz- und Wurzelgesetze lassen sich Wurzeln oft vereinfachen.

Teilweises Wurzelziehen

$\sqrt{50} = \sqrt{25} \cdot \sqrt{2} = 5 \cdot \sqrt{2}$

Anwenden einer Kürzungsregel

$\sqrt[3]{5^6} = \sqrt[3]{(5^2)^3} = 5^2$ $(\sqrt[7]{a})^{21} = [(\sqrt[7]{a})^7]^3 = a^3$

4. Zerlegen Sie den Radikanden geschickt, sodass Sie teilweise die Wurzel ziehen können.
a) $\sqrt{12}$ b) $\sqrt[3]{16}$ c) $\sqrt{125}$ d) $\sqrt{\frac{3}{16}}$

5. Vereinfachen Sie die Wurzel.
a) $\sqrt[5]{8^{15}}$ b) $\sqrt[4]{7^8}$ c) $(\sqrt[4]{5})^{12}$ d) $\sqrt[3]{7^{18}}$

6. Vereinfachen Sie den Term.
a) $\sqrt{5a^2}$ b) $\sqrt[3]{27x^3}$ c) $\sqrt{5a^2b^4}$ d) $\sqrt{4a^6 \cdot 2b^2}$
e) $(\sqrt[6]{a})^{18}$ f) $(\sqrt[3]{a})^{15}$ g) $(\sqrt[4]{ab})^{20}$ h) $(\sqrt[6]{xy})^{24}$

7. Vereinfachen Sie den Term.
a) $\sqrt{\frac{2a^4}{b^6}}$ b) $\sqrt{\frac{a}{49}}$ c) $\sqrt{\frac{9a^4}{b^3}}$ d) $\sqrt{\frac{27a^4}{b^2}} \cdot \sqrt{\frac{b^6}{3a^2}}$

POTENZEN MIT GEBROCHENEN EXPONENTEN

TIPP

Für positive Zahlen a sind Potenzen mit einem Bruch als Exponent so festgelegt:

$a^{\frac{1}{2}} = \sqrt{a}$ $\quad$ $a^{\frac{1}{3}} = \sqrt[3]{a}$ $\quad$ *allgemein:* $a^{\frac{1}{n}} = \sqrt[n]{a} \quad n \in \mathbb{N}^* \setminus \{1\}$

$a^{\frac{3}{2}} = \sqrt{a^3} = (\sqrt{a})^3$ $\quad$ $a^{\frac{2}{3}} = \sqrt[3]{a^2} = (\sqrt[3]{a})^2$ $\quad$ $a^{\frac{z}{n}} = \sqrt[n]{a^z} = (\sqrt[n]{a})^z$ *mit* $n \in \mathbb{N} \setminus \{1\}, z \in \mathbb{Z}$

Wurzel der Potenz $\quad$ *Potenz der Wurzel*

$$5^{\frac{3}{2}} = \sqrt{5^3} = (\sqrt{5})^3 \approx 11{,}18$$

1. Schreiben Sie als Wurzel aus einer Potenz.

a) $10^{\frac{4}{5}}$ $\quad$ b) $3^{\frac{1}{2}}$ $\quad$ c) $7^{\frac{5}{2}}$ $\quad$ d) $0{,}5^{\frac{7}{6}}$

2. Schreiben Sie als Potenz mit gebrochenem Exponenten.

a) $\sqrt[5]{8^7}$ $\quad$ b) $\sqrt[3]{7^8}$ $\quad$ c) $(\sqrt[5]{5})^{11}$ $\quad$ d) $\sqrt[3]{7^2}$

TIPP

Durch Kürzen des gebrochenen Exponenten ändert sich der Wert der Potenz nicht.

$\sqrt[3]{3^6} = 3^{\frac{6}{3}} = 3^2 = 9$ $\qquad$ $\sqrt{5^{-4}} = 5^{\frac{-4}{2}} = 5^{-2} = \frac{1}{25}$

3. Schreiben Sie als Potenz. Vereinfachen und berechnen Sie dann.

a) $\sqrt[4]{2^{12}}$ $\quad$ b) $(\sqrt[4]{10})^{-8}$ $\quad$ c) $(\sqrt[4]{3})^{12}$ $\quad$ d) $\sqrt[3]{7^{-6}}$

4. Berechnen Sie ohne Verwendung des Taschenrechners.

a) 9^2 $\quad$ b) $9^{\frac{1}{2}}$ $\quad$ c) 9^{-1} $\quad$ d) 9^0

e) $9^{\frac{3}{2}}$ $\quad$ f) $9^{-\frac{3}{2}}$ $\quad$ g) $9^{-\frac{1}{2}}$ $\quad$ h) 9^{-2}

TIPP

Der Exponent einer Potenz kann auch als Dezimalbruch geschrieben werden.

$a^{1,5} = a^{\frac{15}{10}} = a^{\frac{3}{2}} = \sqrt{a^3}$ $\qquad$ $16^{0,75} = 16^{\frac{75}{100}} = 16^{\frac{3}{4}} = (\sqrt[4]{16})^3 = 2^3 = 8$

5. Schreiben Sie die Potenz mit einem gekürzten Bruch als Exponenten und dann als Potenz einer Wurzel. Bestimmen Sie den Potenzwert mit dem TR in ursprünglicher und veränderter Form (z. B. $17^{2,5} = 17^{\frac{5}{2}} = (\sqrt{17})^5$ und vergleichen Sie.

a) $8{,}27^{0,25}$ $\quad$ b) $26{,}8^{1,6}$ $\quad$ c) $2{,}713^{3,75}$ $\quad$ d) $19{,}4^{2,16}$ $\quad$ e) $3{,}8^{0,085}$

TIPP

Für Potenzen mit positiven Basen a und b und rationalen Exponenten gelten die fünf Potenzgesetze.

(1) $a^x \cdot a^y = a^{x+y}$ (3) $a^x \cdot b^x = (a \cdot b)^x$ (5) $(a^x)^y = a^{x \cdot y}$

(2) $a^x : a^y = a^{x-y}$ (4) $a^x : b^x = (a : b)^x$

$10^{\frac{3}{2}} \cdot 10^{\frac{5}{2}} = 10^{\frac{8}{2}} = 10^4$ $\quad 0{,}5^{1{,}5} \cdot 8^{1{,}5} = 4^{1{,}5} = 4^{\frac{3}{2}} = 8$ $\quad \left(5^{\frac{9}{2}}\right)^{\frac{1}{3}} = 5^{\frac{9}{6}} = 5^{\frac{3}{2}} = (\sqrt{5})^3$

$2^{2{,}5} : 2^{1{,}5} = 2^1 = 2$ $\quad 6^{\frac{4}{5}} : 2^{\frac{4}{5}} = 3^{\frac{4}{5}} = (\sqrt[5]{3})^4$

(Hinweis: $a^{1{,}8} = a^{\frac{18}{10}} = a^{\frac{9}{5}}$)

1. Schreiben Sie das Ergebnis in der Form $(\sqrt[n]{a})^z$.

a) $a^{1{,}6} \cdot a^{0{,}2}$ b) $x^{0{,}6} \cdot x^{-0{,}2}$ c) $16^{\frac{2}{3}} : 4^{\frac{2}{3}}$ d) $y^{2{,}75} : y^{0{,}25}$

2. Schreiben Sie als eine Potenz, dann in der Form $(\sqrt[n]{a})^z$. Vor dem Addieren bzw. dem Subtrahieren der Exponenten müssen diese einen gemeinsamen Nenner haben.

a) $a^{\frac{3}{4}} \cdot a^{\frac{1}{2}}$ b) $a^{\frac{5}{6}} : a^{\frac{2}{3}}$ c) $\left(p^{\frac{2}{3}}\right)^{\frac{1}{2}}$ d) $\left(a^{\frac{4}{7}} : b^{\frac{4}{7}}\right)^{\frac{7}{2}}$

3. Schreiben Sie als eine Potenz mit einem Bruch oder Dezimalbruch als Exponenten.

a) $\sqrt[4]{a^{12}} \cdot \sqrt{a^6}$ b) $(\sqrt[4]{b})^3 : (\sqrt[5]{b})^3$ c) $[(\sqrt[4]{3})^7]^{\frac{1}{2}}$ d) $\sqrt[4]{x^3} \cdot x^{1{,}25}$

TIPP

Potenzen mit irrationalen Exponenten können durch Potenzen mit rationalen Exponenten beliebig genau angenähert werden.

Auch für Potenzen mit irrationalen Exponenten gelten die Potenzgesetze.

$(7^{\sqrt[3]{2}})^{\sqrt[3]{4}} = 7^{\sqrt[3]{2} \cdot \sqrt[3]{4}} = 7^{\sqrt[3]{8}} = 7^2$

$a^1 < a^{\sqrt{2}} < a^2$

$a^{1{,}4} < a^{\sqrt{2}} < a^{1{,}5}$

$a^{1{,}41} < a^{\sqrt{2}} < a^{1{,}42}$

$a^{1{,}41} < a^{\sqrt{2}} < a^{1{,}415}$

…

4. Bestimmen Sie mit dem TR auf 4 geltende Ziffern gerundet.

a) $2^{\sqrt{3}}$ b) $17^{3-\sqrt{5}}$ c) $6^{\frac{12}{\sqrt{5}}}$ d) $1{,}86^{\pi}$

5. Wenden Sie die Potenzgesetze an und berechnen Sie ohne TR.

a) $(\sqrt{3})^{1{,}5} \cdot (\sqrt{3})^{0{,}5}$ b) $\left(9^{\sqrt{2}}\right)^{\frac{1}{2\sqrt{2}}}$ c) $\left(2^{\sqrt{12}}\right)^{\sqrt{3}}$ d) $\left(10\,000^{\frac{1}{2}\sqrt{3}}\right)^{\frac{1}{\sqrt{3}}}$

KAPITEL 3

FUNKTIONEN

TIPP

***Funktionen** ordnen jedem Objekt aus einer **Definitionsmenge D genau ein** Objekt aus einem Wertevorrat als **Funktionswert** zu. Die Menge aller Funktionswerte heißt **Wertemenge W**. W ist eine Teilmenge des Wertevorrats. Funktionen können in Tabellenform, in Pfeildiagrammen und im Koordinatensystem dargestellt werden.*

Beispiel: f(x) ordnet der Person x die Zensur in der letzten Mathematikarbeit zu.
D = {Andreas, Beate, Christine, Daniel, Ester, Fahrid, Gundi}
Der Wertevorrat umfasst die Zensuren von 1 bis 6.

Tabelle

Person	Zensur
Andreas	3
Beate	5
Christine	1
Daniel	2
Ester	3
Fahrid	4
Gundi	2

Pfeildiagramm

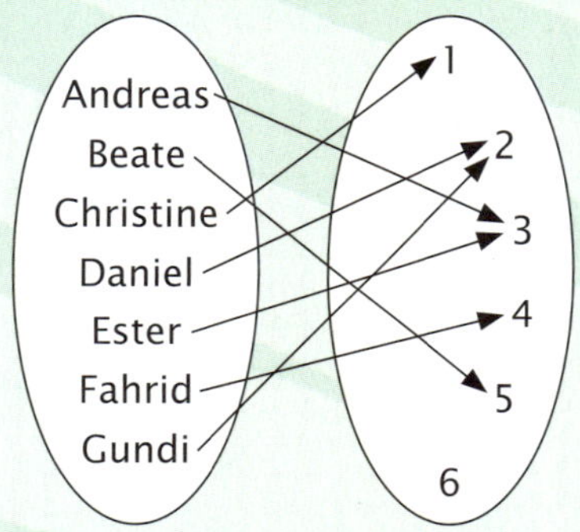

Koordinatensystem

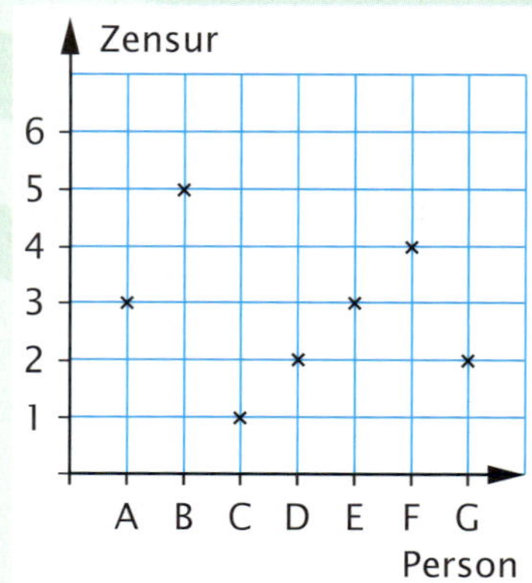

W = {1, 2, 3, 4, 5}

1. Die nebenstehende Tabelle gehört zur Funktion p(x) und ordnet Standardbriefen vorgegebener Masse das jeweilige Inlandsporto zu.

a) Geben Sie Definitions- und Wertemenge der Funktion p(x) an.

b) Stellen Sie p(x) im Pfeildiagramm dar.

c) Betrachten Sie die Funktion p (x) bezüglich der erweiterten Definitionsmenge, die alle möglichen Massen zwischen 0 g und 100 g umfasst:
p(x) mit D = [0 g; 100 g].
Stellen Sie diese Funktion im Koordinatensystem dar.

Wie heißt die Wertemenge W?

Masse des Briefes in g	Porto des Briefes in €
10	0,55
20	0,55
30	0,95
40	0,95
50	0,95
60	1,44
70	1,44
80	1,44
90	1,44
100	1,44

Wertevorrat = {0,55; 0,95; 1,44; 2,20}

TIPP

Bei vielen Funktionen beschreibt eine ***Funktionsgleichung*** *y = f(x), wie man einem x-Wert den Funktionswert y zuordnet,*

z.B. $y = \frac{1}{4}x^2$ bzw. $f(x) = \frac{1}{4}x^2$

Mit Hilfe der Funktionsgleichung kann man eine ***Wertetabelle*** *anlegen und den* ***Graph*** *der Funktion zeichnen.*

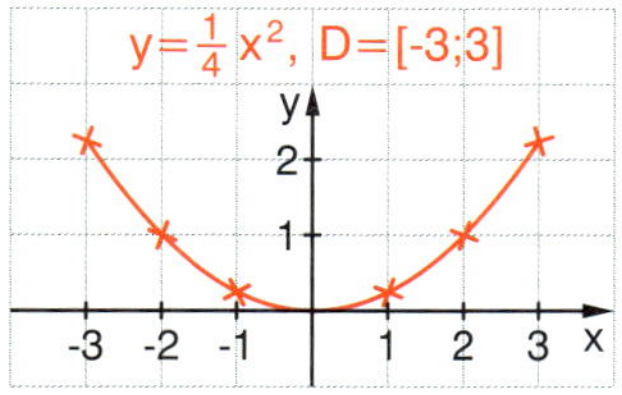

Wertetabelle

x	y
0	0
±1	$\frac{1}{4}$
±2	1
±3	$2\frac{1}{4}$

$W = [0; 2\frac{1}{4}]$

Je kleinschrittiger die Wertetabelle angelegt wird, desto genauer gelingt das Zeichnen des Graphen.

1. Legen Sie für die Funktion f(x), D [–3; 3] mit der Gleichung $y = \frac{1}{4}x^3$ eine Wertetabelle an, tragen Sie die Punkte in ein Koordinatensystem ein und zeichnen Sie den Graphen der Funktion.

TIPP

Funktionen, deren Graphen Geraden sind, heißen ***lineare Funktionen****.*

Ihre Funktionsgleichungen können in der Form ***y = mx + b*** *geschrieben werden.*

Die Funktionsgraphen schneiden die ***y-Achse*** *an der Stelle* ***b*** *(Achsenabschnitt).*

Die Funktionsgraphen haben die ***Steigung m****; das bedeutet: Auf jeder Einheit nach rechts steigt (m > 0) bzw. fällt (m < 0) die Gerade um |m| Einheiten.*

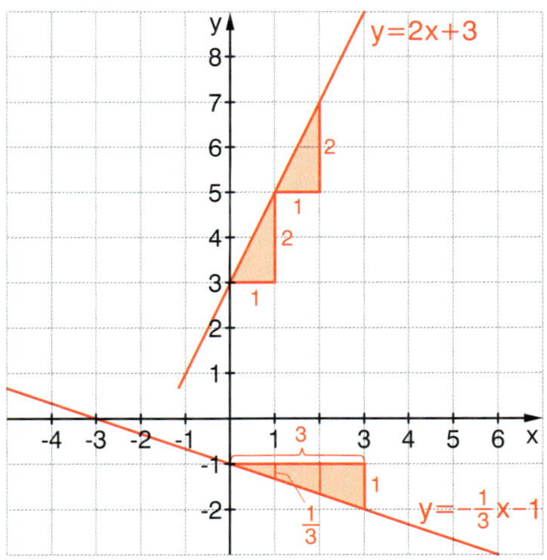

2. Zeichnen Sie die Graphen der Funktion f: $y = \frac{1}{2}x + 4$ und g: $y = 3x - 3$ in ein Koordinatensystem und bestimmen Sie den Schnittpunkt beider Graphen.

3. Ordnen Sie die abgebildeten Funktionsgraphen den Funktionsgleichungen zu.

1. $y = 5 - \frac{1}{3}x$
2. $y = 2x - 7$
3. $y = -0{,}5 - x$

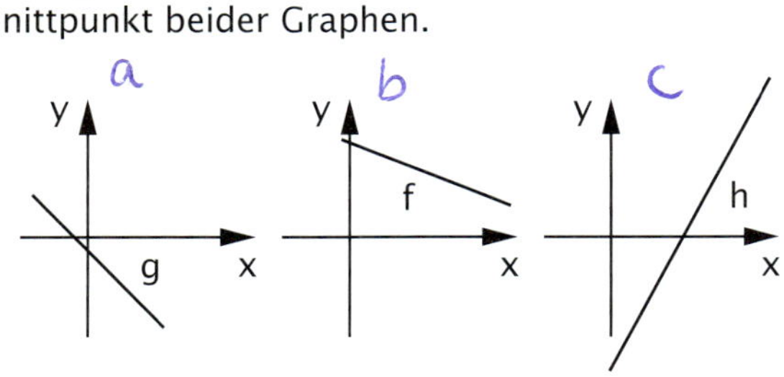

TIPP

*Gleichungen von Funktionen, deren Graphen Geraden sind, werden auch **Geradengleichungen** genannt. Sie gibt es in vier verschiedenen Formen, die alle bei konkreten Einsetzungen in die Hauptform umgeformt werden können.*

Hauptform

$y = mx + b$

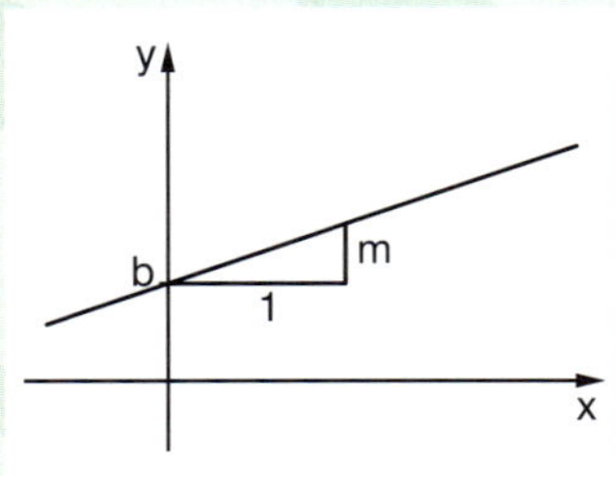

Zwei-Punkte-Form

$\frac{y - y_1}{x - x_1} = \frac{y_2 - y_1}{x_2 - x_1}$

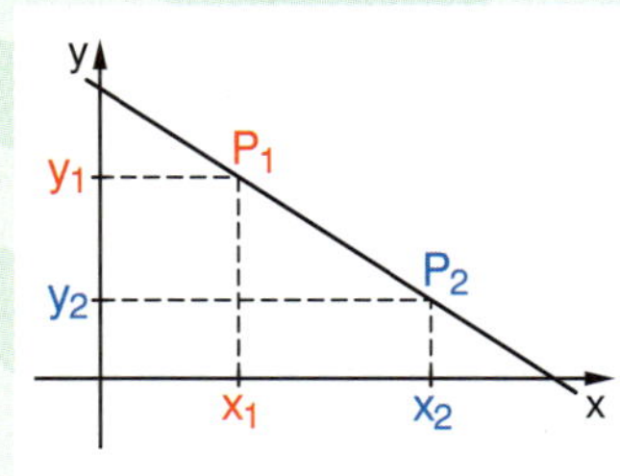

Punkt-Steigungs-Form

$\frac{y - y_1}{x - x_1} = m$

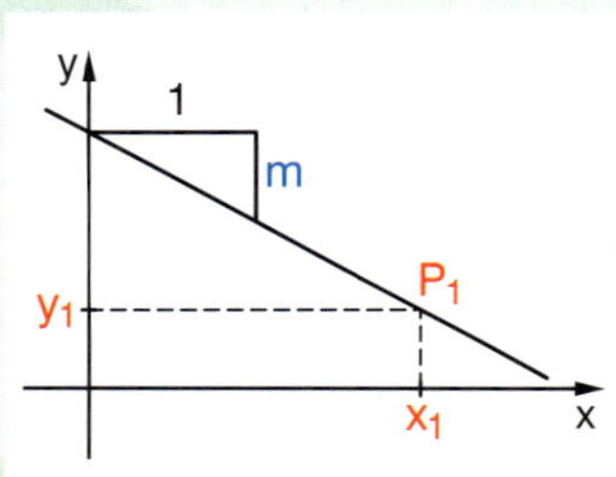

Achsenabschnittsform

$\frac{x}{a} + \frac{y}{b} = 1$

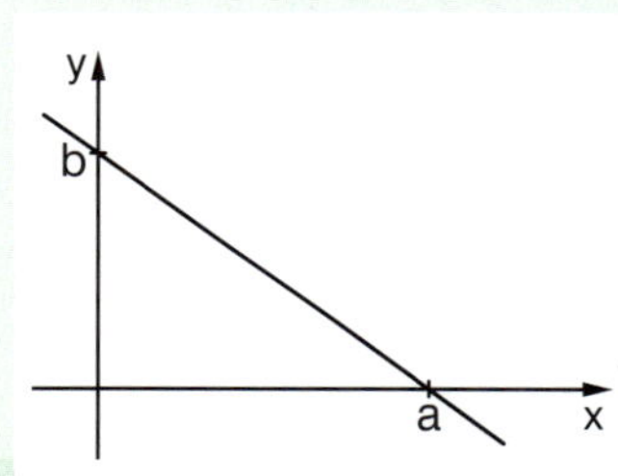

1. Eine Gerade verläuft durch die Punkte P_1 (–1 | –2) und P_2 (3 | 8). Wie heißt die Hauptform ihrer Geradengleichung? Setzen Sie die begonnene Lösung fort.

$\frac{y - (-2)}{x - (-1)} = \frac{8 - (-2)}{3 - (-1)} \Leftrightarrow \frac{y + 8}{x + 1} = \frac{10}{4} = | \cdot (x + 1) \Leftrightarrow \ldots$

2. Eine Gerade hat den Anstieg $-\frac{3}{4}$ und verläuft durch den Punkt P_1 (6 | –3,5). An welcher Stelle schneidet die Gerade die y-Achse?

3. Eine Gerade schneidet die x-Achse an der Stelle a = –4 und die y-Achse an der Stelle b = 5. Wie heißt die Hauptform ihrer Geradengleichung und welche Steigung hat sie? Setzen Sie die begonnene Lösung fort.

$\frac{x}{-4} + \frac{y}{5} = 1 | \cdot (-20) \Leftrightarrow 5x - 4y = -20 \; | - 5x \Leftrightarrow \ldots$

4. Eine Gerade schneidet die y-Achse an der Stelle b = 5 und verläuft durch den Punkt P_1 (2 | –1). Bestimmen Sie Steigung und Geradengleichung mit Hilfe der Skizze.

TIPP

P_1 $(x_1 \mid y_1)$ und P_2 $(x_2 \mid y_2)$ sind Punkte im Koordinatensystem. Für ihren Abstand d gilt nach dem Satz des Pythagoras (Kapitel 4):

$$d = \sqrt{(x_2 - x_1)^2 + (y_2 - y_1)^2}$$

Der Mittelpunkt M hat die Koordinaten

$$M = \left(\frac{x_1 + x_2}{2} \,\middle|\, \frac{y_1 + y_2}{2}\right)$$

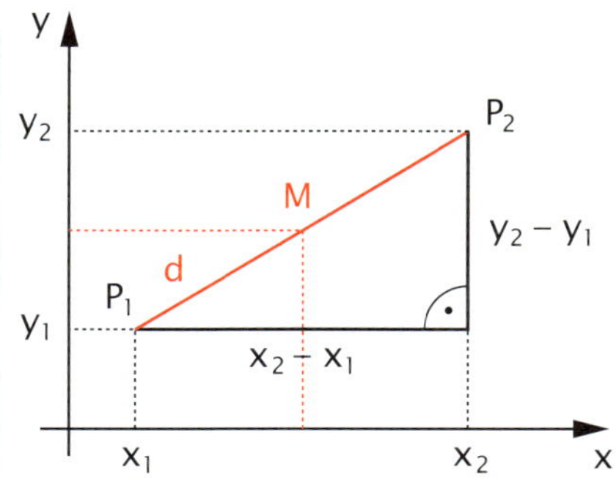

1. Wie weit sind die Punkte voneinander entfernt?
a) P_1 (2 | 1,5) und P_2 (10 | 7,5)
b) A (–2 | –3) und B (5,8 | –4,4)

2. Die Gerade mit der Gleichung y = 2x – 11 schneidet die x-Achse an der Stelle a und die y-Achse an der Stelle b. Wie weit sind a und b voneinander entfernt?

3. A (5 | 9) und B (–1 | 3) sind Punkte im Koordinatensystem. Eine Gerade verläuft durch P_1 (–3 | –4) und den Mittelpunkt der Strecke $\overline{AB}$. Wie heißt ihre Geradengleichung in der Hauptform?

TIPP

I. Für zwei zueinander senkrechte Geraden g_1 und g_2 mit den Steigungen m_1 und m_2 gilt $m_1 \cdot m_2 = -1$.

II. Gilt bei zwei Geraden g_1 und g_2 mit den Steigungen m_1 und m_2 die Gleichung $m_1 \cdot m_2 = -1$, dann sind die Geraden g_1 und g_2 senkrecht zueinander.

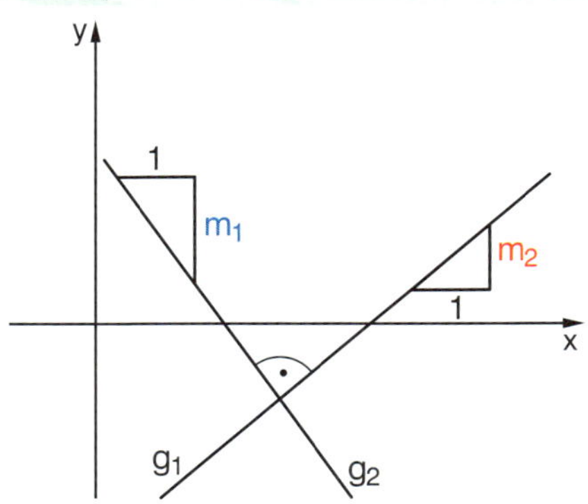

4. Prüfen Sie, ob die beiden Geraden senkrecht zueinander sind.

a) $y = 3x - 5$
$y = \frac{1}{3}x - 8$

b) $y = 4{,}8 - 2x$
$y = \frac{1}{2}x - 7$

c) $y = \frac{2}{3}x - 8$
$y = 9 - 1{,}5x$

d) $y = 0{,}4x - 11$
$y = 2{,}5x$

5. Wie heißt die Gleichung der Geraden, die zu g: y = 0,5x + 6 senkrecht ist und durch den Punkt P (5 | 3) verläuft?

TIPP

Quadratische Funktionen *haben eine* ***Funktionsgleichung****, die sich zu* $\boldsymbol{y = ax^2 + bx + c}$ ***mit*** $\boldsymbol{a \neq 0}$ *umformen lässt.*

Der zugehörige Graph ist eine ***Parabel****, die bei* $a > 0$ *nach oben und bei* $a < 0$ *nach unten geöffnet ist.*

Der höchste bzw. niedrigste Punkt heißt ***Scheitelpunkt****.*

Hinweis: Je größer der Betrag von a ist, desto steiler ist die Parabel.

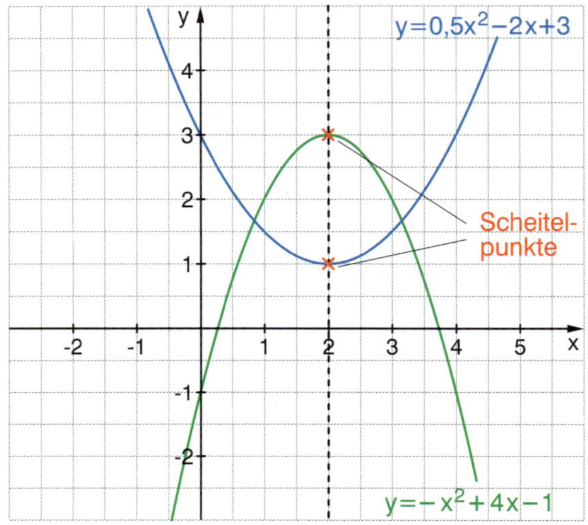

1. Gegeben ist die quadratische Funktion mit der Funktionsgleichung
$y = -2x^2 - 8x + 10$.

a) Ergänzen Sie die Wertetabelle.

x	y
−5	
−4	
−3	
−2	
−1	
0	
1	
−5,5	
1,5	

b) Zeichnen Sie den Funktionsgraphen und markieren Sie den Scheitelpunkt.

c) Zeichnen Sie die Symmetrieachse ein.

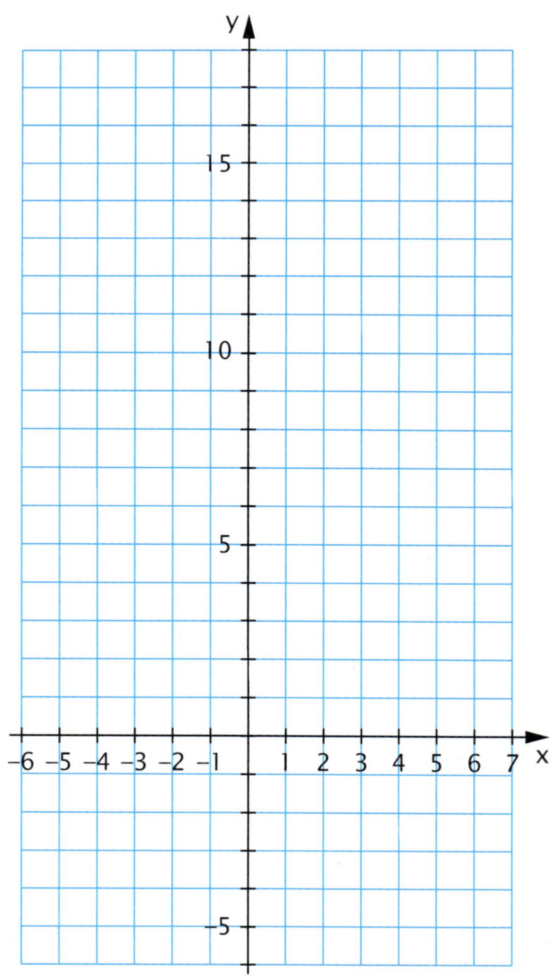

2. Zeichnen Sie auf Karopapier den Graphen der Funktion f mit der Gleichung
$y = \frac{1}{4}x^2 - 5x + 4$
im Definitionsbereich D [0; 20].

…on mit der Gleichung $\boldsymbol{y = x^2}$ heißt ***Normalparabel***.
…Gleichung $\boldsymbol{y = x^2 + b}$ hat als Graphen eine um ***b*** Einheiten ***längs*** …ene Normalparabel.
…Gleichung $\boldsymbol{y = (x + a)^2}$ hat als Graphen eine um ***–a*** Einheiten ***längs der x-Achse*** verschobene Normalparabel.
Eine Funktion mit der Gleichung $\boldsymbol{y = (x + a)^2 + b}$ *hat als Graphen eine verschobene Normalparabel mit dem Scheitelpunkt* ***S(–a|b)***.
Die Form $\boldsymbol{y = (x + a)^2 + b}$ *einer Funktionsgleichung heißt deshalb* ***Scheitelpunktform***.

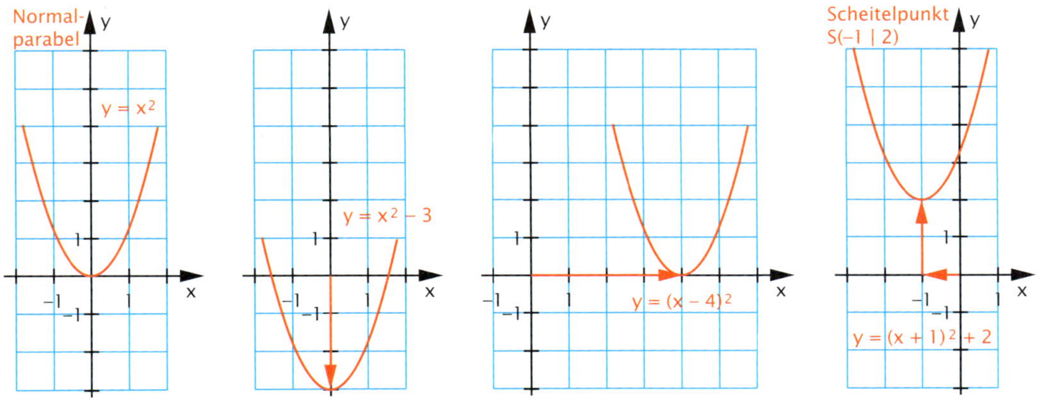

1. Ordnen Sie Funktionsgleichungen und Graphen richtig zu.

a) $y = x^2 - 5$ b) $y = (x + 4)^2 - 2$

c) $y = (x + 3)^2$ d) $y = (x - 3)^2 + 5$

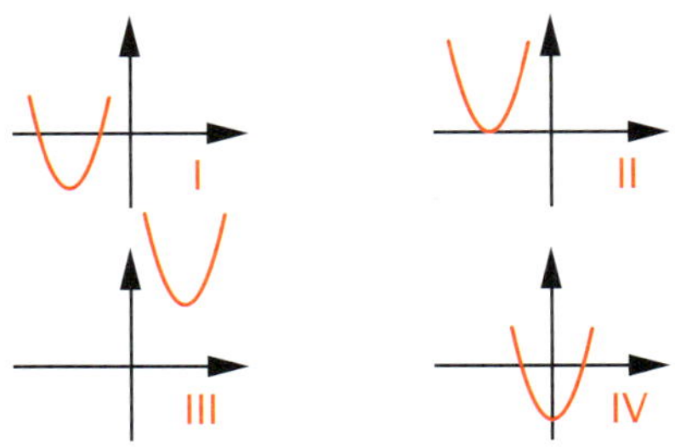

TIPP

Ist eine quadratische Funktion in der Form $y = x^2 + px + q$ *gegeben, so erhält man mit folgenden Schritten die Scheitelpunktform:*
(1) Quadratische Ergänzung addieren und subtrahieren:
$y = x^2 + px + \left(\frac{p}{2}\right)^2 - \left(\frac{p}{2}\right)^2 + q$
(2) Zusammenfassung der ersten drei und letzten beiden Summanden: $y = \left(x + \frac{p}{2}\right)^2 - \left(\frac{p}{2}\right)^2 + q$,
$S\left(-\frac{p}{2} \,|\, -\left(\frac{p}{2}\right)^2 + q\right)$.

$y = x^2 - 6x + 7$
$\leftrightarrow y = x^2 - 6x + 9 - 9 + 7$
$\leftrightarrow y = (x - 3)^2 - 2$
$S(3 \,|\, -2)$

2. Formen Sie zur Scheitelpunktform um und lesen Sie den Scheitelpunkt ab.
a) $y = x^2 + 4x - 1$ b) $y = x^2 - 8x + 19$ c) $y = x^2 - 3x + \frac{13}{4}$

TIPP

Für Potenzfunktionen mit der Gleichung $y = x^n$ bzw. $f(x) = x^n$ mit $n \in IN^*$ und geradem n (2, 4, 6, ...) gilt:

(1) $D = IR$, $W = IR^+_0$

(2) Zu ihnen gehören stets die Punkte (0 | 0), (1 | 1) und (–1 | 1).

(3) Im Bereich $x \in IR^-_0$ sind sie streng monoton fallend, im Bereich $x \in IR^+_0$ sind sie streng monoton steigend.

(4) Die Graphen sind achsensymmetrisch zur y-Achse.

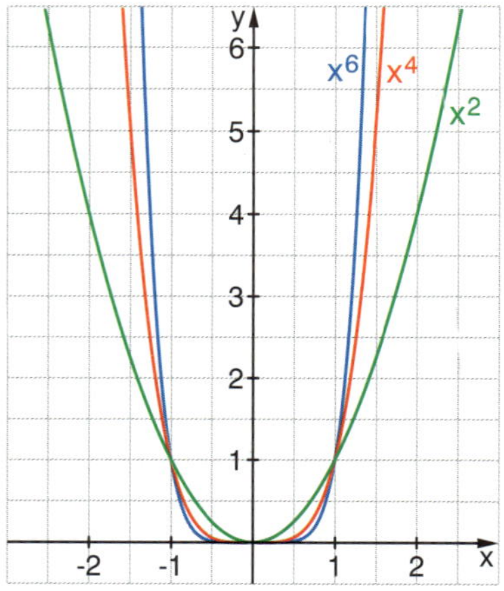

1. Zu welchen der Eigenschaften, die oben im Tipp genannt sind, gehören die folgenden Aussagen?

I. Für alle $x \in IR$ gilt $f(-x) = f(x)$
II. Für alle $x \in IR^-_0$ gilt $x_1 > x_2 \Rightarrow f(x_1) < f(x_2)$
III. Für alle $x \in IR^+_0$ gilt $X_1 > x_2 \Rightarrow f(x_1) > f(x_2)$

2. Oben im Tipp ist der Graph der Funktion $f(x) = x^4$ abgebildet. Beschreiben Sie mit Worten den jeweiligen Verlauf der Graphen der Funktionen $g(x) = x^4 + 3$ und $h(x) = (x + 3)^4$.

TIPP

Für Potenzfunktionen mit der Gleichung $y = x^n$ bzw. $f(x) = x^n$ mit $n \in IN^*$ und ungeradem n (1, 3, 5, ...) gilt:

(1) $D = IR$, $W = IR$

(2) Zu ihnen gehören stets die Punkte (0 | 0), (1 | 1) und (–1 | –1).

(3) Sie sind streng monoton steigend.

(4) Die Graphen sind punktsymmetrisch zum Nullpunkt.

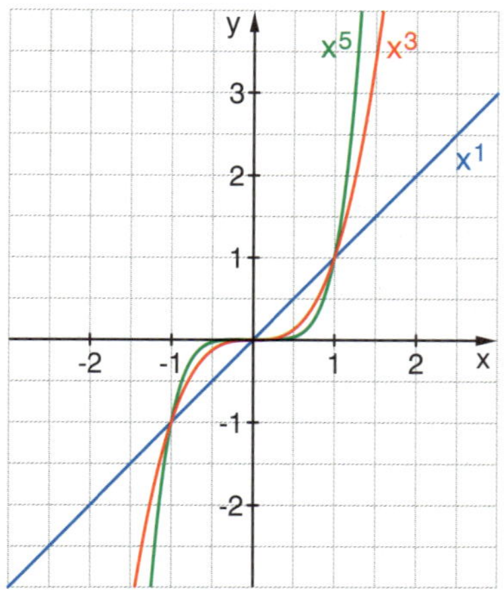

3. Notieren Sie entsprechend zu Aufgabe 1 Aussagen, die zu den Punkten (3) und (4) im Tipp unmittelbar über dieser Aufgabe gehören.

4. Zu welchem Punkt verläuft der Graph der Funktion $f(x) = (x - 5)^3 + 2$ punktsymmetrisch?

TIPP

Potenzfunktionen $f(x) = x^{-n}$ mit $n \in \mathbb{N}^*$ haben Graphen der abgebildeten Form. Man nennt sie ***Hyperbeln*** *mit jeweils zwei* ***Hyperbeläste****n.*

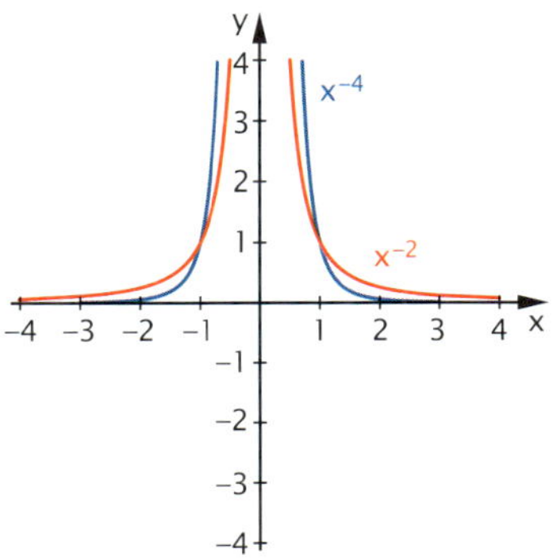

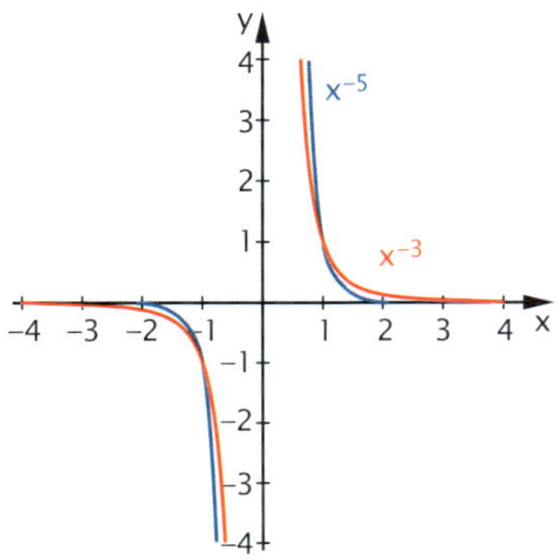

1. Geben Sie für Potenzfunktionen $f(x) = x^{-n}$ mit $n \in \mathbb{N}^*$ und geradem bzw. ungeradem n jeweils Definitionsmenge D und Wertemenge W an.

2. Treffen Sie eine Aussage über gemeinsame Punkte der oben genannten Potenzfunktionen.

3. Beschreiben Sie mit zugehörigen Aussagen das Symmetrieverhalten der oben genannten Potenzfunktionen.

4. Auch die Graphen der Potenzfunktionen mit negativen ganzzahligen Exponenten zeigen in Teilbereichen strenge Monotonie. Schreiben Sie zutreffende Aussagen darüber auf.

5. Skizzieren Sie im nebenstehenden Koordinatensystem den ungefähren Verlauf der Graphen folgender Funktionen und schreiben Sie D und W auf.

I. $f_1(x) = (x - 2)^{-2}$

II. $f_2(x) = x^{-3} - 2$

III. $f_3(x) = 3 + x^{-1}$

IV. $f_4(x) = (x + 1)^{-4} - 2$

V. $f_5(x) = (3 + x)^{-2} + 1$

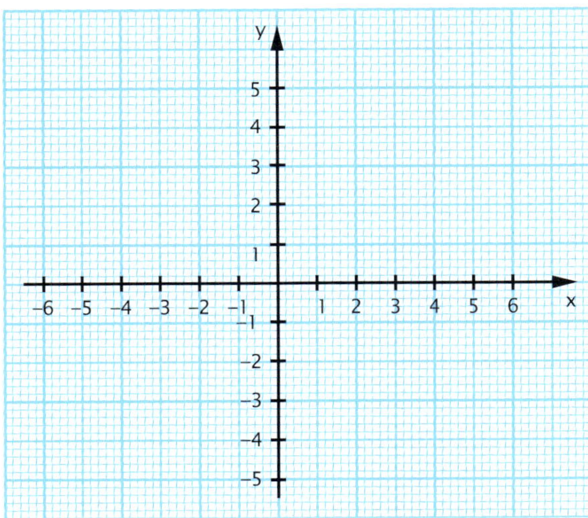

TIPP

Zu jeder Funktion f gibt es eine Umkehrzuordnung $\overline{f}$. Man erhält sie, indem man die Reihenfolge in den zur Funktion gehörenden Paaren umkehrt; $(x \mid y) \in f \Leftrightarrow (y \mid x) \in \overline{f}$. Ist die Umkehrzuordnung $\overline{f}$ einer Funktion f mit der Definitionsmenge D und der Wertemenge W eindeutig, so heißt $\overline{f}$ ***Umkehrfunktion*** *von f mit der Definitionsmenge W und der Wertemenge D.*

1. Gegeben ist die Funktion f mit der Gleichung $y = 2x - 7$ und der Definitionsmenge $D = \{1; 2; 3; 4; 5; 6; 7\}$. Notieren Sie die Umkehrzuordnung $\overline{f}$ in Tabellenform und mit einem Pfeildiagramm und beurteilen Sie, ob $\overline{f}$ die Umkehrfunktion von f ist.

2. $f: y = x^2$, $D = \{-3; -2; -1; 0; 1; 2; 3\}$.
Begründen Sie, dass die Umkehrzuordnung $\overline{f}$ keine Funktion ist.

TIPP

Eine Funktion f ist durch ihren Graphen in einem Koordinatensystem gegeben, bei dem beide Achsen den gleichen Maßstab haben.
Den Graphen der Umkehrzuordnung $\overline{f}$ erhält man dann durch Spiegelung an der Winkelhalbierenden des 1. und 3. Quadranten, also an der Geraden mit der Gleichung $y = x$.
Durch diese Spiegelung werden die Koordinaten x und y vertauscht.

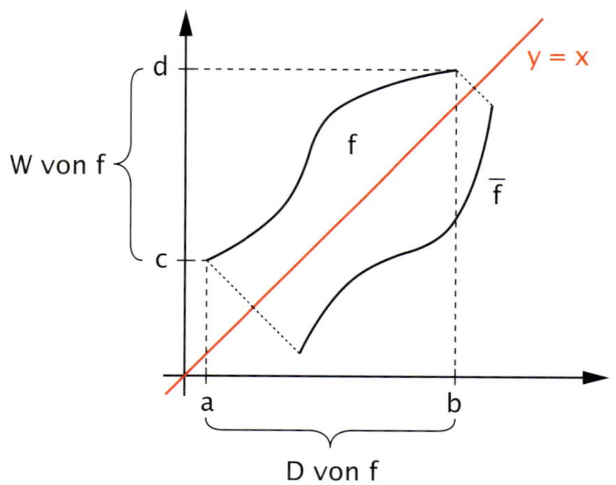

3. Zeichnen Sie den Graphen der genannten Funktion in einem Koordinatensystem und konstruieren Sie durch Spiegelung an der Geraden mit der Gleichung $y = x$ die Umkehrzuordnung. Ist die Umkehrzuordnung eine Funktion?

a) $f_1: y = 4 - x^2$ mit $D = [-3; 3]$

b) $f_2: y = \frac{2}{x+1}$ mit $D = [-3; 3] \setminus \{-1\}$

c) $f_3: y = (5 - x)^2$ mit $D = [0; 5]$

d) $f_4: y = \frac{3}{x} + 1$ mit $D = [-2; 2] \setminus \{0\}$

4. Beweisen Sie:
Ist f bezüglich D streng monoton steigend oder fallend, dann ist die Umkehrzuordnung $\overline{f}$ eine Funktion.

TIPP

Wurzelfunktionen sind Umkehrfunktionen der Potenzfunktionen mit der Gleichung $y = x^n$ für $n \in IN^*$ und $D = IR^+_0$. Wurzelfunktionen haben die Gleichung $y = \sqrt[n]{x}$, die Definitionsmenge IR^+_0 und die Wertemenge IR^+_0.

$y = \sqrt{x}$

$y = \sqrt[3]{x}$

...

Die Graphen aller Wurzelfunktionen verlaufen durch die Punkte (0 | 0) und (1 | 1).

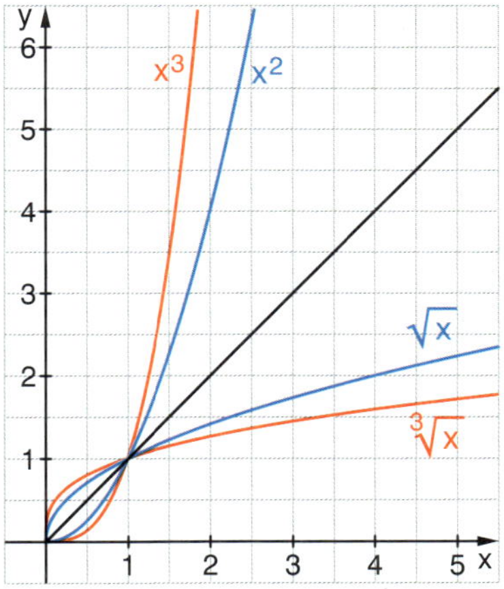

1. Konstruieren Sie durch Spiegelung an der Winkelhalbierenden des Koordinatensystems den Graphen der Funktion $y = \sqrt{x}$, lesen Sie die folgenden Funktionswerte ab und kontrollieren Sie das Ableseergebnis mit dem Taschenrechner.

a) $\sqrt{10,7}$ b) $\sqrt{3,8}$ c) $\sqrt{8,5}$ d) $\sqrt{0,5}$ e) $\sqrt{5,8}$ f) $\sqrt{7}$

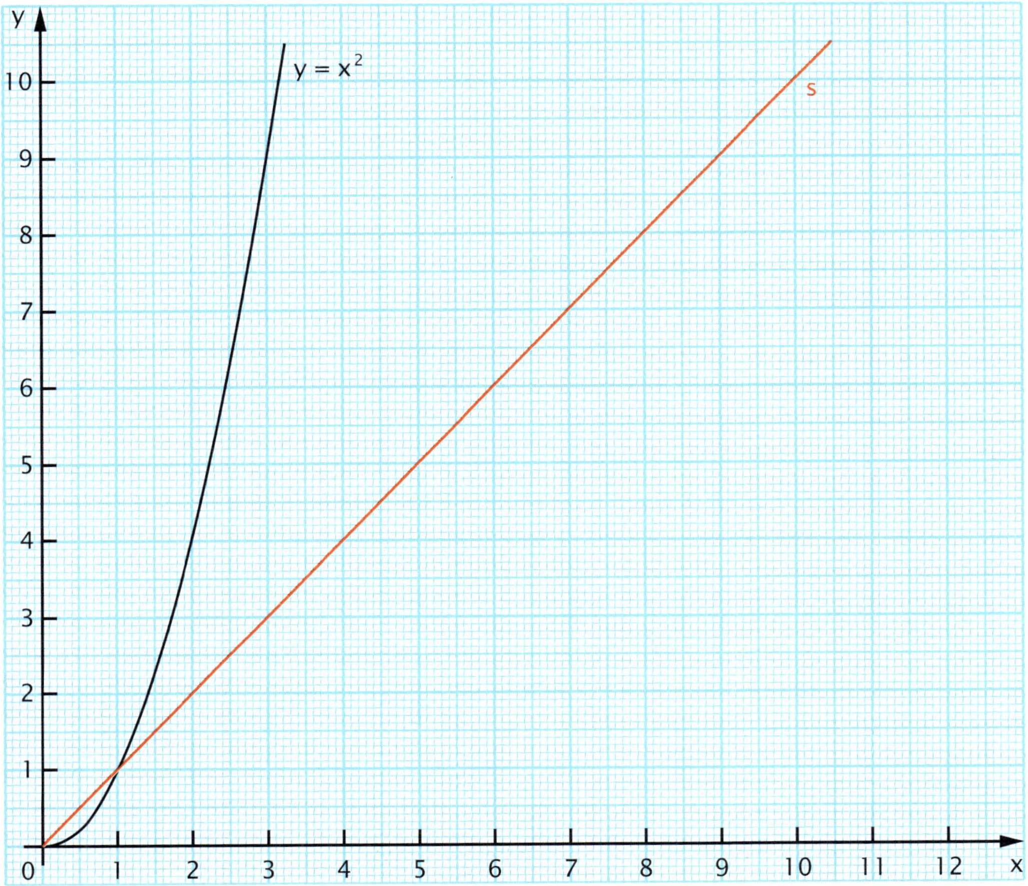

TIPP

Verändert sich eine Anfangsgröße G in Abhängigkeit von einer linearen Größe n (z. B. Strecke oder Zeit) derart, dass sie in gleichen Abständen von n (z. B. pro 100 m oder pro Stunde) mit demselben Faktor q multipliziert wird, spricht man von ***exponentiellem Wachstum****. Es gilt nämlich für die Endgröße G nach n gleichen Abständen:*

$$G_n = G \cdot q^n$$

(1) $q > 1$ heißt ***Wachstumsfaktor.***
$p\%$ mit $q = 1 + p\%$ heißt ***Wachstumsrate.***
Bei $G_n = G(1 + p\%)^n$ liegt eine ***exponentielle Zunahme*** *vor.*

(2) $q < 1$ heißt ***Abnahmefaktor.***
$p\%$ mit $q = 1 - p\%$ heißt ***Abnahmerate.***
Bei $G_n = G(1 - p\%)^n$ liegt eine ***exponentielle Abnahme*** *vor.*

Die Zinseszinsformel ist ein Beispiel für exponentielles Wachstum:
$K_n = k \cdot q^n$ mit $q = (1 + p\%)$.

1. Ein Kapital von 4500 € wird 12 Jahre lang zu 4 % p. a. (pro Jahr) verzinst. Berechnen Sie das Endkapital.

2. Welches Kapital muss heute angelegt werden, damit es in 20 Jahren bei 3,5 % p. a. Zinsen auf 40 000 € anwächst?

3. Bei welchem jährlichen Zinssatz wächst ein Kapital in 35 Jahren von 8000 € auf 33 200 € an?

4. Eine Bakterienkultur vergrößert ihren Bestand pro Stunde um den Faktor 2,4. Sie wird mit 200 Bakterien angelegt. Wie groß ist der Bestand nach 6 Stunden?

5. Eine Bakterienkultur verdoppelt alle 50 Minuten ihren Bestand. Nach 10 Stunden umfasst sie 2 457 600 Bakterien. Mit wie vielen Bakterien ist sie angelegt worden?

6. Mit jedem Kilometer Höhe nimmt der Luftdruck um 12 % ab. Am Boden herrscht ein Luftdruck von 1 018 hp (Hektopascal). Welchen Luftdruck misst man in 9 km Höhe?

7. Von 1980 bis 2005 ist die Bevölkerung eines Entwicklungslandes von 7 580 000 Menschen auf 17 260 000 angewachsen. Wie groß ist der jährliche prozentuale Zuwachs? Runden Sie auf zwei Stellen nach dem Komma.

TIPP

Funktionen mit Gleichungen der Form $y = a^x$ ($a > 0$, $a \neq 1$) heißen ***Exponentialfunktionen****. Sie haben die Definitionsmenge IR und die Wertemenge IR^+.*

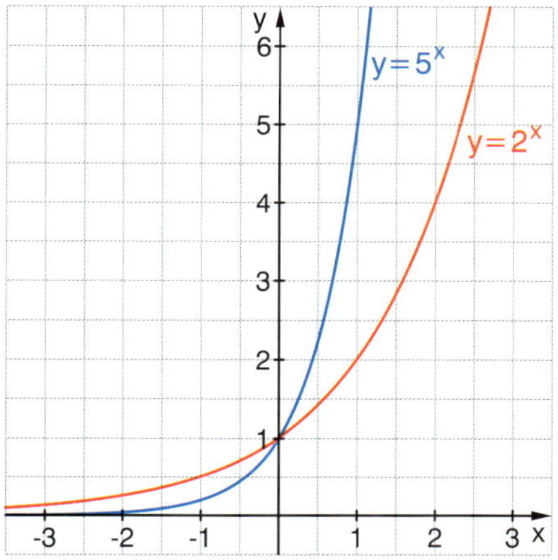

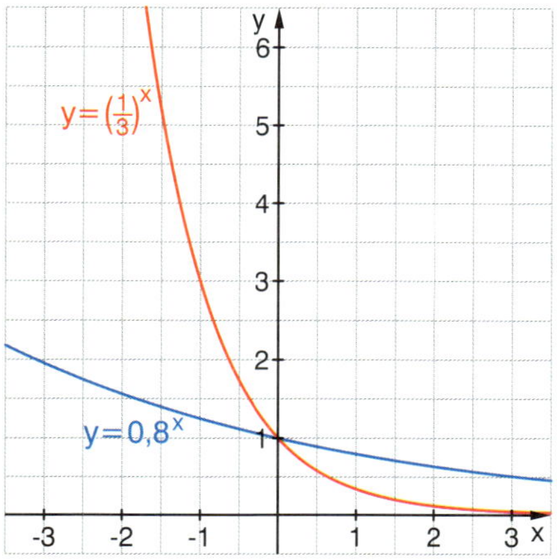

Bei $a > 1$ wachsen die Funktionen streng monoton. Ihre Graphen verlaufen durch den Punkt (0 | 1).

Bei $0 < a < 1$ fallen die Funktionen streng monoton. Ihre Graphen verlaufen durch den Punkt (0 | 1).

1. Zeichnen Sie den Graphen der Funktion f: $y = 1{,}8^x$ im Intervall [–3; 3] auf Millimeterpapier. Lesen Sie ab:

a) $y_1 = 1{,}8^{2,7}$ b) $y_2 = 1{,}8^{-0,6}$ c) $y_3 = 1{,}8^{1,9}$ d) $1{,}8^{x_4} = 4{,}7$ e) $1{,}8^{x_5} = 0{,}9$

2. Satz: Die Graphen der Funktionen f: $y = a^x$ und g: $y = \left(\frac{1}{a}\right)^x$ verlaufen spiegelbildlich zur y- Achse.

Beweisen Sie diesen Satz und beginnen Sie den Beweis so:

Es ist zu zeigen:
Für alle x gilt $f(x) = g(-x)$.
$f(x) = a^x = (a^1)^x = \left[(a^{-1})^{-1}\right]^x$ …

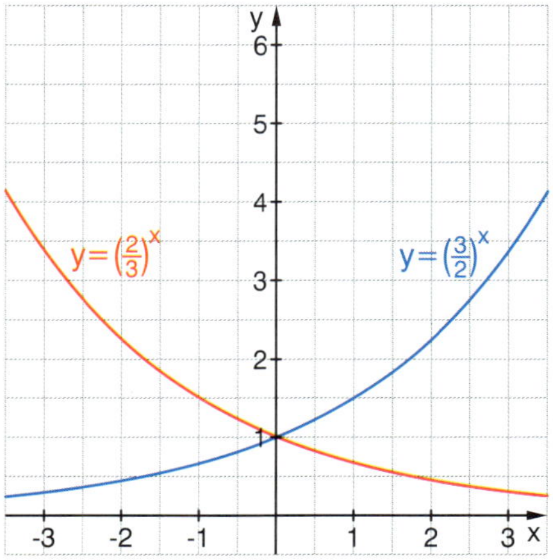

TIPP

Logarithmusfunktionen $y = \log_a x$ (sprich Logarithmus der Zahl x zur Basis a) sind Umkehrfunktionen der Exponentialfunktionen $y = a^x$.

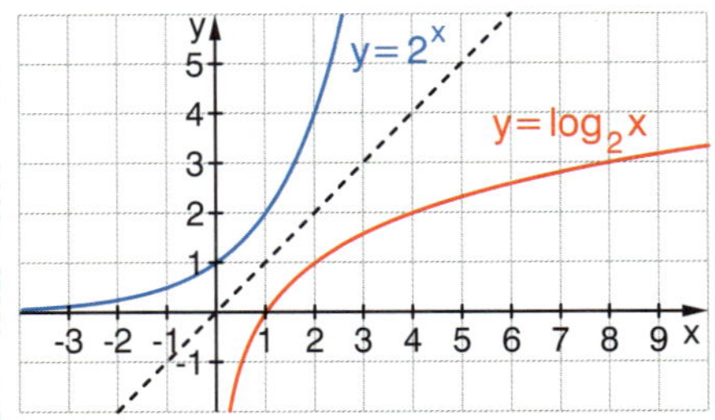

1. Zeichnen Sie auf Millimeterpapier den Graphen der Exponentialfunktion mit der Gleichung $y = 0{,}5^x$ und mit D = [–3; 3] und konstruieren Sie durch Spiegelung an der Winkelhalbierenden den Graphen der Funktion $y = \log_{0,5}x$.

Lesen Sie ab:

a) $\log_{0,5}3 = a$ b) $\log_{0,5}0{,}9 = b$ c) $\log_{0,5}c = 2{,}7$ d) $\log_{0,5}d = 7{,}5$

TIPP

Eine bedeutende Zahl in der Mathematik ist die Euler'sche Zahl e.

e = 2,718218... ist irrational.

Je größer die Zahlen sind, die man im Term $\left(1 + \frac{1}{n}\right)^n$ für n einsetzt, umso näher kommt man der Zahl e.

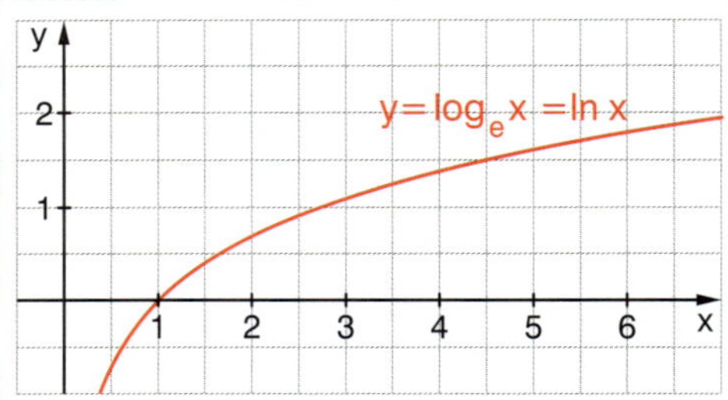

$\left(1 + \frac{1}{100}\right)^{100} \approx 2{,}7048...$ $\left(1 + \frac{1}{10\,000}\right)^{10\,000} \approx 2{,}7181...$ $\left(1 + \frac{1}{1\,000\,000}\right)^{1\,000\,000} \approx 2{,}7182...$

2. Zeichnen Sie auf Millimeterpapier den Graphen der Exponentialfunktion mit der Gleichung $y = e^x$ im Intervall [–3; 3] und erzeugen Sie durch Spiegelung den Graphen der Logarithmusfunktion $y = \ln x$ ($\ln x = \log_e x$).

Lesen Sie ab:

a) ln 18 b) ln 7,5 c) ln 2 d) ln 0,8

TIPP

Für alle $a > 0$, $a \neq 1$, $b > 0$ und $c \in IR$ gilt:

c heißt Logarithmus der Zahl b zur Basis a, wenn $a^c = b$ gilt.
Im Zeichen: $\mathbf{c = \log_a b \Leftrightarrow a^c = b}$

*c heißt **dekadischer Logarithmus** (Zehnerlogarithmus) der Zahl b, wenn $10^c = b$ gilt.*
Im Zeichen: $\mathbf{c = \log b}$ **(oder lg b)** $\mathbf{\Leftrightarrow 10^c = b}$

*c heißt **natürlicher Logarithmus** der Zahl b, wenn $e^c = b$ gilt (mit e = 2,718281...).*
Im Zeichen: $\mathbf{c = \ln b \Leftrightarrow e^c = b}$ *(lies: logarithmus naturalis)*

Jede positive Zahl x kann als Potenz zur Basis $a > 0$, $a \neq 1$ geschrieben werden:

$$x = a^{\log_a x}$$

1. Bestimmen Sie die Logarithmen ohne Taschenrechner.

a) $\log_2 32$ b) $\log_2 \frac{1}{8}$ c) $\log_2 1$ d) $\log_5 125$ e) $\log 10\,000$

f) $\log_8 4$ g) $\log_9 3$ h) $\log_{625} 125$ i) $\log_7(7^{15})$ j) $\log_{0,5} = 8$

TIPP

Für das Rechnen mit Logarithmen gelten die folgenden Gesetze:

(1) $\log_a(b \cdot c) = \log_a b + \log_a c$

(2) $\log_a(b : c) = \log_a b - \log_a c$

(3) $\log_a(b^r) = r \cdot \log_a b$

(4) $\log_a(\sqrt[n]{b}) = \frac{\log_a b}{n}$

Beweis von Gesetz (1):

$b \cdot c = a^{\log_a b} \cdot a^{\log_a c}$ *1. Potenzgesetz*

$b \cdot c = a^{\log_a b + \log_a c}$

$\log_a(b \cdot c) = \log_a b + \log_a c$

Berechnung von beliebigen Logarithmen:

$\log_c b = \frac{\log_a b}{\log_a c}$

also z. B.:

$\log_c b = \frac{\log b}{\log c} = \frac{\ln b}{\ln c}$

Mit log *und* ln *auf dem Taschenrechner kann man jeden Logarithmus berechnen.*

Beispiel zur Berechnung beliebiger Logarithmen:

$$\log_7 90 = \frac{\ln 90}{\ln 7} \approx \frac{4,4998097}{1,9459101} \approx 2,3124447$$

2. Berechnen Sie mit dem TR:

a) $\log_{11} 250$ b) $\log_{0,7} 16$ c) $\log_\pi \sqrt{10\,000}$

3. Beweisen Sie die Logarithmusgesetze (2), (3) und (4).

TIPP

Eine Gleichung, in der die zu bestimmende Variable im Exponenten auftritt, heißt ***Exponentialgleichung****. Solche Gleichungen löst man, indem man zuerst alle möglichen Term- und Gleichungsumformungen ausführt und dann die Gleichungen* ***logarithmiert****. Welchen Logarithmus (z. B. den natürlichen oder dekadischen) man dabei benutzt, spielt keine Rolle. Anschließend folgen wieder die üblichen Gleichungsumformungen.*

Beispiel:

$$4248 + 3{,}8 \cdot 17^{4y-3} = 67542 \mid -4248$$

$$\Leftrightarrow \quad 3{,}8 \cdot 17^{4y-3} = 63294 \mid :3{,}8$$

$$\Leftrightarrow \quad 17^{4y-3} = 16656{,}3158 \text{ (gerundet)}$$

$$\Leftrightarrow \quad \ln(17^{4y-3}) = \ln 16656{,}3158$$

$$\Leftrightarrow \quad (4y-3)\ln 17 = \ln 16656{,}3158 \mid :\ln 17$$

$$\Leftrightarrow \quad 4y - 3 = \frac{\ln 16656{,}3158}{\ln 17} \mid +3$$

$$\Leftrightarrow \quad 4y = \frac{\ln 16656{,}3158}{\ln 17} + 3 \mid :4$$

$$\Leftrightarrow \quad y = \frac{1}{4}\left(\frac{\ln 16656{,}3158}{\ln 17} + 3\right)$$

$$\Leftrightarrow \quad y = 1{,}60773 \text{ (gerundet)}$$

1. Bestimmen Sie die Lösung der Exponentialgleichung.
a) $2{,}53^{2x+1} - 478 = 50\,196$ b) $17^{2y-5} = 21^{y}$

2. Der Luftdruck nimmt pro Kilometer Höhe um 12 % ab. Am Boden herrscht ein Luftdruck p_0 von 1020 hp. In welcher Höhe befindet sich ein Flugzeug, das einen äußeren Luftdruck p_h von 328 hp misst?

3. In welcher Zeit wächst ein Kapital bei 3 % Zinsen p. a. von 5000 € auf 80 000 € an?

4. Eine Bakterienkolonie verdreifacht bei ungehindertem Wachstum alle 8 Stunden ihren Bestand. Sie wird mit 750 Bakterien angelegt. Nach welcher Zeit sind es 3 000 000 Bakterien?

KONGRUENZSÄTZE UND DREIECKSKONSTRUKTIONEN

TIPP

*Dreiecke, bei denen entsprechende Seiten gleich lang sind und entsprechende Winkel gleich groß sind, heißen **kongruent** zueinander.*

Kongruenzsätze

Zwei Dreiecke sind kongruent, wenn sie übereinstimmen in

(1) allen drei Seiten (SSS),

(2) zwei Seiten und dem eingeschlossenen Winkel (SWS),

(3) zwei Seiten und dem Gegenwinkel der größeren Seite (SsW),

(4) einer Seite und zwei Winkeln (WSW oder SWW).

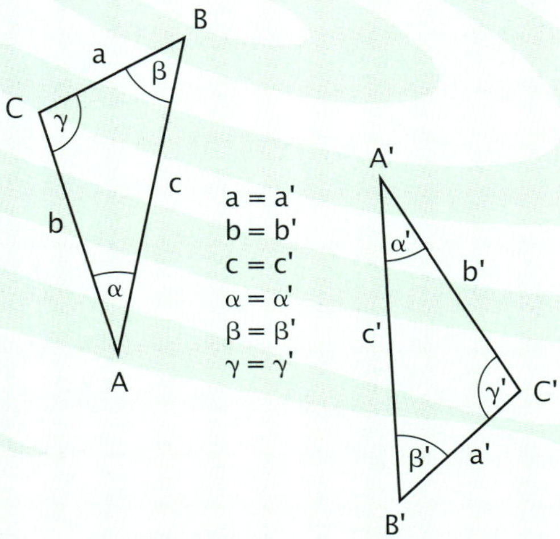

Von einem Dreieck müssen drei Stücke bekannt sein, um es eindeutig konstruieren zu können.

1. Konstruieren Sie das Dreieck und messen Sie das angegebene vierte Stück.

a) c = 8 cm, a = 5,6 cm, b = 4,9 cm; γ =

b) b = 7,2 cm, c = 5,8 cm, α = 61°; a =

c) c = 9 cm, b = 6,7 cm, γ = 113°; a =

d) a = 8,4 cm, α = 73°, β = 49°; c =

2. Warum lässt sich mit der Angabe kein Dreieck konstruieren?

a) c = 8,9 cm, α = 106°, β = 141°

b) a = 9,6 cm, b = 7,2 cm, c = 20,2 cm

c) b = 7,6 cm, c = 5,3 cm, γ = 98°

d) α = 75°, β = 60°, γ = 45°

3. Zwischen A-Dorf und B-Dorf soll eine geradlinig verlaufende Verbindungsstraße gebaut werden. Übertragen Sie die Zeichnung im Maßstab 1: 50 000 auf ein Blatt und bestimmen Sie die Länge der gebauten Verbindungsstraße.

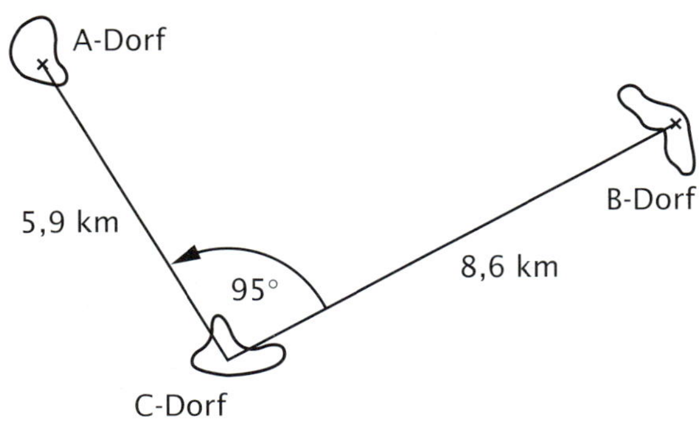

TIPP

Die Kongruenzsätze für Dreiecke sind ein wichtiges Hilfsmittel, um Beweise in der Geometrie zu führen.

Beispiel: Beweisen Sie, dass im gleichschenkligen Dreieck die Basiswinkel kongruent sind.

Möglichkeit (1)

$a = b$, h ist die Höhe über c.

$a = b$, w ist die Winkelhalbierende von γ.

$a = b$, s ist die Seitenhalbierende von Seite c durch Punkt C.

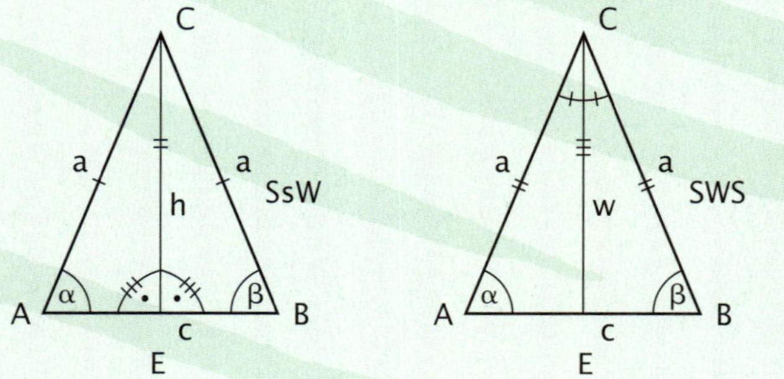

Die Dreiecke AEC und CEB stimmen in drei Stücken überein, sind also kongruent. Die Winkel α und β sind entsprechende Stücke in beiden Dreiecken, also gilt $\alpha = \beta$.

1. Abgebildet ist die Grundkonstruktion „Halbieren des Winkels α“. Beweisen Sie, dass α durch die Konstruktion wirklich halbiert wird.

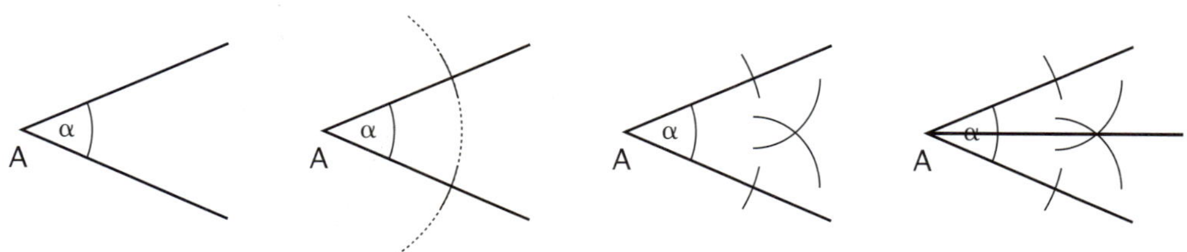

2. Abgebildet ist die Grundkonstruktion „Halbieren der Strecke $\overline{AB}$“. Zugleich ist die Gerade s die Mittelsenkrechte zu $\overline{AB}$. Beweisen Sie, dass
- s die Strecke $\overline{AB}$ halbiert,
- s zur Strecke $\overline{AB}$ senkrecht ist.

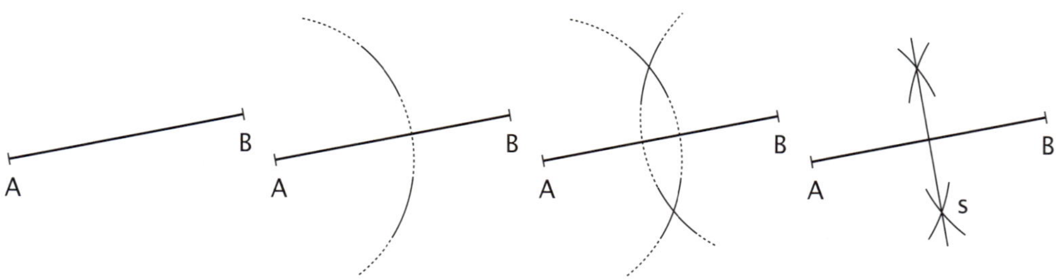

TIPP

Gegeben ist eine Gerade s als Spiegelachse. Für einen Punkt P und seinen Bildpunkt P' gilt folgendes:

$P \notin s$: (1) $\overline{PP'} \perp s$

(2) $\overline{PP'}$ wird von s halbiert.

$P \in s$: $P' = P$

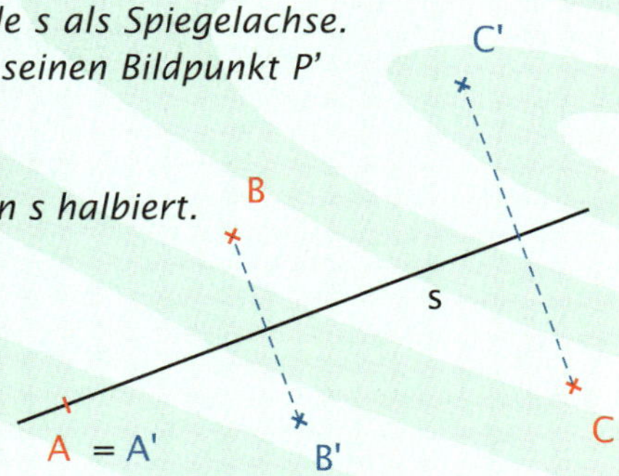

Die Achsenspiegelung ist geradentreu, längentreu und winkeltreu – also eine Kongruenzabbildung. Allerdings haben Original und Bildfigur gegensinnige Orientierung.

1. Zwei Punkte A und B liegen in derselben Halbebene bezüglich der Spiegelachse s. Beweisen Sie mit Hilfe der Kongruenzsätze für Dreiecke, dass die Strecke $\overline{AB}$ kongruent zur Strecke $\overline{A'B'}$ ist.
A' und B' sind die Bildpunkte von A und B bei Achsenspiegelung an s.

2. a) Konstruieren Sie das Bildfünfeck A'B'C'D'E'.

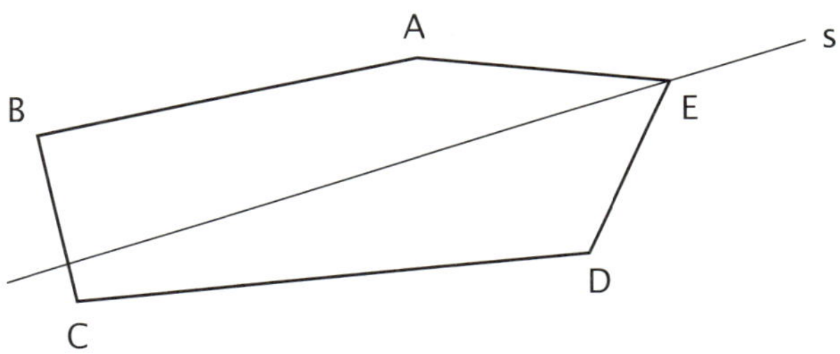

b) Erklären Sie am Bild zur Teilaufgabe a) die Aussage, dass Original- und Bildfigur gegensinnige Orientierung haben.

c) Beweisen Sie folgenden Satz:
Schneidet die Gerade g die Spiegelachse s im Punkt P, dann ist P auch der Schnittpunkt vom Spiegelbild g' und s.

3. Die Strecken $\overline{AB}$ und $\overline{CD}$ sind kongruent. Geben Sie zwei Spiegelachsen g_1 und g_2 an, so dass bei Nacheinanderspiegelung an g_1 und g_2 $\overline{AB}$ auf $\overline{CD}$ abgebildet wird.

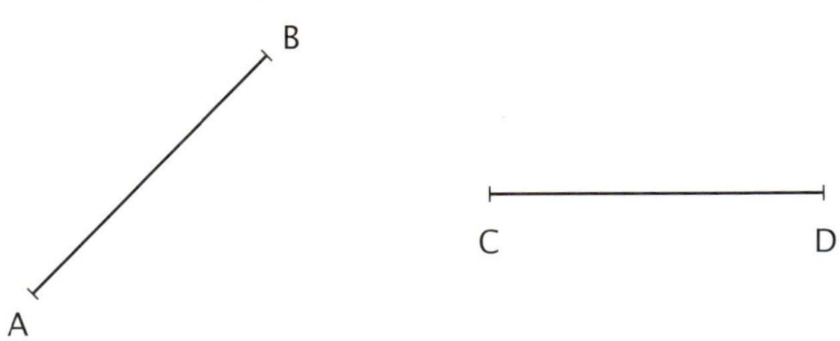

TIPP

Drehung:

Gegeben ist ein Drehzentrum Z und ein Drehwinkel α. Die Drehung erfolgt entgegen dem Uhrzeigersinn. Für einen Punkt P und seinen Bild-Punkt P' gilt folgendes:

(1) $ZP = ZP'$

(2) $\measuredangle\ PZP' = \alpha$

(3) Z ist Fixpunkt der Drehung: $Z' = Z$

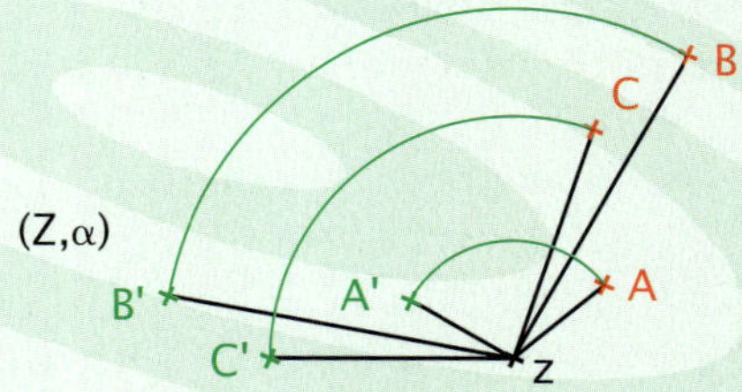

Punktspiegelung:

Die Punktspiegelung ist eine Drehung um 180°. P, Z und P' liegen auf einer Geraden, Z ist Mittelpunkt von $\overline{PP'}$.

Jede Drehung kann durch eine Doppelspiegelung ersetzt werden. Die beiden Spiegelachsen müssen sich in Z schneiden und einen Winkel der Größe $\frac{\alpha}{2}$ einschließen.

1. a) Drehen Sie den Buchstaben L um den Punkt Z um 120°.

b) Zeichnen Sie zwei Spiegelachsen g_1 und g_2 so ein, dass L bei Doppelspiegelung an g_1 und g_2 auch auf L' abgebildet wird.

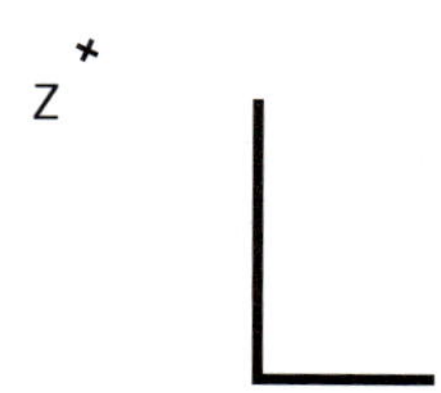

2. Beweisen Sie: Zwei Geraden g und h, die sich im Punkt P schneiden und senkrecht zueinander sind, bilden bei Doppelspiegelung an g und h jeden Punkt A so ab, dass sein Bildpunkt A' identisch ist mit dem Bildpunkt von A bei Punktspiegelung an P.

3. Die Strecken $\overline{AB}$ und $\overline{PQ}$ sind kongruent. Konstruieren Sie eine Drehung (also Drehzentrum und Drehwinkel), mit der die Strecke $\overline{AB}$ auf die Strecke $\overline{PQ}$ abgebildet wird. Notieren Sie, wie groß der Drehwinkel α sein muss.

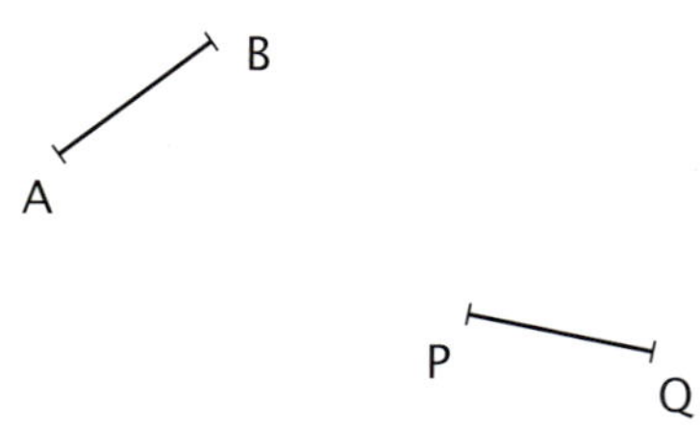

TIPP

Gegeben ist ein Verschiebungspfeil $\vec{v}$.
*Er wird auch als **Vektor** bezeichnet.*
Für einen Punkt P und seinen Bildpunkt P' gilt folgendes.

(1) $\overline{PP'}$ ist genauso lang wie $\vec{v}$.
(2) $\overrightarrow{PP'}$ ist parallel zu $\vec{v}$ und gleichgerichtet.

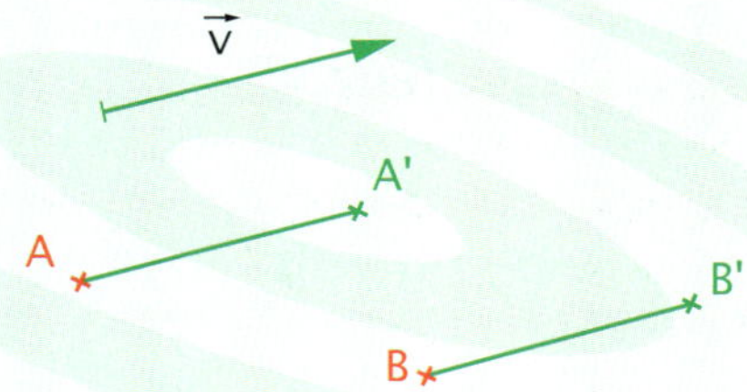

Jede Verschiebung kann durch eine Doppelspiegelung ersetzt werden. Die beiden Spiegelachsen müssen senkrecht zu $\vec{v}$ (und damit parallel zueinander) sein, und der Abstand voneinander muss die halbe Länge von $\vec{v}$ haben.

1. a) Verschieben Sie das Dreieck ABC um den eingezeichneten Vektor $\vec{v}$.

b) Zeichnen Sie zwei Spiegelachsen g_1 und g_2 so ein, dass △ ABC bei Doppelspiegelung an g_1 und g_2 auch auf das △ A'B'C' abgebildet wird.

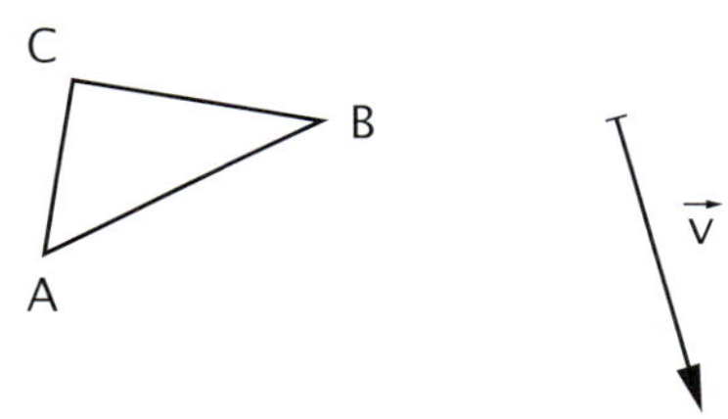

2. Begründen Sie:
Drehungen und Verschiebungen sind gleichsinnige Kongruenzabbildungen.

3. Die beiden abgebildeten Figuren sind kongruent.

a) Verschieben Sie ABC so, dass B' = Q.

b) Zeichnen Sie nach erfolgter Abbildung aus a) eine Spiegelachse s ein, die A'B'C' auf PQR abbildet. Erklären Sie, wie s gewählt werden muss und warum die Spiegelung an s A'B'C' auf PQR abbildet.

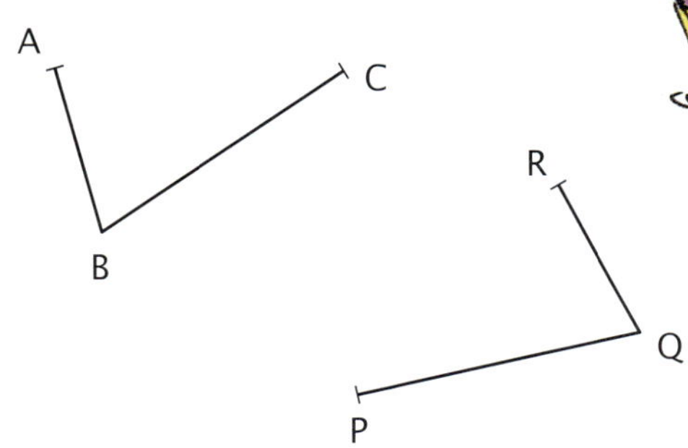

TIPP

Eine Figur F heißt ***achsensymmetrisch****, wenn es eine Spiegelachse s gibt, so dass F bei Spiegelung an s auf sich selbst abgebildet wird.*
Dann heißt s ***Symmetrieachse*** *von F.*

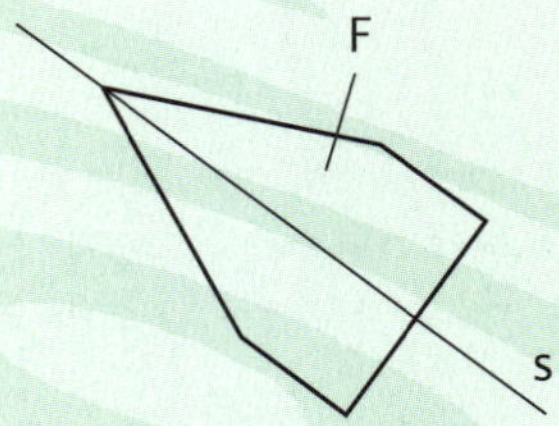

Eine Figur F heißt ***punktsymmetrisch****, wenn es einen Punkt Z gibt, so dass F bei Spiegelung an Z auf sich selbst abgebildet wird.*
Dann heißt Z ***Symmetriepunkt*** *von F.*
Jede Figur hat höchstens einen Symmetriepunkt.

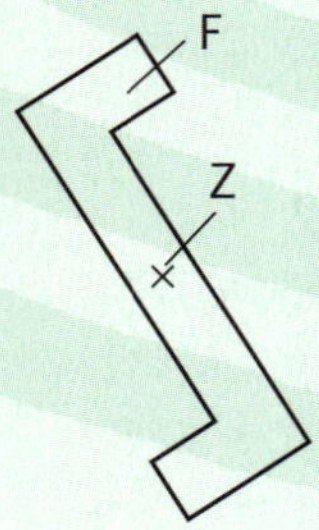

Quadrat und Kreis sind punktsymmetrisch. Das Quadrat hat 4 Symmetrieachsen, der Kreis unendlich viele.

1. Untersuchen Sie die abgebildeten Buchstaben und Ziffern auf Achsen- und Punktsymmetrie. Zeichnen Sie jeweils alle Symmetrieachsen und Symmetriepunkte ein.

A B C D E F G H I
J K L M N O P Q R
S T U V W X Y Z

1 2 3 4 5 6 7 8 9 0

2. Ergänzen Sie △ ABC zu einem achsensymmetrischen und △ PQR zu einem punktsymmetrischen Viereck.

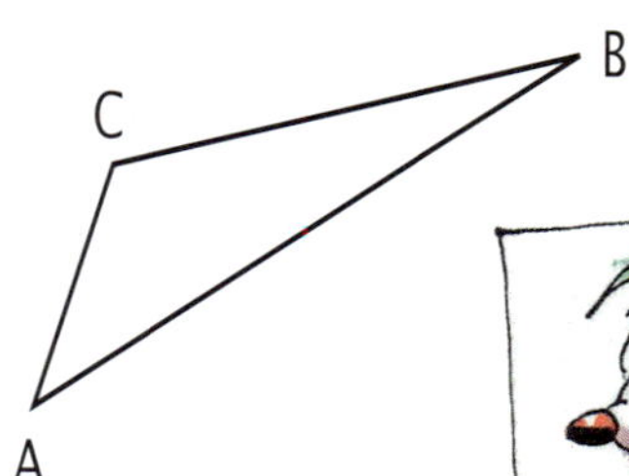

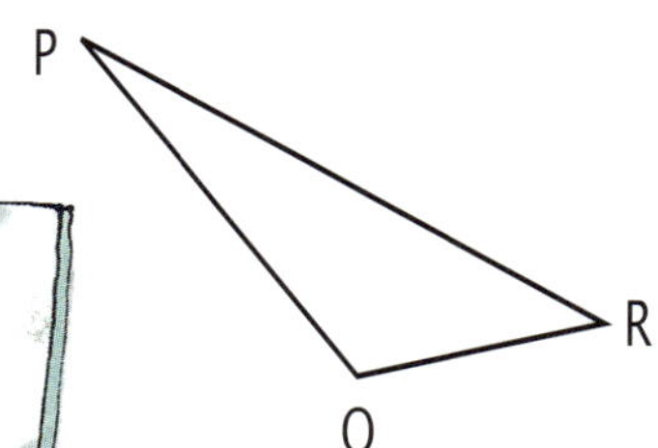

TIPP

*Die **Mittelsenkrechten** m_a, m_b und m_c eines Dreiecks schneiden sich in einem Punkt. Es ist der Mittelpunkt des **Umkreises**.*

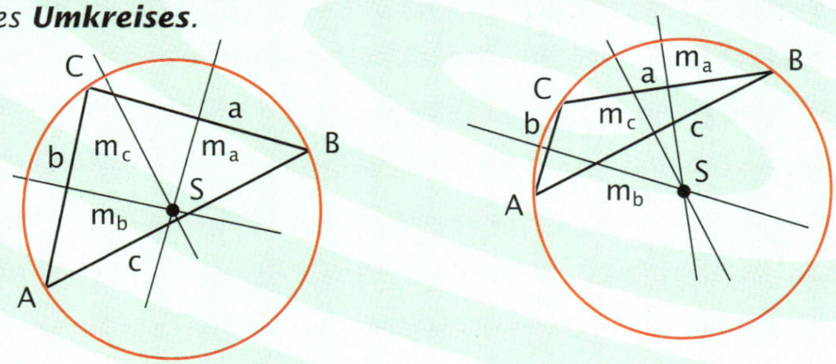

1. Beweisen Sie, dass sich die Mittelsenkrechten in einem Punkt S schneiden, der von den Dreieckspunkten A, B und C gleich weit entfernt ist, in folgenden Schritten:
(1) Der Schnittpunkt S von m_a und m_b ist gleich weit von A, B und C entfernt.
(2) Der Punkt S muss auf m_c liegen.

TIPP

*Die **Winkelhalbierenden** W_α, W_β und W_γ eines Dreiecks schneiden sich in einem Punkt. Er ist der Mittelpunkt des **Inkreises**.*

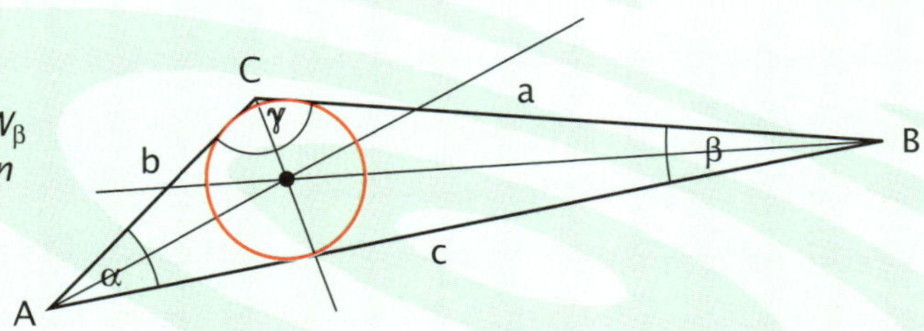

2. Die Forschungsstationen F_1, F_2 und F_3 in der Antarktis sollen einen gemeinsamen Hubschrauberlandeplatz H erhalten, der von den Forschungsstationen gleich weit entfernt ist. Konstruieren Sie die Lage von H.

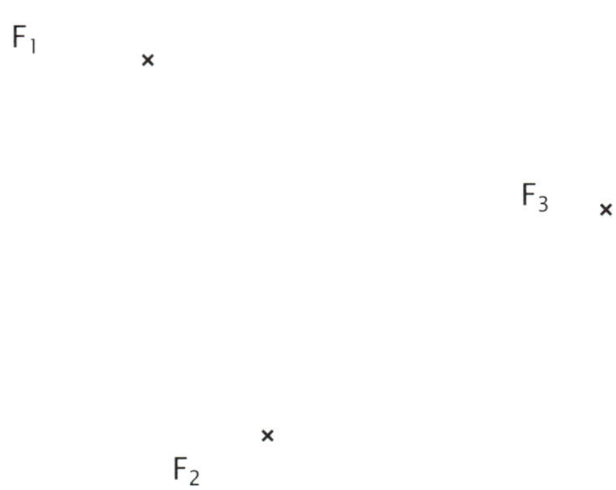

3. Konstruieren Sie den Inkreis des Dreiecks ABC.

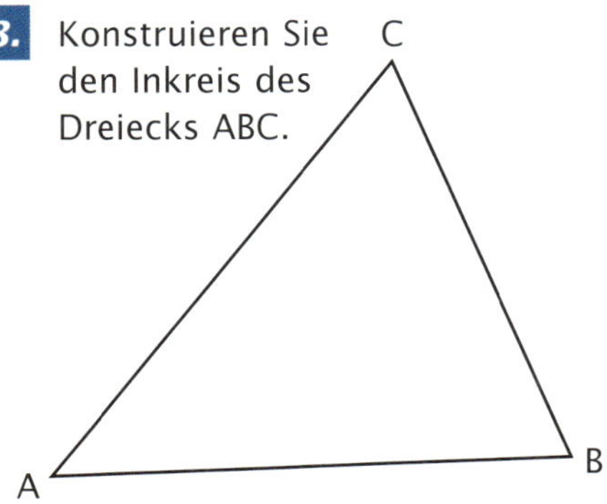

TIPP

Die ***Seitenhalbierenden*** *s_a, s_b und s_c eines Dreiecks verbinden die Eckpunkte mit den gegenüberliegenden Seitenmitten. Sie treffen sich im* ***Schwerpunkt*** *des Dreiecks.*

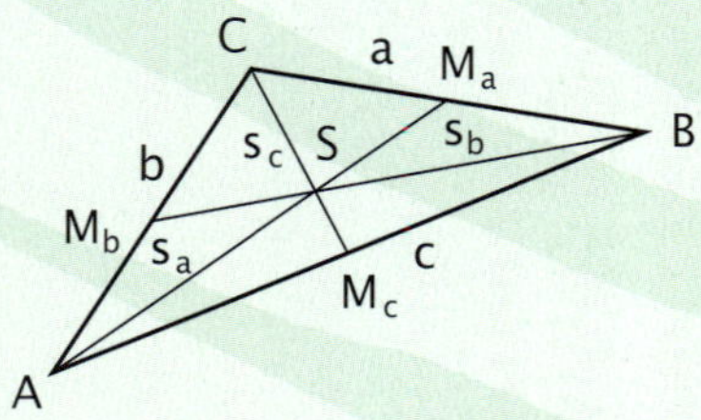

Die Höhengeraden eines Dreiecks sind die Senkrechten durch die Eckpunkte zu den Trägergeraden der gegenüberliegenden Seiten. Die Höhen h_a, h_b und h_c sind die Abstände zwischen den Eckpunkten und den Trägergeraden.

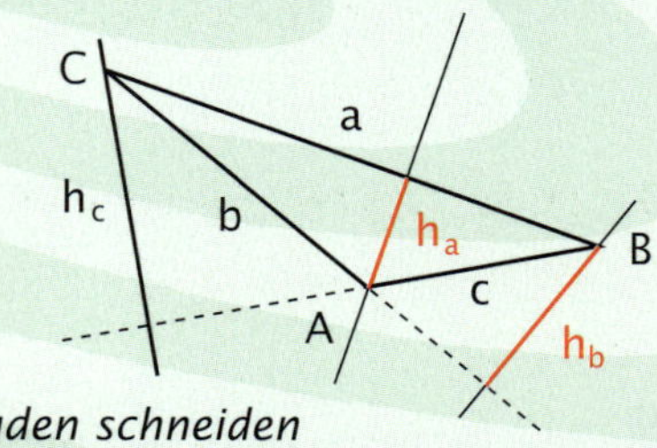

Die Höhengeraden schneiden sich in einem Punkt.

1. Konstruieren Sie den Schwerpunkt des Dreiecks ABC.

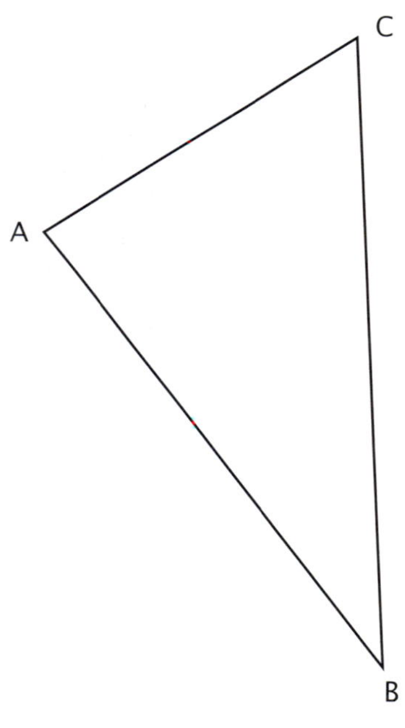

2. Konstruieren Sie die Höhen des Dreiecks PQR und den Schnittpunkt H der Höhengeraden.

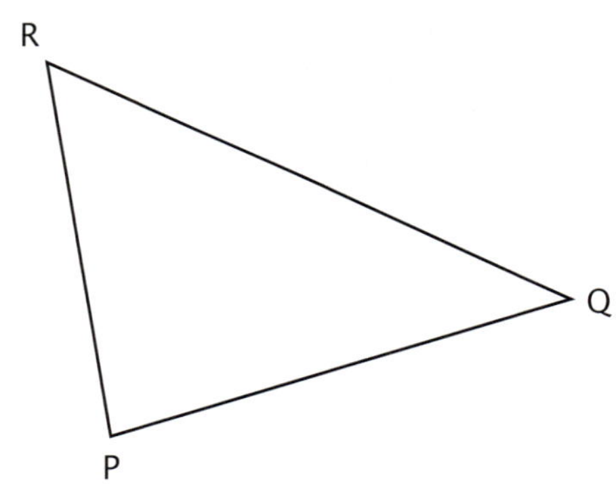

3. Konstruieren Sie ein Dreieck aus c = 8 cm, $\alpha = 76°$ und $h_c = 4{,}5$ cm.

4. Konstruieren Sie ein Dreieck aus a = 7,8 cm, c = 6,5 cm und $h_b = 5{,}1$ cm.

5. Beweisen Sie: Im gleichseitigen Dreieck sind Mittelsenkrechten, Winkelhalbierende, Seitenhalbierende und Höhen identisch.

TIPP

$\overline{AB}$ ist Sehne des Kreises k. Die Punkte P_i sind Kreispunkte in derselben Halbebene bezüglich $\overline{AB}$ wie der Kreismittelpunkt M.

*α_i sind **Umfangswinkel** über der Sehne $\overline{AB}$.*

*β ist der **Mittelpunktswinkel** zur Sehne $\overline{AB}$.*

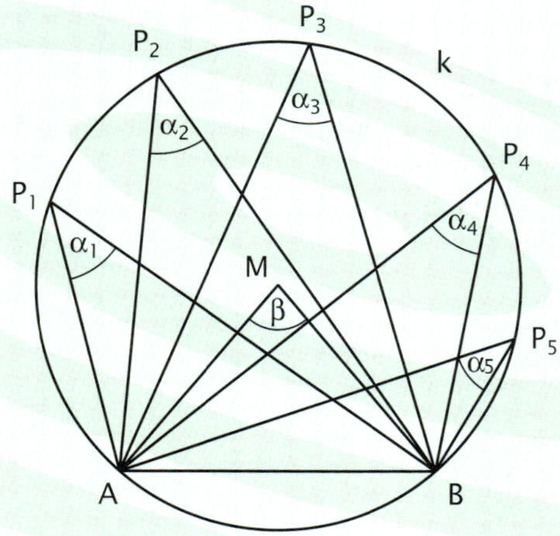

Satz: Alle Umfangswinkel α_i über der Sehne $\overline{AB}$ sind halb so groß wie der Mittelpunktswinkel β zur Sehne $\overline{AB}$ und damit kongruent zueinander.

1. $\overline{K_1K_2}$ ist die Frontseite eines Kinos in der Schillerstraße. An der Häuserwand h soll ein Scheinwerfer S mit einem Öffnungswinkel von 60° so montiert werden, dass er die Frontseite des Kinos genau ausleuchtet. Konstruieren Sie einen möglichen Punkt, an dem der Scheinwerfer S angebracht werden könnte.

Hinweis: Fassen Sie $\overline{K_1K_2}$ als die Sehne eines Kreises auf, dessen Mittelpunktswinkel 120° groß ist.

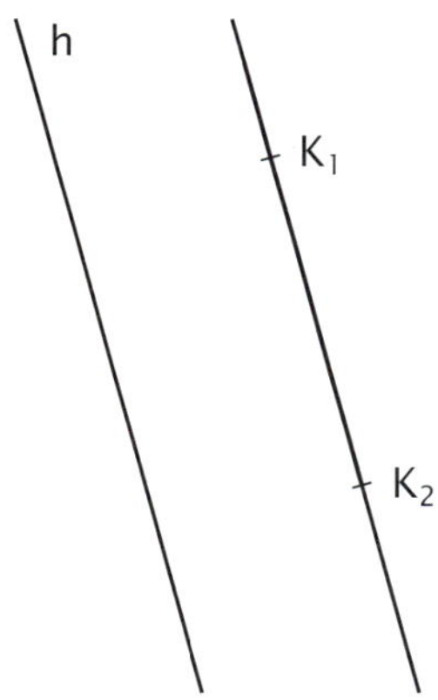

TIPP

Liegt C auf dem Halbkreis über der Strecke $\overline{AB}$, so ist ∡ ACB ein rechter Winkel (Satz des Thales). ∡ ACB ist stumpf (spitz), wenn C innerhalb (außerhalb) des Halbkreises über $\overline{AB}$ liegt.

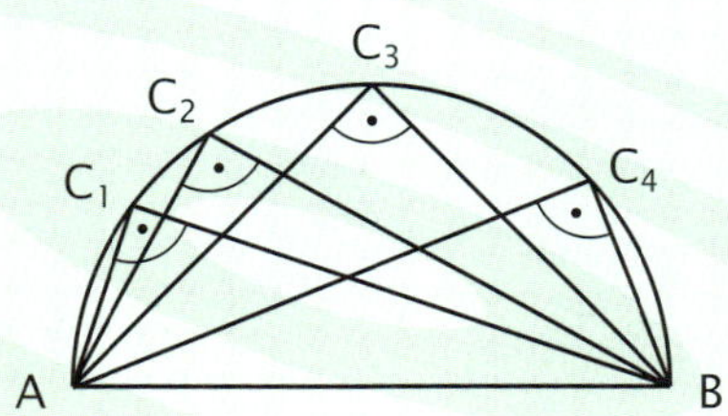

2. Beweisen Sie den Satz des Thales für einen beliebigen Punkt C auf dem Halbkreis. Zeichnen Sie in der Beweisskizze den Mittelpunkt M von $\overline{AB}$ ein und verbinden Sie A, B und M mit C.

TANGENTEN EINES KREISES, SEHNENVIERECKE UND TANGENTENVIERECKE

TIPP

Eine Gerade t, die mit einem Kreis k genau einen Punkt T gemeinsam hat, heißt ***Tangente*** *des Kreises k im Punkt T.*

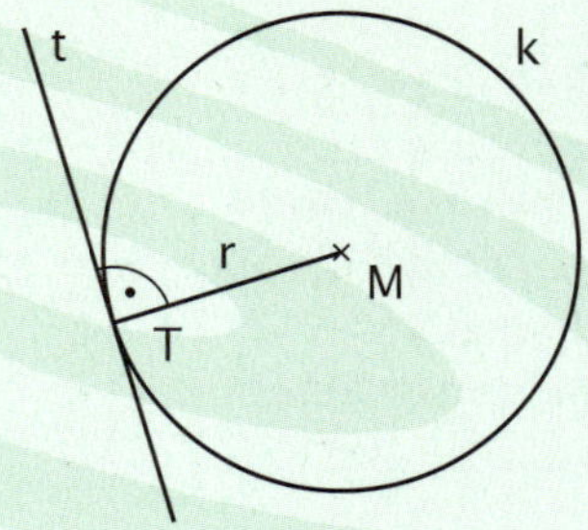

$\overline{MT}$ ist der Berührungsradius zur Tangente t und es gilt: $t \perp \overline{MT}$.

1. Durch den Punkt P verlaufen zwei Tangenten t_1 und t_2 des Kreises k. Konstruieren Sie die beiden Tangenten in folgenden Schritten:

(1) Thales-Kreis über $\overline{MT}$ zeichnen, die Schnittpunkte mit k sind T_1 und T_2.

(2) P mit T_1 und mit T_2 verbinden.

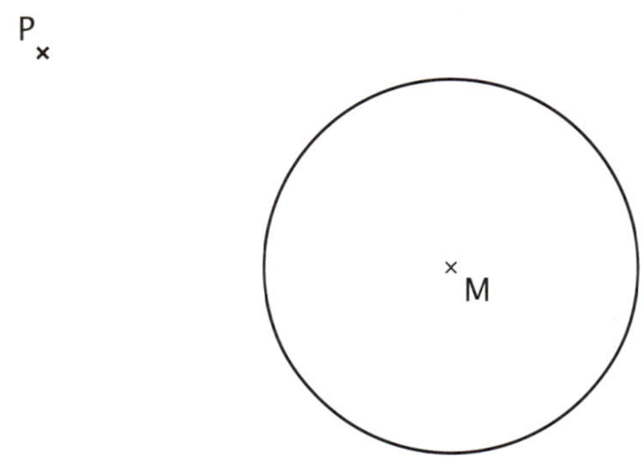

TIPP

Ein Viereck, dessen Seiten Sehnen desselben Kreises sind, heißt ***Sehnenviereck.***

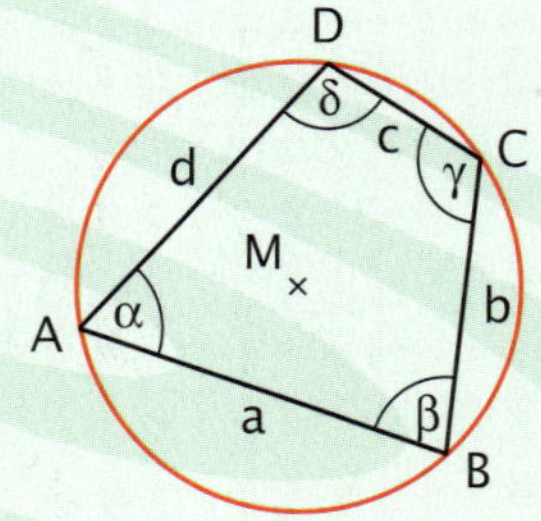

S_1: In jedem Sehnenviereck sind gegenüberliegende Winkel zusammen 180° groß: $\alpha + \gamma = \beta + \delta = 180°$.

S_2: Aus $\alpha + \gamma = \beta + \delta$ folgt: ABCD ist ein Sehnenviereck.

Ein Viereck, dessen Seiten auf Tangenten desselben Kreises liegen, heißt ***Tangentenviereck.***

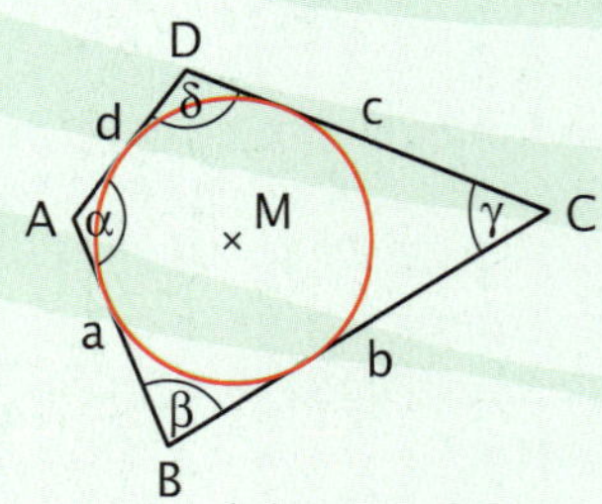

T_1: In jedem Tangentenviereck sind die Summen der Längen gegenüberliegender Seiten gleich groß: $a + c = b + d$.

T_2: Aus $a + c = b + d$ folgt: ABCD ist ein Tangentenviereck.

2. Beweisen Sie, dass in jedem Sehnenviereck die beiden jeweils gegenüberliegenden Winkel zusammen 180° groß sind. Verbinden Sie dazu in der Beweisskizze den Umkreismittelpunkt M mit den Viereckspunkten A, B, C und D.

TIPP

Das Haus der Vierecke verdeutlicht den Zusammenhang, z. B.: Jede Raute ist ein Drachen und auch ein Parallelogramm.

Das Haus der Vierecke hat fünf Stockwerke. Die „Etage“ eines Vierecks verrät, wie viele unabhängige Stücke man für seine Konstruktion braucht: Beim Quadrat 1 Stück, beim allgemeinen Viereck 5 Stücke.

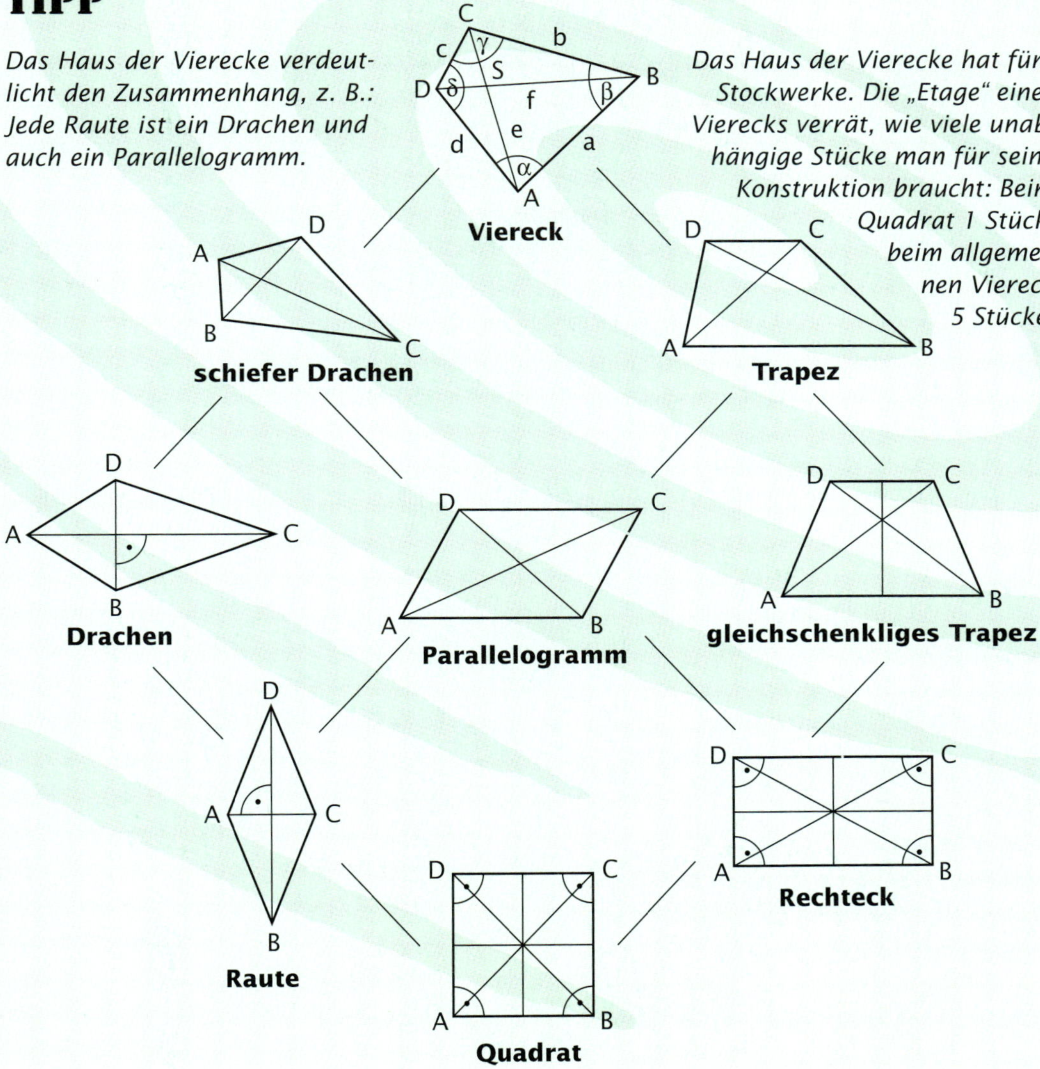

1. Notieren Sie jeweils alle Vierecksformen, für die die Aussage gilt:
a) e halbiert f
b) a || c
c) $\alpha + \delta = \beta + \gamma$
d) $e \perp f$
e) S ist Symmetriepunkt
f) a = c, b = d

2. Welche Vierecke sind Sehnenvierecke, welche Tangentenvierecke?

3. Konstruieren Sie ein Trapez aus a = 9 cm, b = 5 cm, c = 6 cm und d = 4,6 cm

4. Beweisen Sie: Jedes Viereck mit parallelen Gegenseiten ist punktsymmetrisch.

5. Das Quadrat hat 5 Symmetrien: 4 Achsensymmetrien und die Punktsymmetrie.
Wie viele Symmetrien haben die Vierecke in der Etage darüber, wie viele die Vierecke noch ein Stockwerk höher?

TIPP

Unter dem ***Verhältnis a : b*** *(lies a zu b) der beiden Strecken a und b versteht man den Quotienten ihrer Maßzahlen.*
Dieser Quotient wird als Bruch oder in der Verhältnisschreibweise mit natürlichen Zahlen angegeben.

$a = 8\text{ cm}, b = 5\text{ cm} \rightarrow$ $\mathbf{a : b = 8 : 5}$ oder $a : b = \frac{8}{5}$

$c = 4\text{ cm}, d = 1{,}6\text{ cm} \rightarrow$ $c : d = 40 : 16$, gekürzt $\mathbf{c : d = 5 : 2} \left(= \frac{5}{2}\right)$.

1. Notieren Sie das Streckenverhältnis als gekürzten Bruch.
a) $a = 4{,}8\text{ cm}; b = 5{,}4\text{ cm}$ b) $a = 4\text{ m}; b = 0{,}75\text{ m}$ c) $a = 5\frac{1}{2}\text{ km}; b = 2{,}5\text{ km}$

2. Wie lang ist die Seite b?
a) $a = 15\text{ cm}; a : b = 5 : 2$ b) $a = 6\text{ m}; a : b = 4 : 7$ c) $a = 24\text{ cm}; b : a = \frac{3}{4}$

TIPP

Projektionssatz
Werden zwei Geraden von einer Parallelenschar so geschnitten, dass die von den Parallelen erzeugten Strecken auf der einen Geraden untereinander kongruent sind, so sind auch die von den Parallelen erzeugten Strecken auf der anderen Gerade untereinander kongruent (im Zeichen ≅).

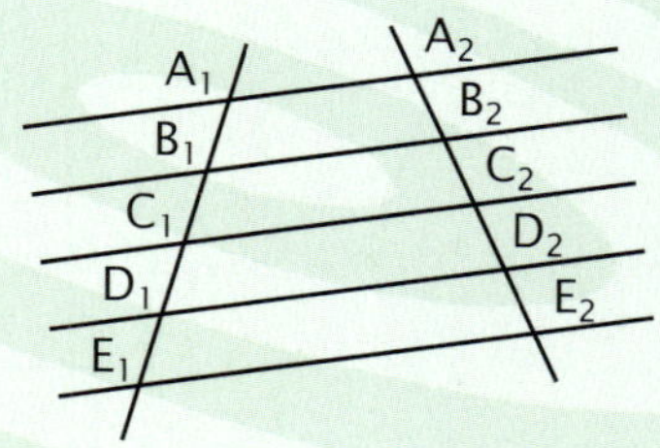

$$\overline{A_1B_1} \cong \overline{B_1C_1} \cong \overline{C_1D_1} \cong \overline{D_1E_1} \Rightarrow \overline{A_2B_2} \cong \overline{B_2C_2} \cong \overline{C_2D_2} \cong \overline{D_2E_2}$$

3. Teilen Sie die abgebildete Strecke $\overline{AB}$ durch Konstruktion in 5 gleich lange Teilstrecken.

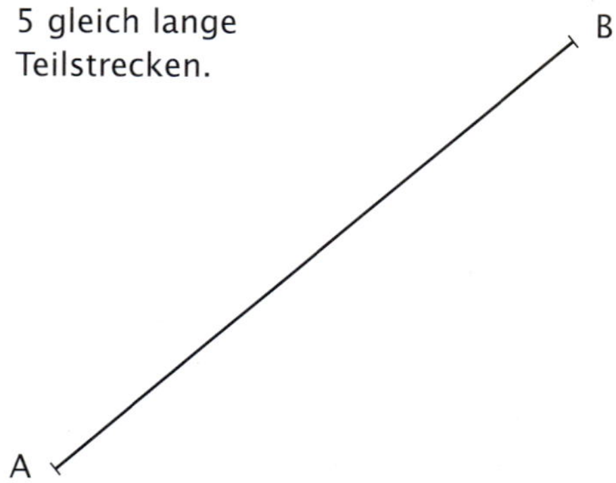

TIPP

1. Strahlensatz: *Werden zwei von einem Punkt ausgehende Strahlen von Parallelen geschnitten, so verhalten sich zwei Abschnitte eines Strahls wie die entsprechenden Abschnitte des anderen Strahls.*

$\overline{SA} : \overline{AC} = \overline{SB} : \overline{BD}$, $\quad \overline{SA} : \overline{SC} = \overline{SB} : \overline{SD}$.

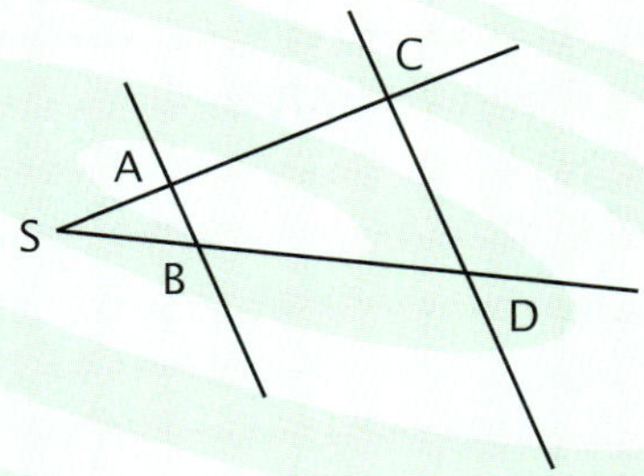

2. Strahlensatz: *Werden zwei von einem Punkt ausgehende Strahlen von Parallelen geschnitten, so verhalten sich die Parallelenabschnitte wie die zugehörigen Scheitelstrecken eines Strahls.*

$\overline{AB} : \overline{CD} = \overline{SA} : \overline{SC}$, $\quad \overline{AB} : \overline{CD} = \overline{SB} : \overline{SD}$.

bzw.

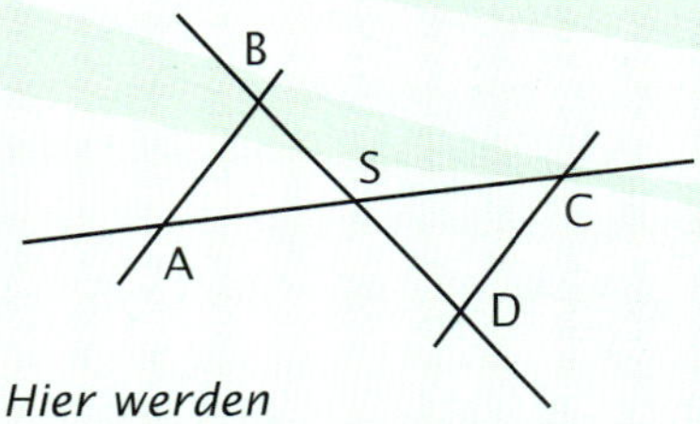

Umkehrung des 1. Strahlensatzes: *Werden von einem Punkt ausgehende Strahlen von Geraden so geschnitten, dass sich zwei Abschnitte des einen Strahls wie die entsprechenden Abschnitte des anderen Strahls verhalten, so sind die beiden Geraden parallel.*

Hier werden zwei Geraden durch den Punkt S von Parallelen geschnitten

Die Umkehrung des zweiten Strahlensatzes gilt nicht!

1. Konstruieren Sie auf der Strecke $\overline{AB}$ einen Punkt P, so dass $\overline{AP} : \overline{BP} = 2 : 5$ gilt.

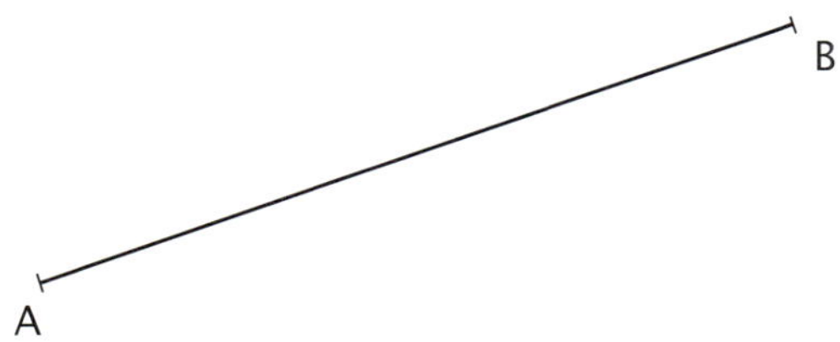

2. Bestimmen Sie x in der Gleichung.

a) $\overline{SA} : \overline{AF} = \overline{SB} : x$

b) $x : \overline{EF} = \overline{SA} : \overline{SF}$

c) $\overline{CE} : \overline{SB} = x : \overline{SA}$

d) $\overline{CD} : x = \overline{SD} : \overline{SF}$

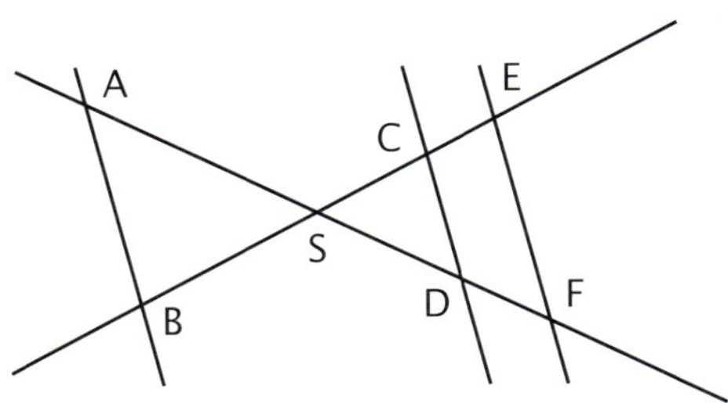

3. Berechnen Sie die Breite f des Flusses.

Die Punkte „•“ wurden durch Anpeilung des Baumstammes S auf der anderen Flussseite festgelegt.

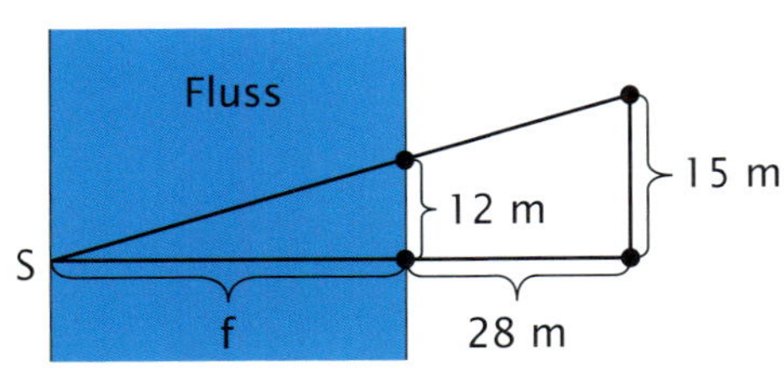

TIPP

Gegeben ist ein Streckzentrum Z und ein Streckfaktor $k \neq 0$. Für einen Punkt P und seinen Bildpunkt P' gilt:

für $k > 0$: *(1) P' liegt auf $\overrightarrow{ZP}$* *(2) $|ZP'| = k \cdot |ZP|$*

für $k < 0$: *(1) Z liegt auf $\overline{PP'}$* *(2) $|ZP'| = |k| \cdot |ZP|$*

$k = 1,5$

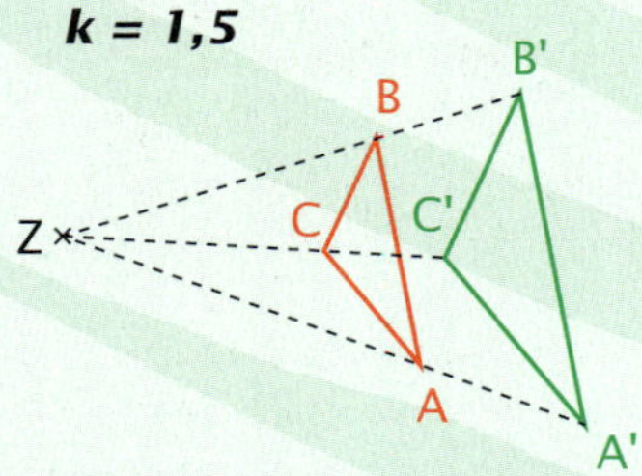

Zentrische Streckung (Z, k)

$k = -\frac{1}{3}$

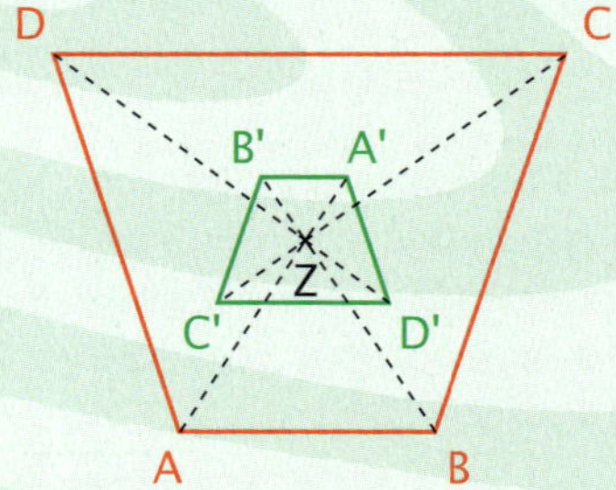

Die zentrische Streckung ist geradentreu, winkeltreu und längenverhältnistreu.
Z ist Fixpunkt der Abbildung: Z' = Z.
Hat eine Figur den Flächeninhalt A, dann hat die Bildfigur den Flächeninhalt $k^2 \cdot A$.
Hat ein Körper das Volumen V, dann hat der Bildkörper das Volumen $|k^3| \cdot V$.

1. a) Strecken Sie das Dreieck ABC von Z aus um den Faktor k = 2.

b) △ ABC hat einen Flächeninhalt von A = 1,38 cm². Wie groß ist der Flächeninhalt von △ A'B'C'?

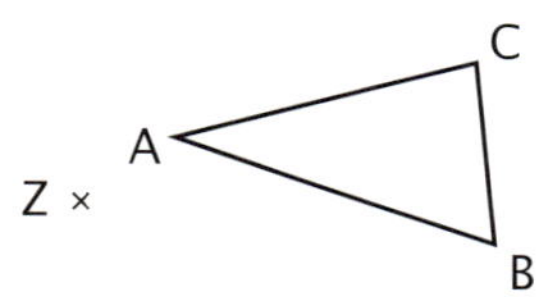

TIPP

Zwei Dreiecke heißen ***ähnlich****, wenn sie in allen Winkeln und den Verhältnissen entsprechender Seiten übereinstimmen.*

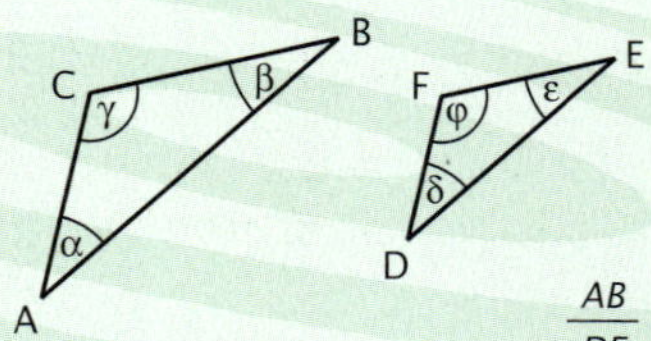

$\alpha = \delta$
$\beta = \varepsilon$
$\gamma = \varphi$

$\frac{AB}{DE} = \frac{BC}{EF} = \frac{AC}{DF}$

Ähnlichkeitssätze:
Zwei Dreiecke sind ähnlich, wenn sie übereinstimmen in
(1) zwei Winkeln,
(2) dem Verhältnis aller entsprechenden Seiten,
(3) dem Verhältnis von zwei entsprechenden Seiten und dem eingeschlossenen Winkel,
(4) dem Verhältnis von zwei entsprechenden Seiten und dem Gegenwinkel der jeweils längeren Seite.

2. Untersuchen Sie die beiden Dreiecke auf Ähnlichkeit.

a)

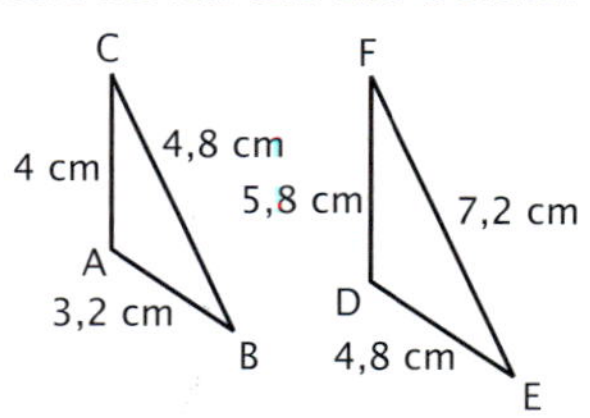

b)

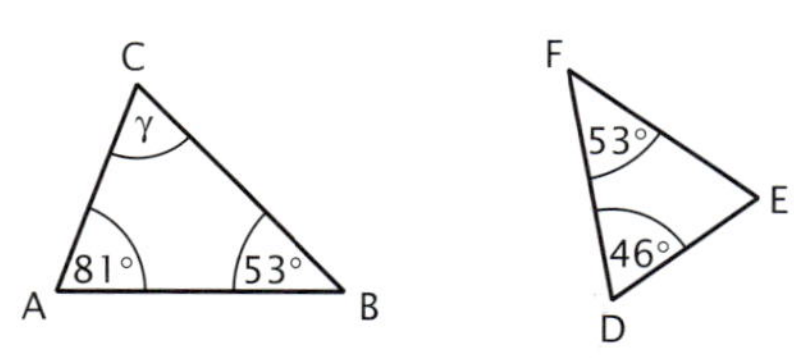

TIPP

Satz des Pythagoras:
Sind a und b die Katheten eines rechtwinkligen Dreiecks und ist c die Hypotenuse dieses Dreiecks, so gilt

$$a^2 + b^2 = c^2.$$

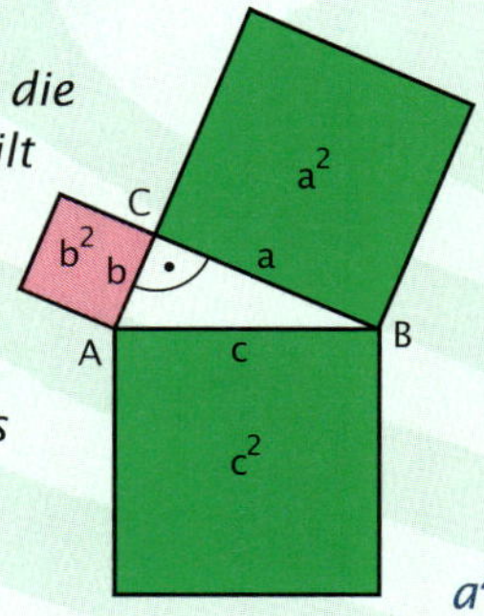

Umkehrung des Satzes:
Gilt für die Seiten a, b und c eines Dreiecks $a^2 + b^2 = c^2$, so hat das Dreieck zwischen a und b einen rechten Winkel.
Bei $a^2 + b^2 < c^2$ ist der Winkel zwischen a und b stumpf, bei $a^2 + b^2 > c^2$ spitz.

Beweis des Satzes:

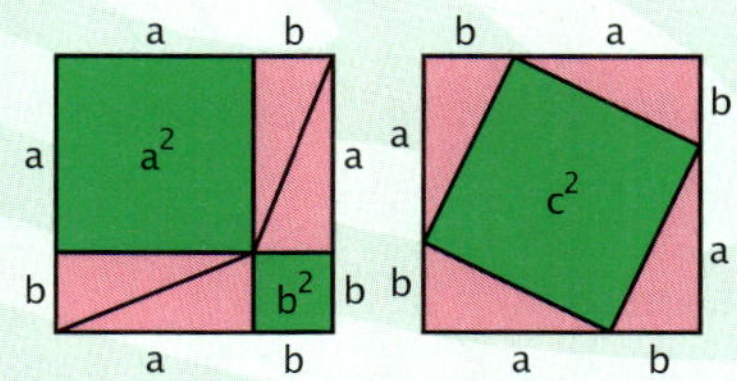

$a^2 + b^2$ und c^2 werden jeweils durch 4 kongruente Dreiecke zu gleich großen Quadraten ergänzt, also gilt:

$$a^2 + b^2 = c^2.$$

1. Berechnen Sie die fehlenden Seiten.

a)

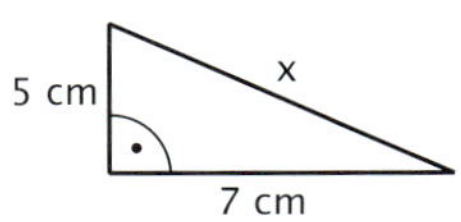

b)

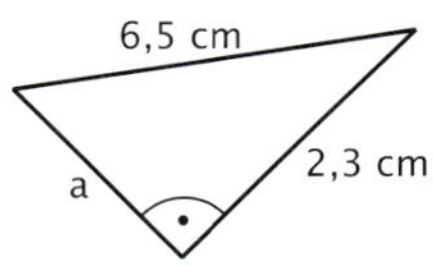

c)

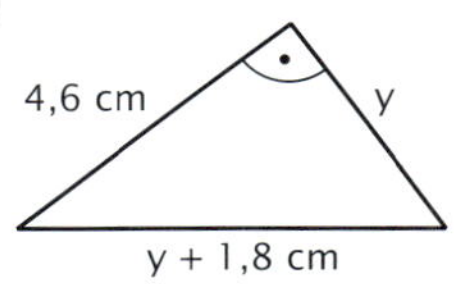

2. Um 12 Uhr befinden sich zwei Autos im Bereich der Brücke direkt übereinander.

Eines fährt nach Norden mit konstant 120 $\frac{km}{h}$, das andere nach Osten mit konstant 150 $\frac{km}{h}$.

Wie weit sind die beiden Autos um 12.40 Uhr in Luftlinie voneinander entfernt?

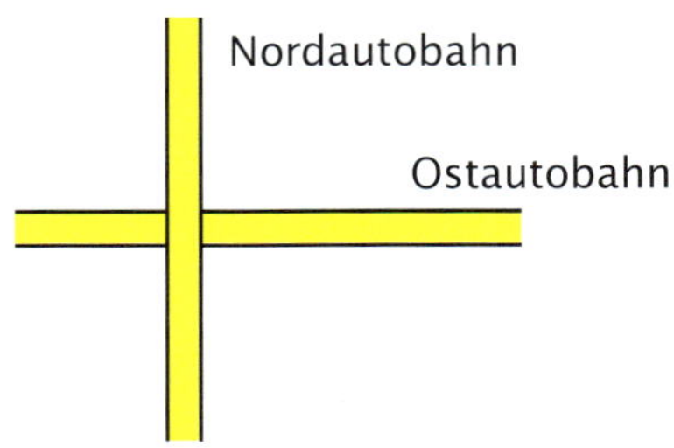

3. Zwischen den beiden 9 m voneinander entfernten Laternenmasten links und rechts einer Straße wird jeweils in 4,50 m Höhe ein Drahtseil von 9,30 m Länge befestigt. In der Mitte des Drahtseils wird eine 60 cm hohe Ampel eingehängt. Wie hoch hängt ihr Boden über der Straße?

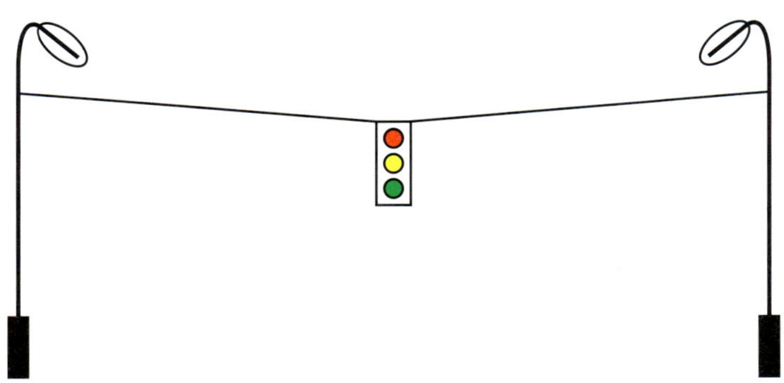

TIPP

Kathetensatz:
Im rechtwinkligen Dreieck ist das Quadrat über einer Kathete inhaltsgleich zu dem Rechteck aus der gesamten Hypotenuse und dem der Kathete anliegenden Hypotenusenabschnitt.

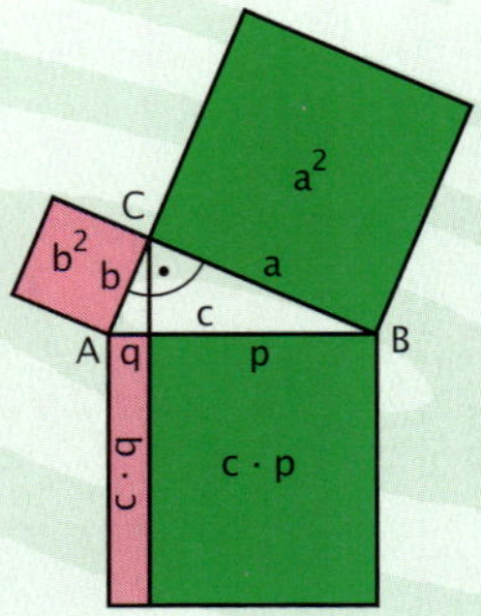

$$a^2 = c \cdot p$$

$$b^2 = c \cdot q$$

Höhensatz:
Im rechtwinkligen Dreieck ist das Quadrat über der Höhe auf die Hypotenuse inhaltsgleich mit dem Rechteck aus den beiden Hypotenusenabschnitten, die von dieser Höhe erzeugt werden.

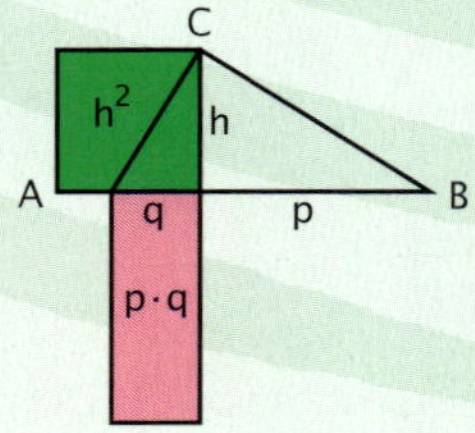

$$h^2 = p \cdot q$$

Beweis des Höhensatzes:

$h^2 = b^2 - q^2$	*(Satz des Pythagoras)*
$h^2 = cq - q^2$	*(Kathetensatz)*
$h^2 = q(c - q)$	*(q ausgeklammert)*
$h^2 = q \cdot p$	*($c - q = p$)*

1. Gegeben ist das abgebildete Rechteck. Konstruieren Sie mit Hilfe des Kathetensatzes ein inhaltsgleiches Quadrat.

Hinweis:
Fassen Sie a als Hypotenuse und b als anliegenden Hypotenusenabschnitt auf.
Die Konstruktion ist bereits begonnen, setzen Sie fort.

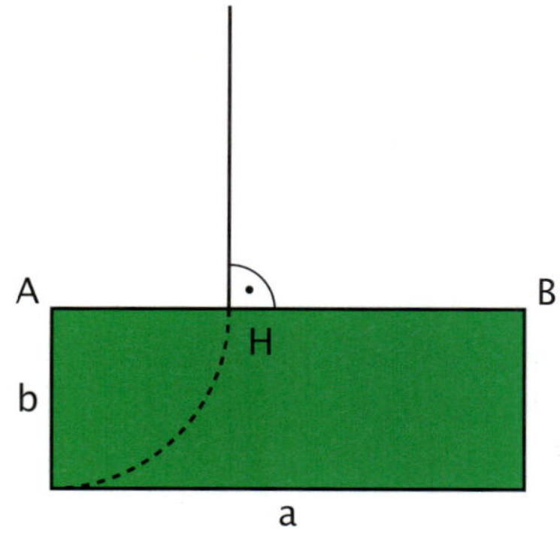

2. Gegeben sind das abgebildete Quadrat und die abgebildete Strecke $\overline{PQ}$. Konstruieren Sie mit Hilfe des Höhensatzes ein Rechteck, das denselben Flächeninhalt wie das Quadrat hat und dessen eine Seite die abgebildete Strecke ist. Die Konstruktion ist bereits begonnen.

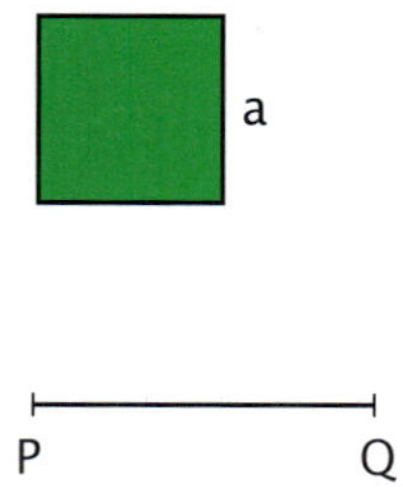

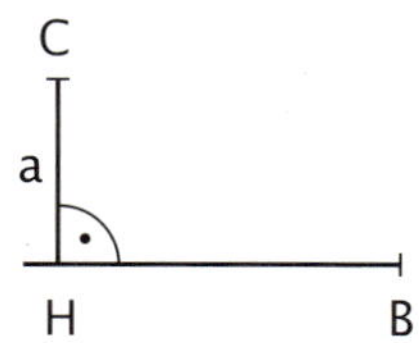

HB = PQ

TIPP

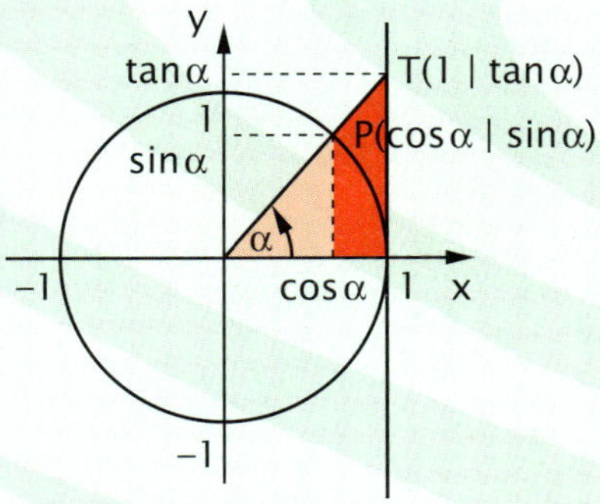

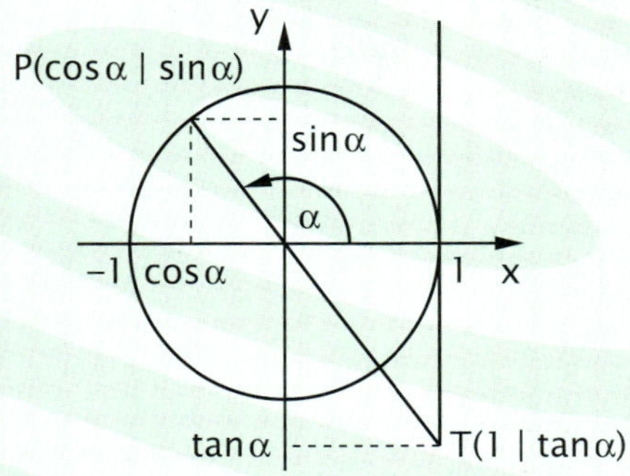

Der Scheitelpunkt des Winkels α ist der Nullpunkt, der erste Schenkel des Winkels liegt auf der x-Achse. Der zweite Schenkel des Winkels α trifft den Einheitskreis im Punkt P. Dessen y-Koordinate wird als ***Sinus von α (sinα)*** *und dessen x-Koordinate als* ***Kosinus von α (cosα)*** *bezeichnet. Die Zuordnungen α → sinα und α → cosα sind Funktionen.*

Die Trägergerade des zweiten Schenkels von α trifft die Parallele zur y-Achse durch die Stelle x = 1 im Punkt T. Die y-Koordinate dieses Punktes wird als ***Tangens von α (tanα)*** *bezeichnet. Die Zuordnungen α → tanα ist eine Funktion.*

1. Messen Sie die Winkel α, β, γ, δ, ε und ω. Lesen Sie die folgenden Funktionswerte ab und vergleichen Sie sie mit den TR-Werten.

a) sinα

b) cosβ

c) tanβ

d) sinγ

e) tanδ

f) sinδ

g) cosε

h) sinω

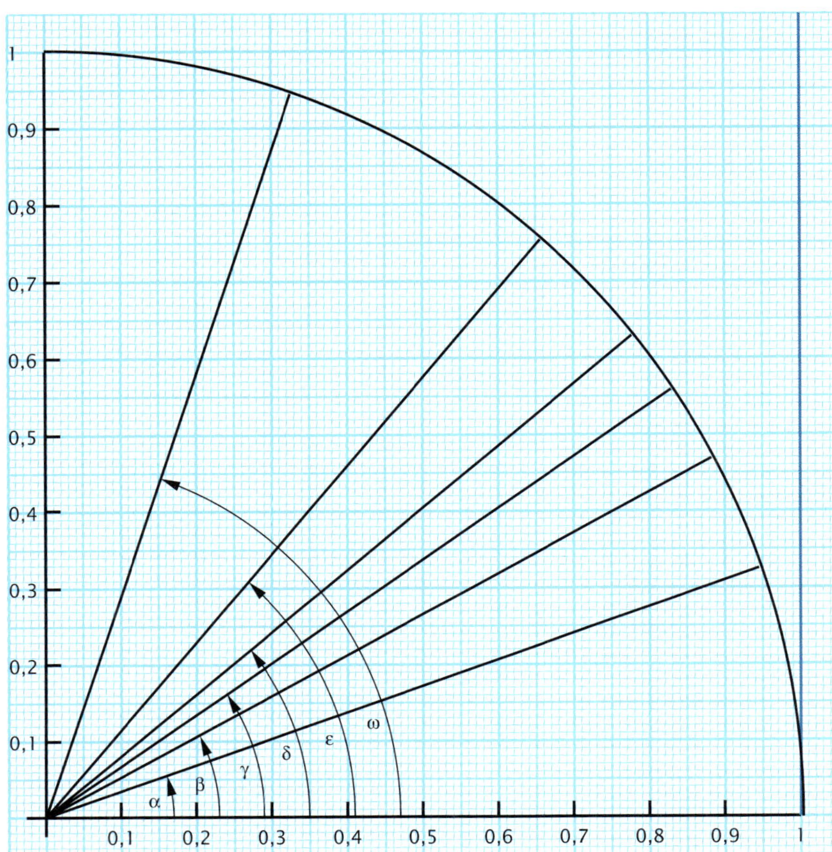

TIPP

Für 0°, 30°, 45°, 60° und 90° gelten die folgenden Funktionswerte:

	0°	30°	45°	60°	90°
$\sin\alpha$	0	$\frac{1}{2}$	$\frac{1}{2}\sqrt{2}$	$\frac{1}{2}\sqrt{3}$	1
$\cos\alpha$	1	$\frac{1}{2}\sqrt{3}$	$\frac{1}{2}\sqrt{2}$	$\frac{1}{2}$	0

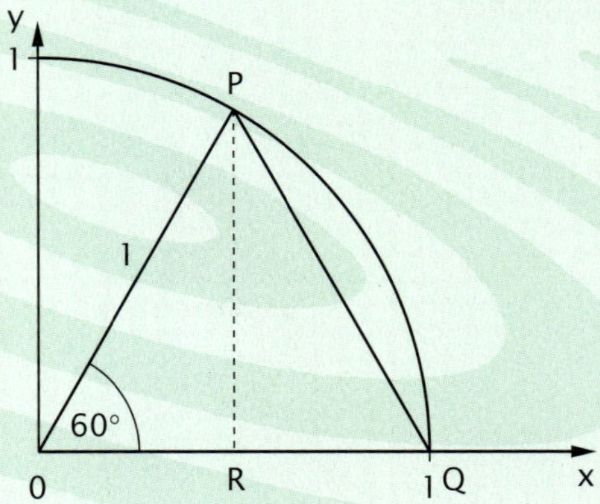

1. Beweisen Sie anhand der Abbildung oben rechts, dass $\cos 60° = \frac{1}{2}$ gilt, in folgenden Schritten:
- Begründen Sie, warum △ 0QP gleichschenklig ist.
- Begründen Sie, warum △ 0QP gleichseitig ist.
- Begründen Sie, warum R der Mittelpunkt der Strecke $\overline{0Q}$ ist.

2. a) Leiten Sie mit der rechten Beweisskizze her, dass gilt: $\tan\alpha = \frac{\sin\alpha}{\cos\alpha}$

b) Ergänzen Sie die Tabelle im Tipp um die besonderen Funktionswerte für den Tangens.

	0°	30°	45°	60°	90°
$\tan\alpha$					

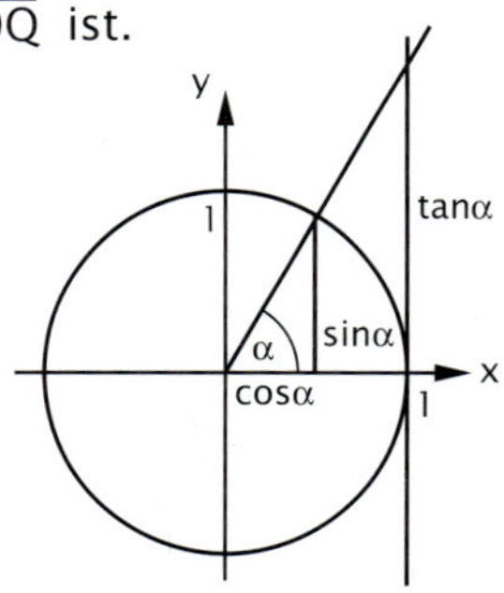

3. Beweisen Sie mit der Skizze, dass gilt:
$(\sin\alpha)^2 + (\cos\alpha)^2 = 1$
[bzw. $\sin^2\alpha + \cos^2\alpha = 1$]

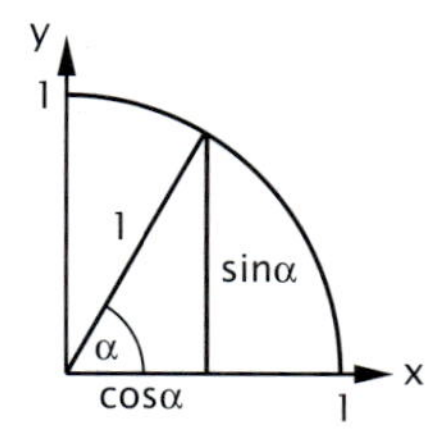

TIPP

Der Winkel $-\alpha$ wird im Einheitskreis gegen den mathematischen Drehsinn angetragen. Ein Schenkel liegt weiterhin auf der x-Achse.

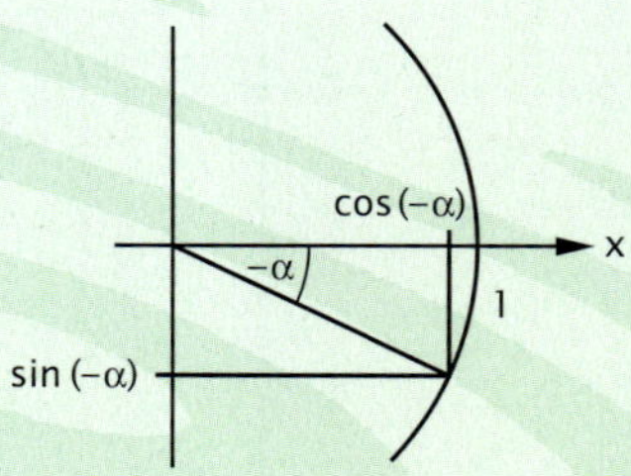

4. Begründen Sie mit einer Skizze und Symmetriebetrachtungen die Richtigkeit der Aussagen für $0 \leq \alpha \geq 180°$.

a) $\sin\alpha = -\sin(-\alpha)$ b) $\cos\alpha = \cos(-\alpha)$ c) $\sin(180° - \alpha) = \sin\alpha$ d) $\cos(180° - \alpha) = -\cos\alpha$

TIPP

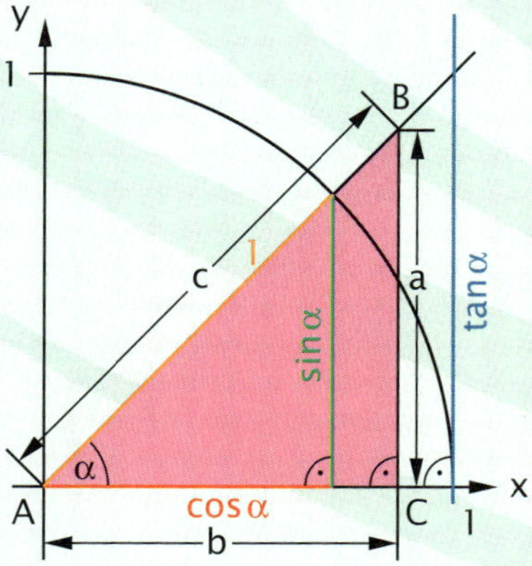

$\frac{1}{c} = \frac{\sin\alpha}{a} \Leftrightarrow \sin\alpha = \frac{a}{c}$

$\sin\alpha = \frac{\text{Gegenkathete von } \alpha}{\text{Hypotenuse}}$

$\frac{1}{c} = \frac{\cos\alpha}{b} \Leftrightarrow \cos\alpha = \frac{b}{c}$

$\cos\alpha = \frac{\text{Ankathete von } \alpha}{\text{Hypotenuse}}$

$\frac{1}{b} = \frac{\tan\alpha}{a} \Leftrightarrow \tan\alpha = \frac{a}{b}$

$\tan\alpha = \frac{\text{Gegenkathete von } \alpha}{\text{Ankathete von } \alpha}$

Beispiele:

Berechnen Sie x!

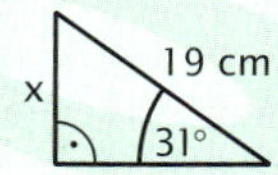

$\frac{x}{19} = \sin 31°$

$x = 19 \cdot \sin 31°$

$x \approx 9{,}8$ cm

Berechnen Sie α!

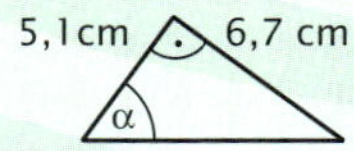

$\tan\alpha = \frac{6{,}7}{5{,}1}$

$\alpha = \tan^{-1} \frac{6{,}7}{5{,}1} \approx 52{,}7°$

Tastenfolge

2nd | tan | (| 6,7 : 5,1 |) | =

1. Berechnen Sie die fehlenden Seiten des Dreiecks.

a)

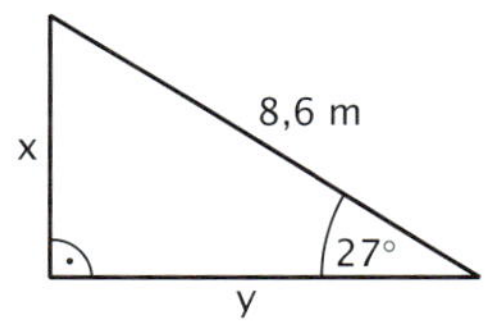

b)

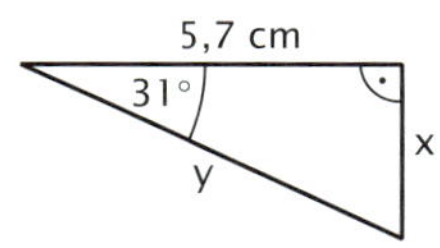

c)

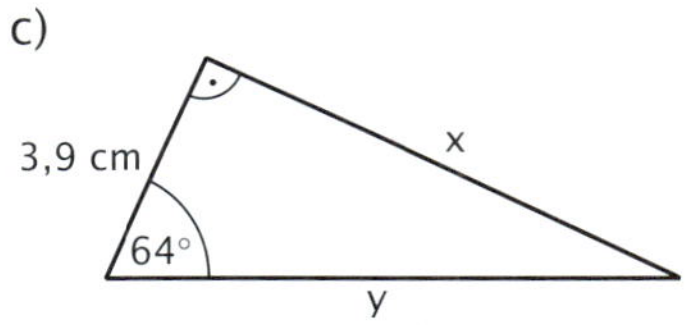

2. Berechnen Sie die fehlenden Winkel und die fehlende Seite des Dreiecks.

a)

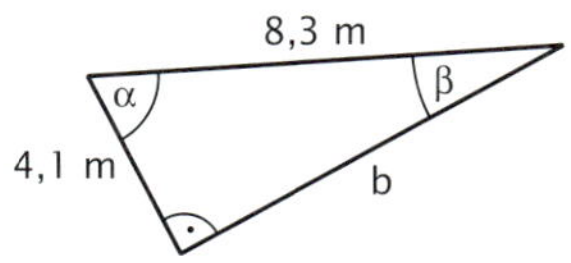

b)

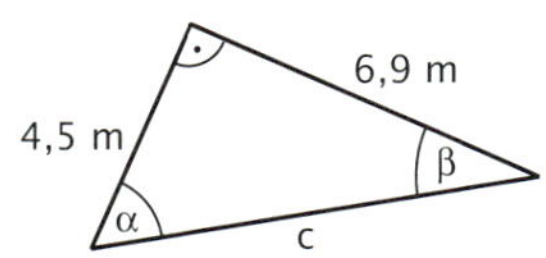

c)

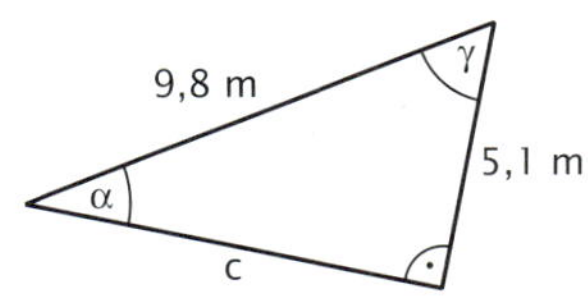

3. Ein startendes Flugzeug hebt an der Stelle P ab und steigt mit einem Winkel von 7° an. Die Kirche von Neustadt ist 28 km von der Stelle P entfernt. In welcher Höhe überfliegt das Flugzeug die Kirche?

4. In Berlin-Tegel startet ein Flugzeug mit konstantem Steigungswinkel. Nach 31 km Flug befindet es sich direkt über dem Schloss Sanssouci in einer Höhe von 3,24 km.
a) Mit welchem Winkel steigt das Flugzeug an?
b) Nach wie viel Kilometern Flug erreicht das Flugzeug die vorgesehene Flughöhe von 10 000 m?

TIPP

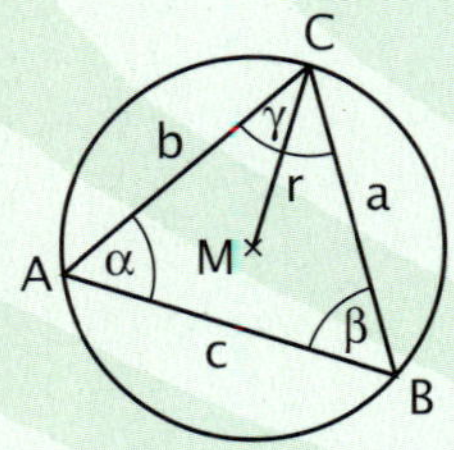

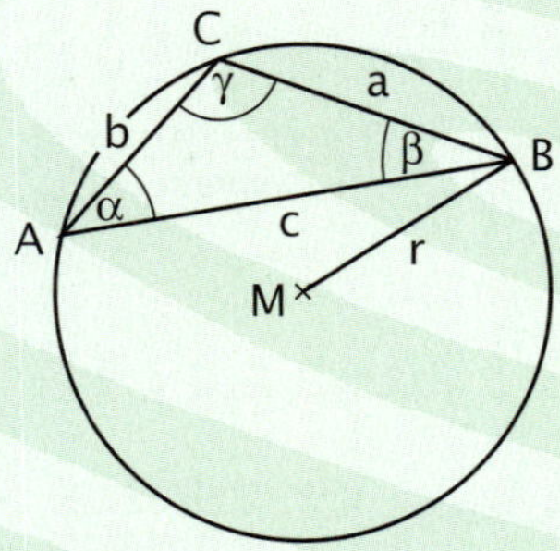

Sinussatz

$$\frac{a}{\sin\alpha} = \frac{b}{\sin\beta} = \frac{c}{\sin\gamma} \; (= 2r)$$

Kosinussatz

$$a^2 = b^2 + c^2 - 2bc\cos\alpha$$
$$\alpha = \cos^{-1}\left(\frac{b^2 + c^2 - a^2}{2bc}\right)$$

$$b^2 = a^2 + c^2 - 2ac\cos\beta$$
$$\beta = \cos^{-1}\left(\frac{a^2 + c^2 - b^2}{2ac}\right)$$

$$c^2 = a^2 + b^2 - 2ab\cos\gamma$$
$$\gamma = \cos^{-1}\left(\frac{a^2 + b^2 - c^2}{2ab}\right)$$

1. Berechnen Sie die gesuchte Seite im Dreieck.

a)

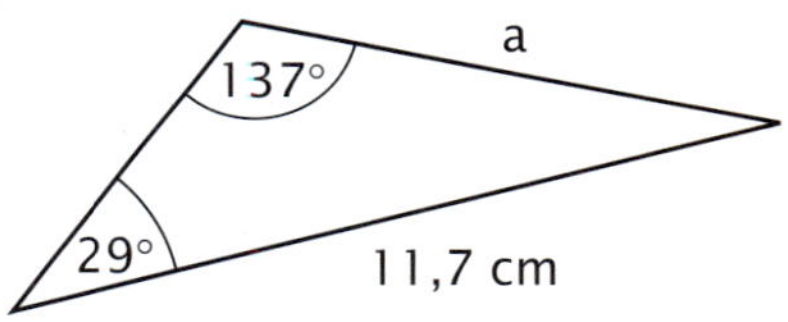

b)

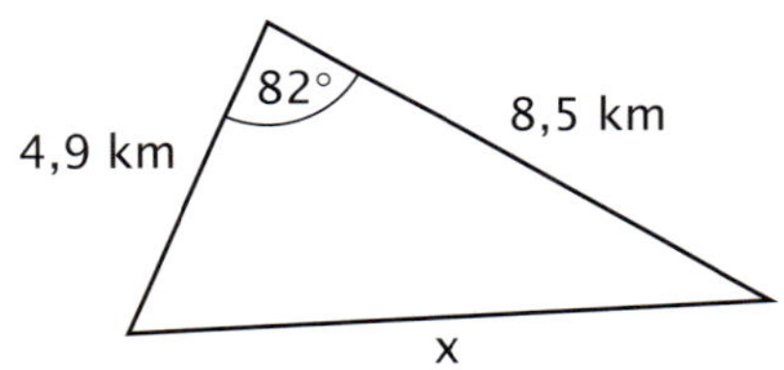

2. Berechnen Sie den gesuchten Winkel im Dreieck.

a)

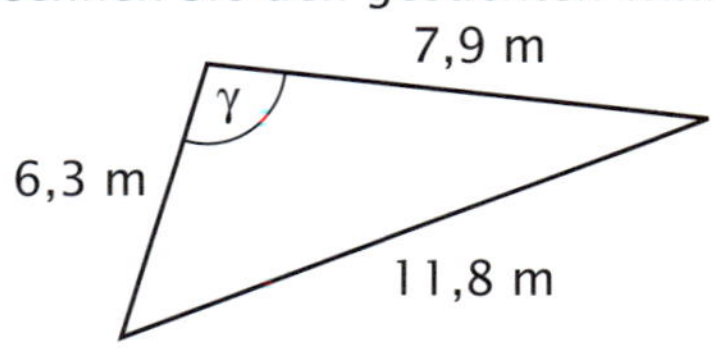

b)

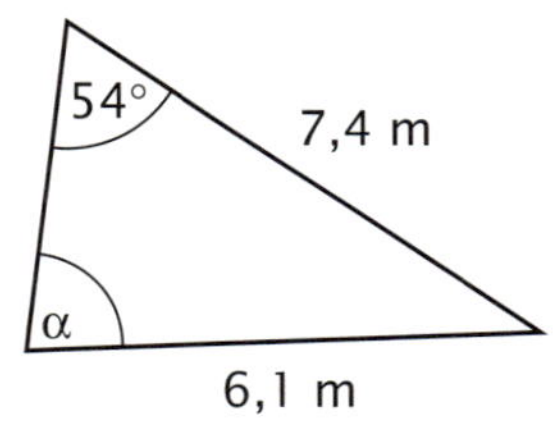

3. Abgebildet ist ein Dreieck mit den angegebenen Maßen.

a) Konstruieren Sie den Umkreis dieses Dreiecks.

b) Messen Sie den Radius des konstruierten Umkreises.

c) Berechnen Sie den Radius des Umkreises und vergleichen Sie Mess- und Rechenergebnis.

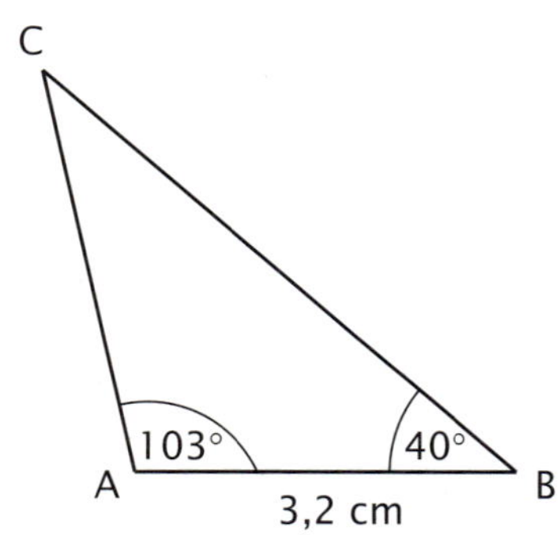

TIPP

Jedem Winkel α im Einheitskreis ist eindeutig ein Bogenmaß b_α zugeordnet und umgekehrt.

Es gilt $\alpha : 360° = b_\alpha : 2\pi$ (wegen r = 1)

$$b_\alpha = \frac{2\pi\alpha}{360°}$$

$$b_\alpha = \frac{\pi\alpha}{180°}$$

$$\alpha = \frac{180° \cdot b_\alpha}{\pi}$$

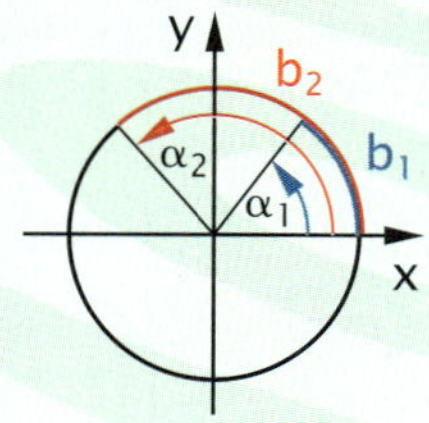

Sei r eine reelle Zahl, so versteht man unter sin r den Funktionswert des Winkels α, dem das Bogenmaß r eindeutig zugeordnet ist.

Drückt man auf dem TR die DRG *-Taste, bis in der Anzeige „RAD“ erscheint, erhält man Funktionswerte für das Bogenmaß.*

Es gilt z. B.: $\sin\pi = 0$, $\cos\pi = -1$; $\tan\frac{\pi}{4} = 1$

1. Erklären Sie mit einer Skizze die folgenden Funktionswerte für das Bogenmaß:

(1) $\sin\frac{\pi}{2} = 1$ (2) $\cos\frac{\pi}{2} = 0$ (3) $\tan 2\pi = 0$ (4) $\sin\frac{\pi}{6} = \frac{1}{2}$

2. Ergänzen Sie die Tabelle (Winkel ganzzahlig, Bogenmaß auf drei Stellen nach dem Komma).

α	43°		168°	271°		
b_α		0,471			4,441	7,826

TIPP

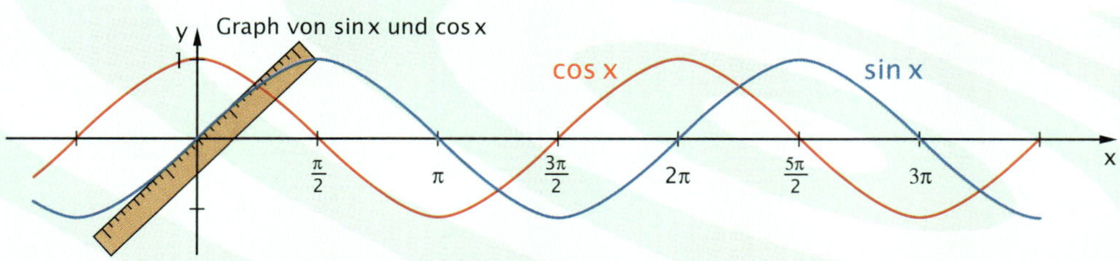

Sinus
D = IR; W = [–1; 1]
Der Graph ist punktsymmetrisch zu allen Punkten (z · π | 0) mit z ∈ Z.
*Der Graph ist achsensymmetrisch zu allen Parallelen der y-Achse durch $x = z\pi + \frac{\pi}{2}$ mit z ∈ Z**
Periodenlänge 2π.

Kosinus
D = IR; W = [–1; 1]
Der Graph ist punktsymmetrisch zu allen Punkten $(z \cdot \pi + \frac{\pi}{2} \mid 0)$ mit z ∈ Z. Der Graph ist achsensymmetrisch zu allen Parallelen der y-Achse durch x = z · π mit z ∈ Z**
Periodenlänge 2π.

Tangens
$D = IR\setminus\left\{\pm\frac{\pi}{2}, \pm\frac{3\pi}{2}, \pm\frac{5\pi}{2}, \ldots\right\}$
W = [–1; 1]
Der Graph ist punktsymmetrisch zu allen Punkten (z · π | 0) mit z ∈ Z.

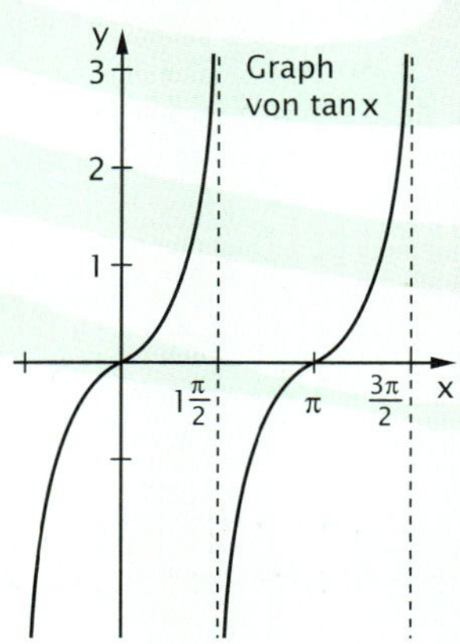

TIPP

Veränderung des Graphen durch einen Faktor a:

Steht ein Faktor a vor $\sin x$*, ändert sich der Wertebereich. Die Funktion* $y = a \cdot \sin x$ *hat den Wertebereich* $W = [-a;\ a]$*. Der „Ausschlag" bzw. die* ***Amplitude*** *wird geändert.*

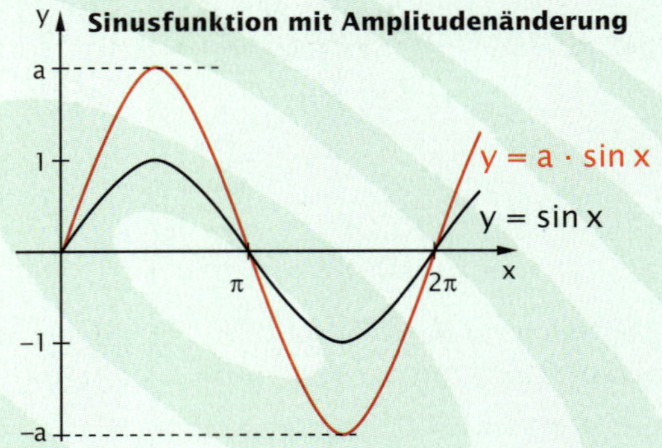

Steht ein Faktor a vor x, ändert sich die Periodenlänge. Die Funktion $y = \sin(ax)$ *hat die Periodenlänge* $\frac{2\pi}{|a|}$*. Auf demselben Teilstück der x-Achse tritt die Periode häufiger oder seltener auf (****Frequenzänderung****).*

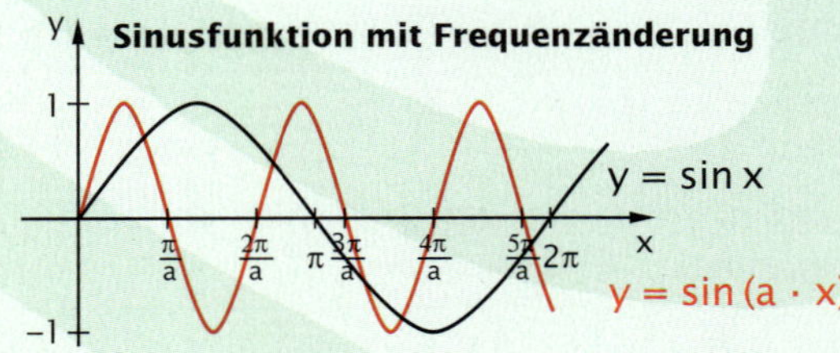

Veränderung des Graphen durch einen Summand b:

Der Graph der Funktion $y = \sin(x - b)$ *ist der um b längs der x-Achse verschobene Graph der Sinusfunktion. Die Phase wird verändert.*

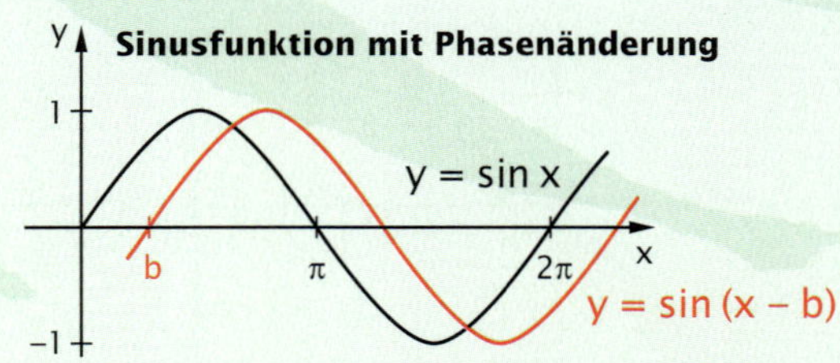

Der Graph der Funktion $y = \sin x + b$ *ist der um b längs der y-Achse verschobene Graph der Sinusfunktion. Für die Höhenänderung gibt es keinen Fachbegriff.*

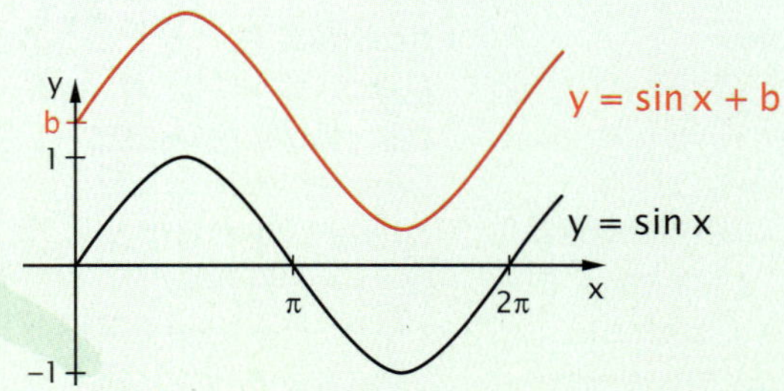

1. Skizzieren Sie den Graphen der Funktion.

a) $f(x) = 3 \cdot \sin x$ b) $g(x) = \sin x + 5$ c) $h(x) = \sin\left(\frac{1}{2}x\right)$ d) $k(x) = \sin\left(x + \frac{\pi}{2}\right)$

KAPITEL 5

VIERECKE

TIPP

Gehen Sie bei der Flächen- und Körperberechnung so vor:
- *Wählen Sie die passende Formel.*
- *Stellen Sie diese gegebenenfalls nach der gesuchten Größe um.*
- *Setzen Sie gegebene Werte in die Formel ein und rechnen Sie dann.*
- *Geben Sie das Ergebnis in der passenden Einheit an.*

Rechteck

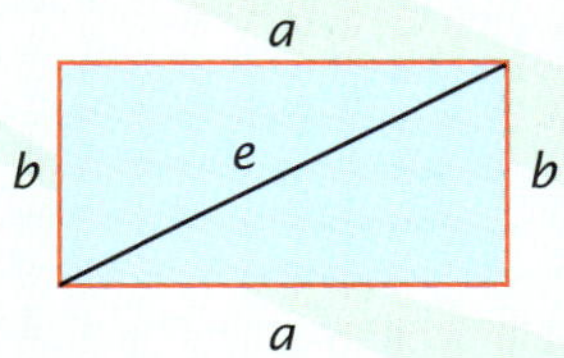

$A = a \cdot b$
$u = 2a + 2b$
$e = \sqrt{a^2 + b^2}$

Quadrat

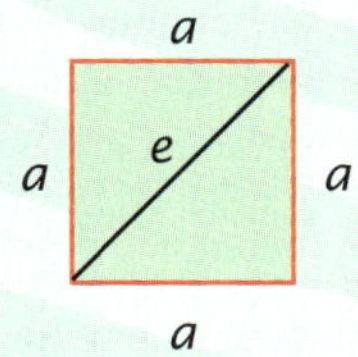

$A = a^2$
$u = 4a$
$e = a \cdot \sqrt{2}$

Die Diagonale e eines Rechtecks beträgt 9,2 cm. Die Länge a ist 8 cm. Berechnen Sie den Flächeninhalt.

$e = \sqrt{a^2 + b^2} \quad \Rightarrow \quad b = \sqrt{e^2 - a^2}$

$b = \sqrt{9{,}2^2 - 8^2} \qquad \mathbf{b = 4{,}5\ cm}$

$A = a \cdot b \qquad A = 4{,}5 \cdot 8 \qquad \mathbf{A = 36\ cm^2}$

Ein Quadrat hat einen Umfang von 48 m. Wie lang ist die Diagonale d?

$u = 4a \quad |:4$

$\frac{u}{4} = a \quad \Rightarrow \quad a = \frac{48}{4} \qquad \mathbf{a = 12\ m}$

$e = a \cdot \sqrt{2} \quad \Rightarrow \quad e = 12\sqrt{2} \qquad \mathbf{e = 16{,}97\ m}$

1. a) Ein 24,7 m^2 großes rechteckiges Beet ist 6,5 m lang. Berechnen Sie den Umfang.
b) Die Diagonale eines Quadrats beträgt 6,8 dm. Berechnen Sie den Flächeninhalt.

TIPP

Parallelogramm

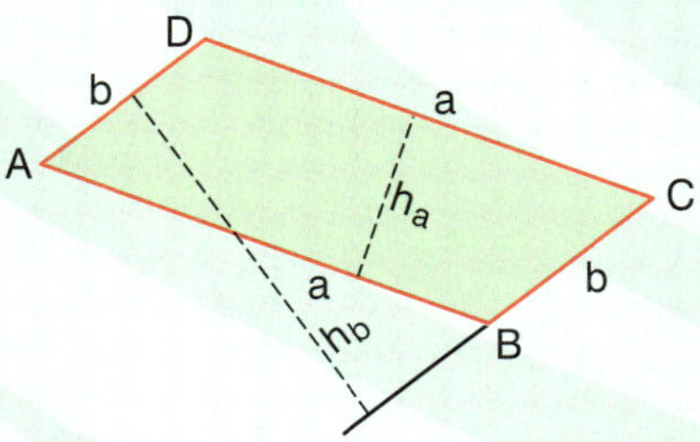

$A = a \cdot h_a \qquad A = b \cdot h_b$

allgemein:
$A = g \cdot h$

$u = 2a + 2b$

2. Der Flächeninhalt eines Parallelogramms beträgt 14,5 cm^2, die Grundseite ist 5,8 cm lang. Berechnen Sie die Höhe des Parallelogramms.

3. Die Seite a eines Parallelogramms ist 4,6 cm lang. Die Höhe h_a beträgt 2,7 cm, der Umfang 16,4 cm.
a) Berechnen Sie den Flächeninhalt A.
b) Berechnen Sie die Seitenlänge b.
c) Berechnen Sie die Höhe h_b.

TIPP

Raute

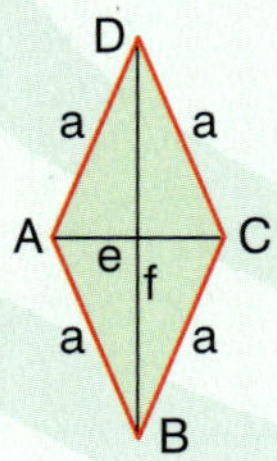

$A = \frac{e \cdot f}{2}$

$u = 4a$

Drachen

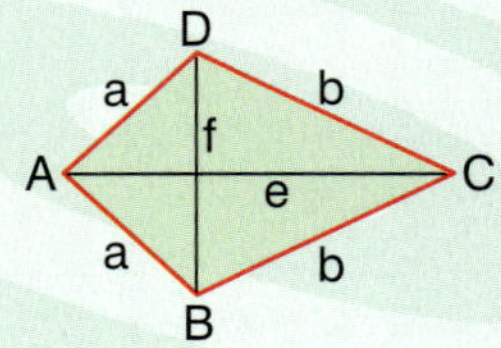

$A = \frac{e \cdot f}{2}$

$u = 2a + 2b$

1. In einer Raute betragen die Längen der Diagonalen e = 5,8 cm und f = 4,4 cm. Berechnen Sie den Flächeninhalt.

2. Die Diagonale f einer Raute hat eine Länge von 15 cm. Der Flächeninhalt der Raute beträgt 127,5 cm^2. Wie lang ist die Diagonale e?

3. Von einer Raute sind die Diagonalen e = 5,6 dm und f = 5,2 dm bekannt. Welchen Umfang hat die Raute? (Hinweis: Die Diagonalen stehen senkrecht aufeinander und halbieren sich gegenseitig.)

TIPP

Trapez

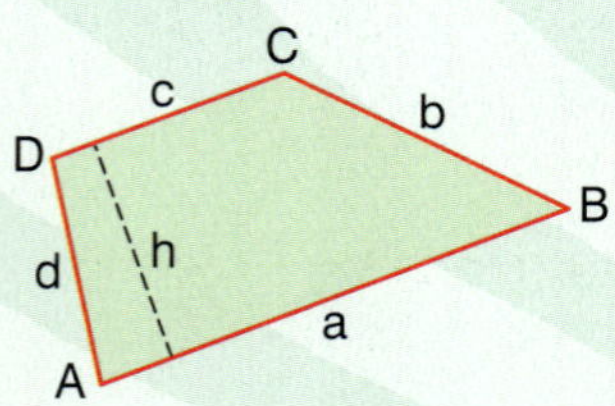

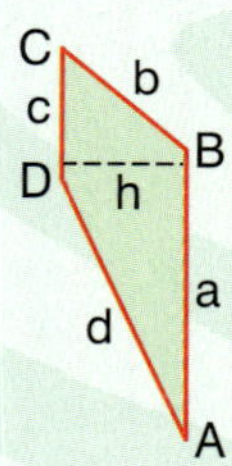

$A = \frac{a + c}{2} \cdot h$

$u = a + b + c + d$

4. Die Seite a eines Trapezes beträgt 48 m. Die gegenüberliegende parallele Seite c ist 10 m lang. Der Flächeninhalt des Trapezes ist 348 m^2 groß. Berechnen Sie dessen Höhe.

5. Das abgebildete Trapez ist ein gleichschenkliges Trapez. Dabei gilt: b = d.

a) Berechnen Sie den Flächeninhalt A.

b) Berechnen Sie die Seitenlängen b und d und geben Sie dann den Umfang an.

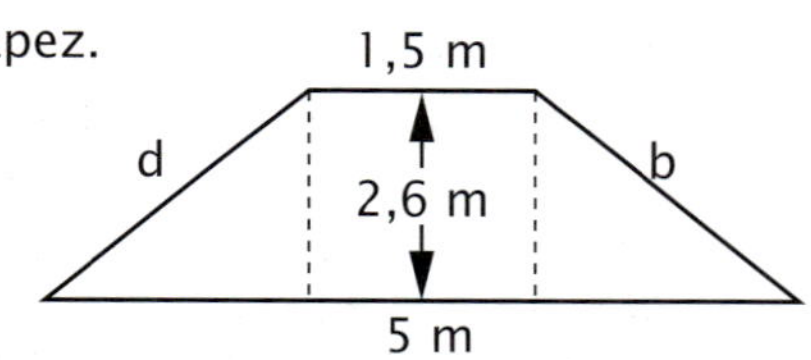

TIPP

Dreieck

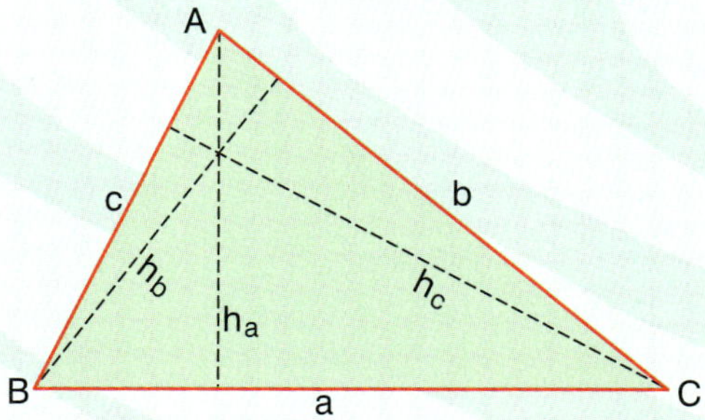

$A = \frac{a \cdot h_a}{2}$ $A = \frac{b \cdot h_b}{2}$ $A = \frac{c \cdot h_c}{2}$

allgemein:

$A = \frac{g \cdot h}{2}$

$u = a + b + c$

Die Flächeninhaltsformel gilt auch, wenn die Höhe außerhalb des Dreiecks liegt.

1. In einem Dreieck beträgt die Grundseite 8,6 cm, die Höhe 4,5 cm.
Berechnen Sie den Flächeninhalt des Dreiecks.

2. Der Flächeninhalt eines Dreiecks beträgt 6 m^2. Die Seitenlängen dieses Dreiecks sind $a = 4{,}00$ m, $b = 4{,}20$ m und $c = 3{,}20$ m lang.
Berechnen Sie alle Höhen des Dreiecks sowie seinen Umfang.

TIPP

Durch eine im Inneren des Dreiecks liegende Höhe lässt sich jedes Dreieck in zwei rechtwinklige Dreiecke aufteilen. Es lassen sich dann oft benötigte Seiten oder Höhen zur Berechnung des Flächeninhalts oder des Umfangs mit Hilfe des Satzes des Pythagoras (siehe Seite 65) bestimmen.
Sind Winkel bekannt, ergeben sich fehlende Stücke durch Anwendung der Winkelfunktionen (siehe Seite 69).

3. Von einem bei C rechtwinkligen Dreieck sind die Seiten $a = 12{,}4$ cm und $b = 8{,}6$ cm bekannt. Berechnen Sie den Umfang und den Flächeninhalt des Dreiecks.

4. a) Berechnen Sie für das Dreieck zunächst die Höhe h.
b) Bestimmen Sie den Flächeninhalt des Dreiecks.
c) Berechnen Sie die Seite b des Dreiecks.
d) Bestimmen Sie den Umfang des Dreiecks.

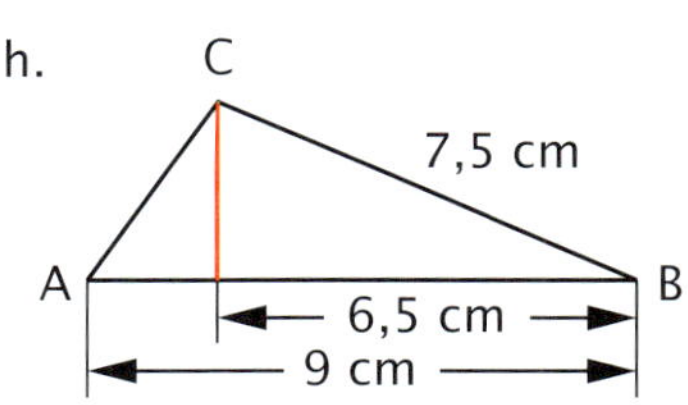

5. Die Grundseite c eines Dreiecks ist 6 cm lang. Der Fußpunkt der Höhe $h_c = 4{,}7$ cm teilt die Grundseite im Verhältnis 1 : 2.
① Zeichnen Sie die Grundseite und legen Sie dann den Fußpunkt der Höhe fest.
② Zeichnen Sie die Höhe h_c ein und vervollständigen Sie das Dreieck.
③ Messen und bezeichnen Sie die Seiten a und b.
④ Berechnen Sie Umfang und Flächeninhalt des Dreiecks.

TIPP

Zusammengesetzte Flächen lassen sich durch Addition von Teilflächen oder durch Subtraktion von Restflächen einer umschriebenen Fläche berechnen.

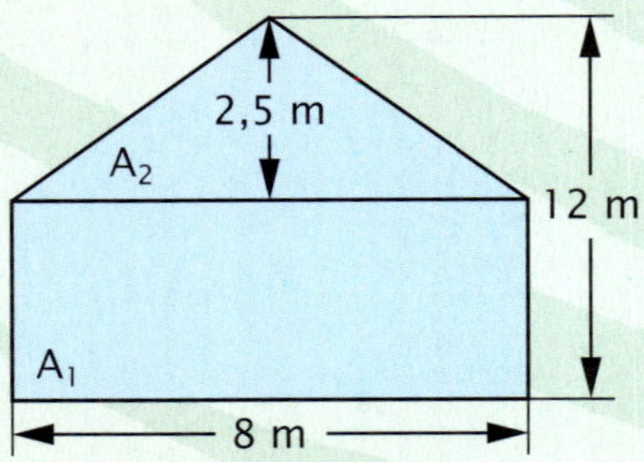

$A_1 = 8 \cdot 9{,}5$ $\quad A_2 = \frac{8 \cdot 2{,}5}{2}$

$A_1 = 76\ m^2$ $\quad A_2 = 10\ m^2$

$A_{Ges} = A_1 + A_2$ $\quad \mathbf{A_{Ges} = 86\ m^2}$

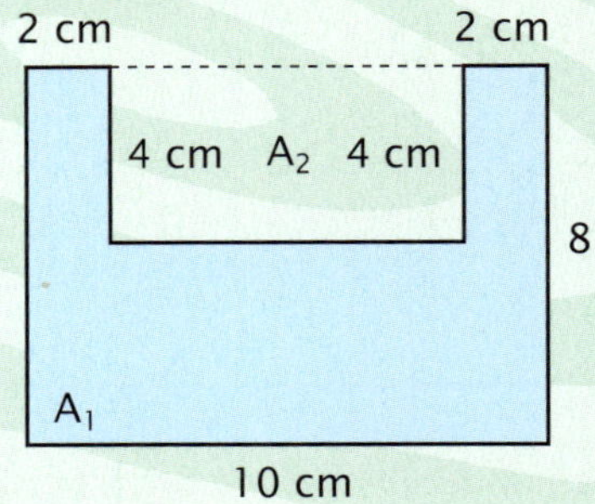

$A_1 = 8 \cdot 10$ $\quad A_2 = 4 \cdot 6$

$A_1 = 80\ cm^2$ $\quad A_2 = 24\ cm^2$

$A_{Ges} = A_1 - A_2$ $\quad \mathbf{A_{Ges} = 56\ cm^2}$

1. Berechnen Sie den Flächeninhalt und den Umfang der Fläche (alle Maße in cm).

a)

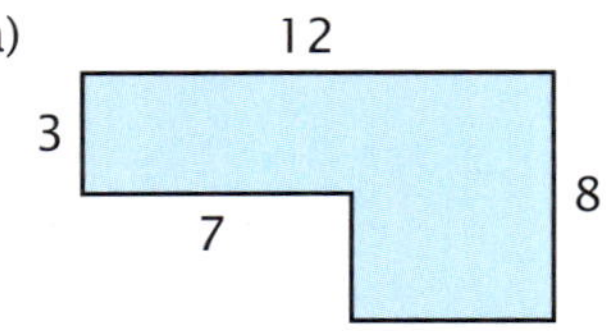

b)

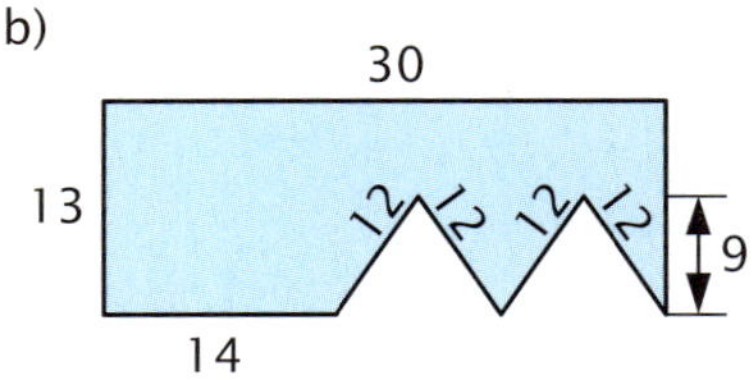

2. Berechnen Sie den Flächeninhalt (alle Maße in cm).

a)

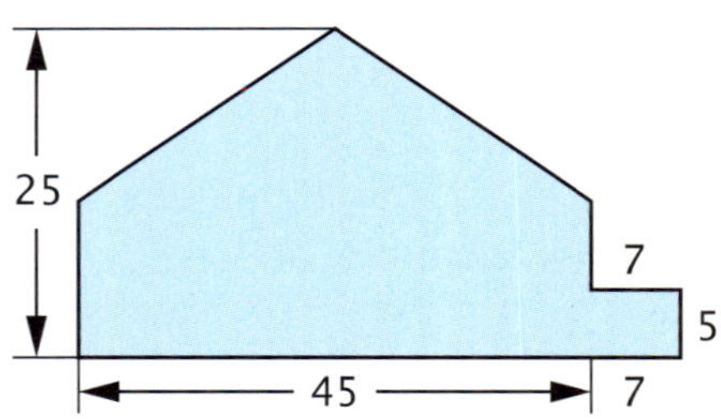

b)

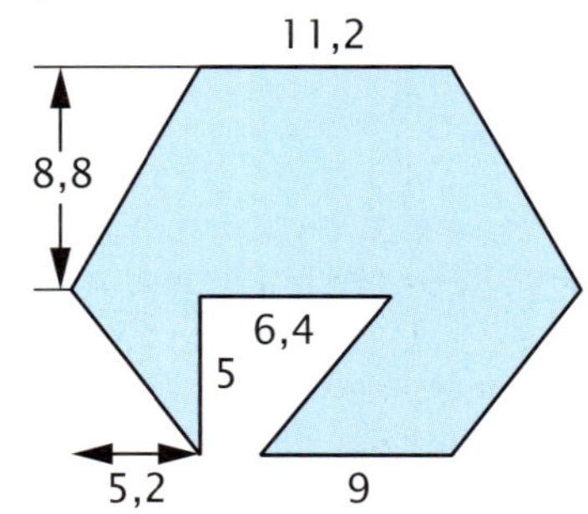

3. Messen Sie geeignete Stücke in der Zeichnung und bestimmen Sie den Flächeninhalt.

a)

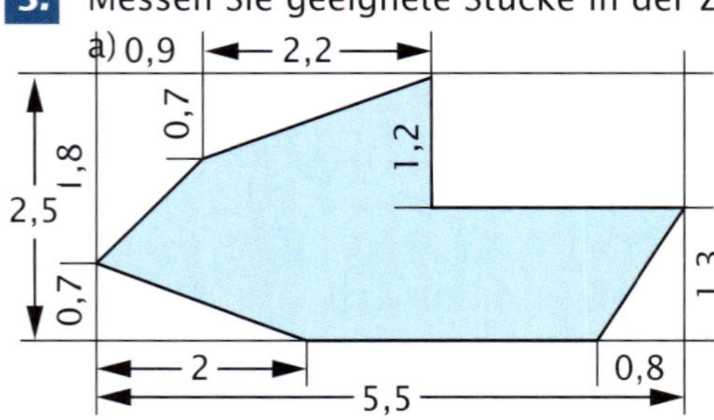

b)

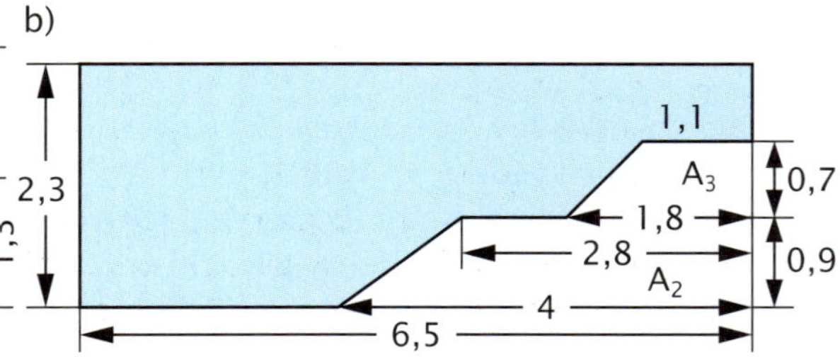

TIPP

Kreis

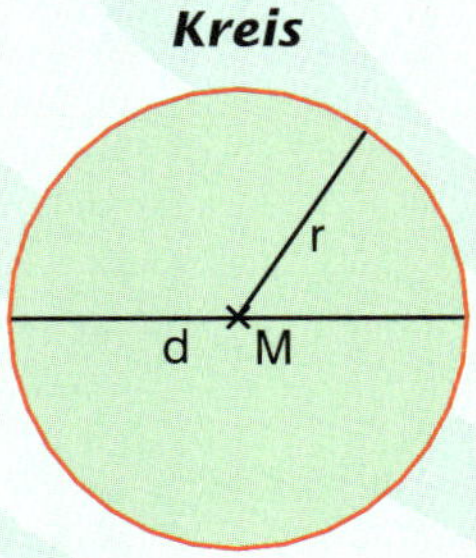

$A = \pi r^2$

$A = \frac{\pi}{4} d^2$

$u = \pi d$

$u = 2\pi r$

$r = \frac{u}{2\pi} \qquad r = \sqrt{\frac{A}{\pi}}$

Die meisten Taschenrechner haben eine π-Taste, weil π eine unendliche nicht periodische Dezimalzahl ist.

1. Berechnen Sie u und A des Kreises mit d = 2,80 m.

2. Welchen Umfang hat ein Kreis, dessen Fläche 150 cm^2 beträgt?

3. Ein kreisrunder Tisch hat einen Durchmesser von 1,20 m. Berechnen Sie die Tischfläche.

4. Aus 100 quadratischen Holzplatten mit der Kantenlänge 1,25 m werden größtmögliche Kreise gesägt. Wie viel Quadratmeter Abfall fallen an?

5. Aus quadratischen Blechen werden Kreisteile ausgestanzt.
Berechnen Sie die verbleibende Fläche dieser Werkstücke.

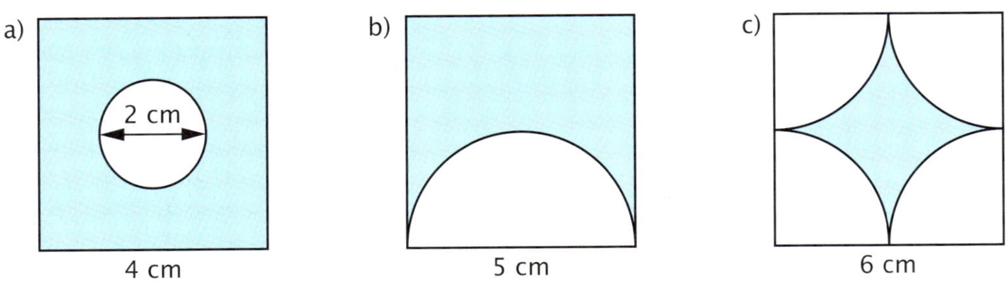

6. Ein kreisrunder Holztisch hat eine Tischfläche von 0,50 m^2.
a) Wie viele Personen können daran sitzen, wenn pro Person 60 cm Platz am Tisch berechnet wird?
b) Der Tisch soll durch zwei gleichgroße rechteckige Einlegeplatten auf eine Länge von 2 m ausgezogen werden können. Welche Abmessung hat eine Einlegeplatte?
c) Wie viele Personen können am Tisch mit einer, wie viel mit zwei Einlegeplatten sitzen?

7. Die Erde durchläuft während eines Jahres (etwa 365 Tage) um die Sonne angenähert eine Kreisbahn, deren Radius ungefähr $1{,}5 \cdot 10^8$ km beträgt.
a) Welchen Weg legt die Erde in einem Jahr (an einem Tag; in einer Sekunde) zurück?
b) Mit welcher Durchschnittsgeschwindigkeit (Angabe in $\frac{km}{h}$) bewegt sich die Erde auf ihrer Bahn?

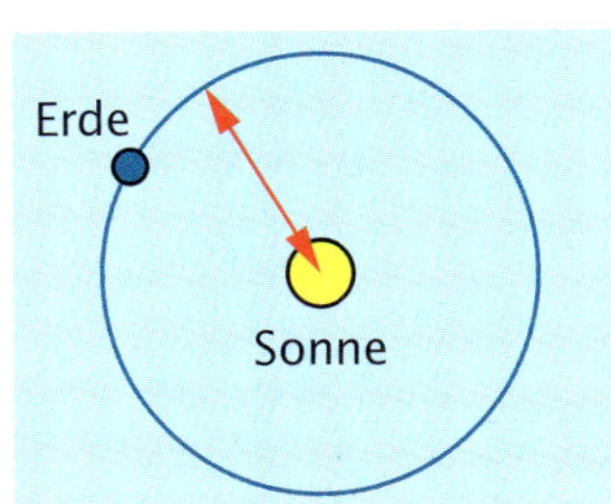

TIPP

Kreisring

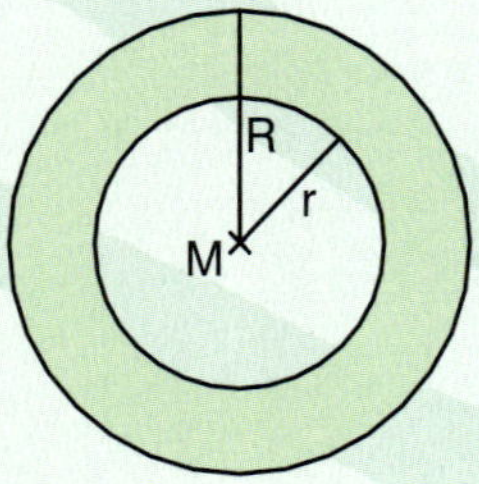

$A = \pi R^2 - \pi r^2$

$A = \pi(R^2 - r^2)$

$A = \pi(R + r)(R - r)$

Kreissektor

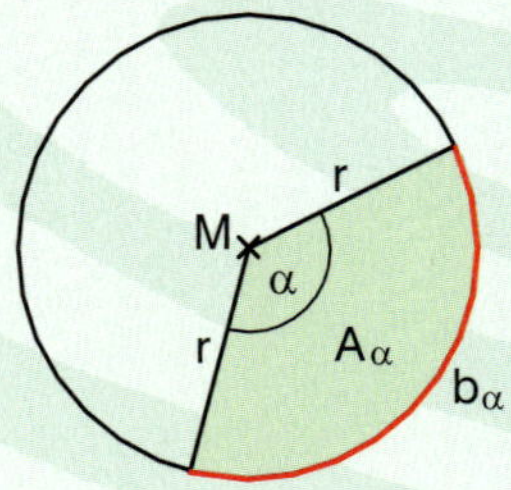

$A_\alpha = \frac{\pi r^2 \alpha}{360^\circ}$

$b_\alpha = \frac{\pi r \alpha}{180^\circ}$

$A_\alpha = \frac{b_\alpha \cdot r}{2}$

Kreisabschnitt

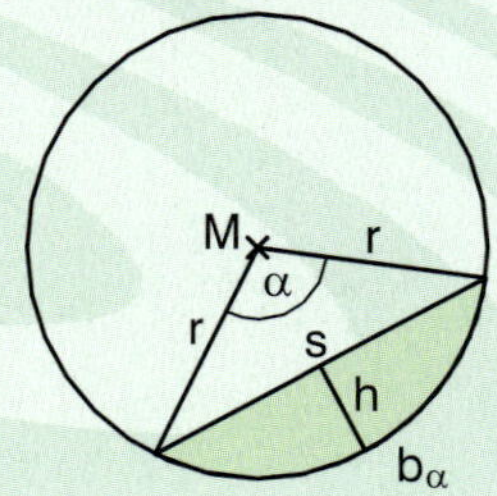

$A = \frac{b_\alpha \cdot r - s(r - h)}{2}$

1. Bestimmen Sie zunächst R und r (rechtes Bild). Berechnen Sie dann den Flächeninhalt des Kreisrings.

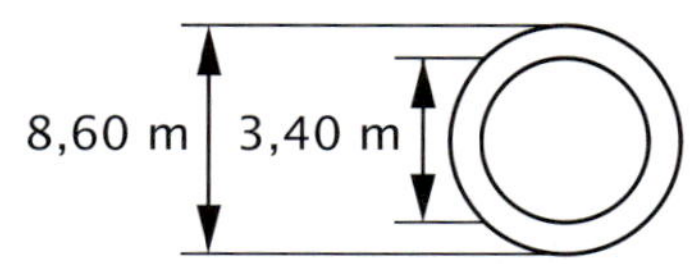

2. Der Durchmesser des äußeren Kreises eines Kreisrings beträgt 60 cm. Der Durchmesser des inneren Kreises ist halb so groß. Berechnen Sie den Flächeninhalt des Kreisringes.

3. Der Flächeninhalt eines Kreisrings beträgt 4303 cm^2. Sein äußerer Radius R beträgt 45 cm. Berechnen Sie den Radius r des inneren Kreises.

4. Berechnen Sie den Flächeninhalt und die Bogenlänge des Kreissektors. Runden Sie das Ergebnis sinnvoll.

a) 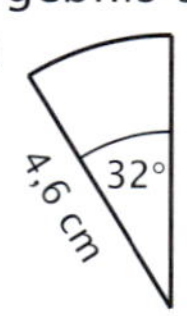

b) 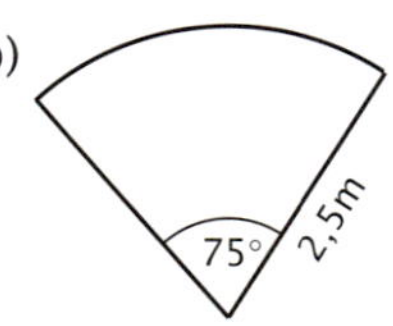

c) 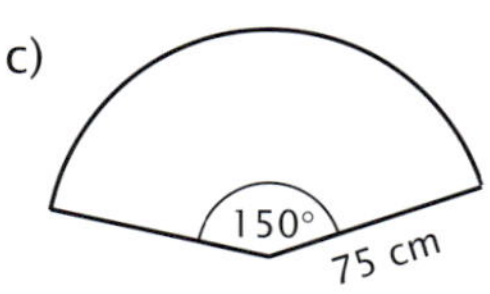

5. a) Lösen Sie die Formel für den Flächeninhalt des Kreissektors nach r und nach α auf.
b) Lösen Sie die Formel für die Bogenlänge des Kreissektors nach r und nach α auf.

6. Berechnen Sie den Flächeninhalt des Kreisabschnitts schrittweise.
① Bestimmen Sie im Dreieck ABM die Höhe h_s mit dem Kosinus.
② Berechnen Sie die Länge von h.
③ Berechnen Sie mit dem Satz des Pythagoras $\frac{s}{2}$.
④ Berechnen Sie den Flächeninhalt des Kreisabschnitts.

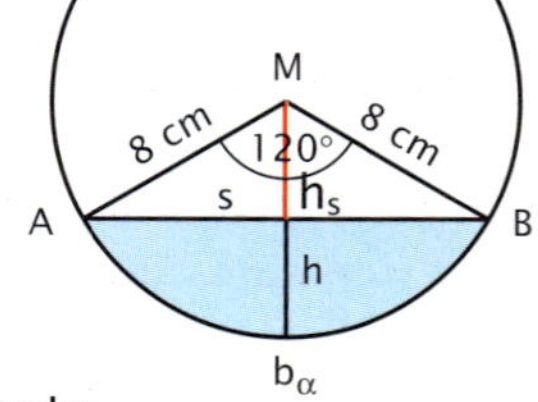

7. Lösen Sie die Flächeninhaltsformel für den Kreisabschnitt auf nach:
a) b_α b) r c) s d) h

TIPP

Volumen und Oberfläche des Würfels

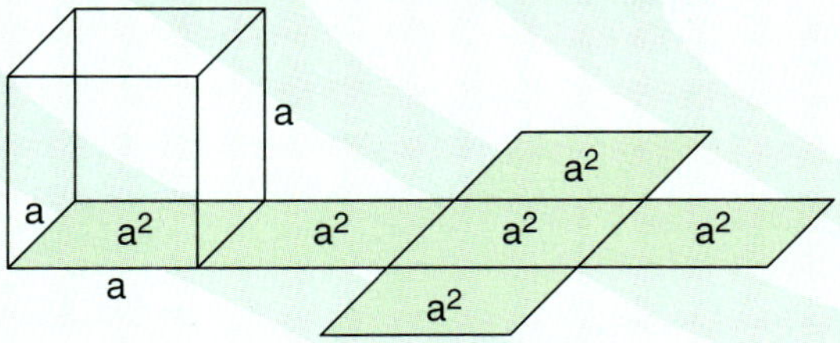

Netz des Würfels

$V = a \cdot a \cdot a$

$V = a^3$

$O = 6a^2$

$a = \sqrt[3]{V}$ $\quad a = \sqrt{\frac{O}{6}}$

1. a) Ein Würfel hat eine Kantenlänge von 2,8 m. Berechnen Sie Volumen und Oberfläche.
b) Die Oberfläche eines Würfels beträgt 433,5 cm². Welches Volumen hat dieser Würfel?
c) Ein Würfel hat einen Rauminhalt von 729 *l* (1 dm³ = 1 *l*). Berechnen Sie die Oberfläche.

TIPP

Volumen und Oberfläche der quadratischen Säule

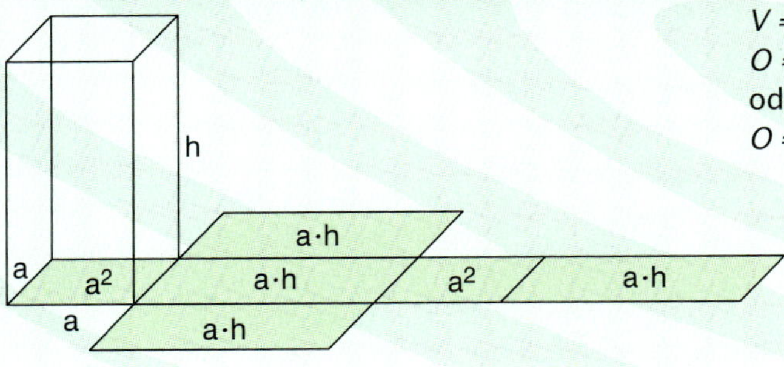

$V = a^2 \cdot h$

$O = 2a^2 + 4ah$

oder

$O = 2a \cdot (a + 2h)$

2. Eine quadratische Säule ist 5 cm lang und breit sowie 8 cm hoch. Berechnen Sie Volumen und Oberfläche.

3. Eine 12 m hohe quadratische Säule ist vollständig mit 147 000 *l* Wasser gefüllt. Berechnen Sie die Oberfläche. (Hinweis: 1 m³ = 1 000 *l*).

4. Lösen Sie die Oberflächenformel für die quadratische Säule nach h auf.

5. Eine quadratische Säule hat eine Grundfläche von 36 cm². Die Oberfläche beträgt 264 cm². Berechnen Sie das Volumen des Körpers.

6. Eine quadratische Säule hat eine Grundfläche von 100 cm², die Höhe beträgt 2 cm. Welche Kantenlänge hat ein Würfel mit gleichem Volumen?

TIPP

Volumen und Oberfläche des Quaders

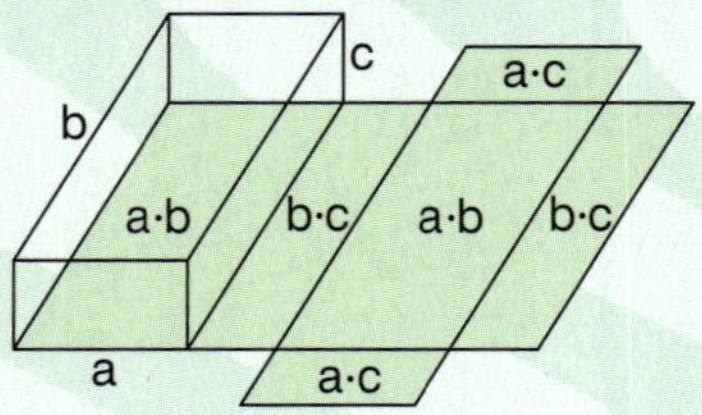

$V = a \cdot b \cdot c$
$O = 2ab + 2ac + 2bc$
oder
$O = 2 \cdot (ab + ac + bc)$

1. Ein Aquarium hat die Abmaße 1,10 m x 6 dm x 70 cm (Höhe).
a) Wie viel Liter fasst es, wenn es bis 5 cm unter den oberen Rand mit Wasser gefüllt wird?
b) Berechnen Sie die Oberfläche einschließlich Deckplatte des Aquariums.

2. Berechnen Sie die Oberfläche eines Quaders mit $V = 756\ cm^3$, a = 7,5 cm und b = 9 cm.

TIPP

Volumen und Oberfläche des Prismas
Ein Prisma ist eine Säule mit einem Vieleck als Grundfläche. Bei Säulen steht der Mantel senkrecht auf der Grundfläche, und die Deckfläche ist parallel und kongruent zur Grundfläche.

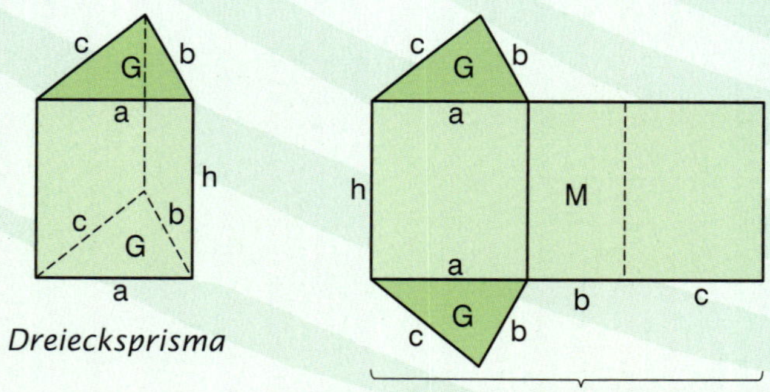

Dreiecksprisma

Umfang der Grundfläche

$M = u \cdot h$
$O = 2G + M$
$V = G \cdot h$

3. Berechnen Sie das Volumen und die Oberfläche des Prismas mit der abgebildeten Grundfläche und der Körperhöhe von 12 cm. Bestimmen Sie fehlende Stücke mit dem Satz des Pythagoras.

a)
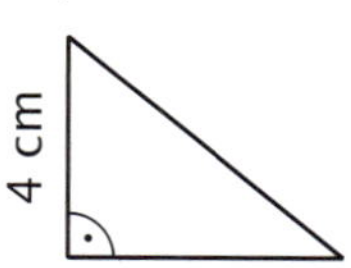

b)
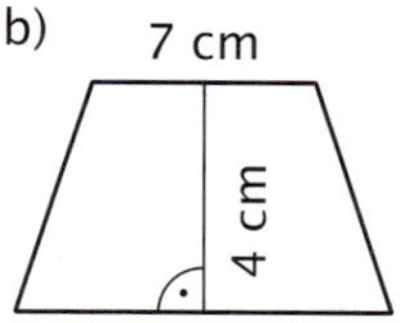

c)
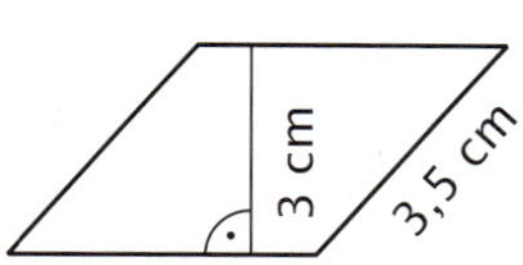

d)
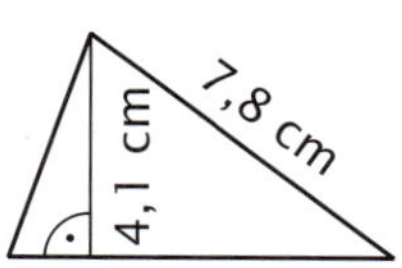

TIPP

Ein Zylinder ist eine Säule mit kreisförmiger Grundfläche.

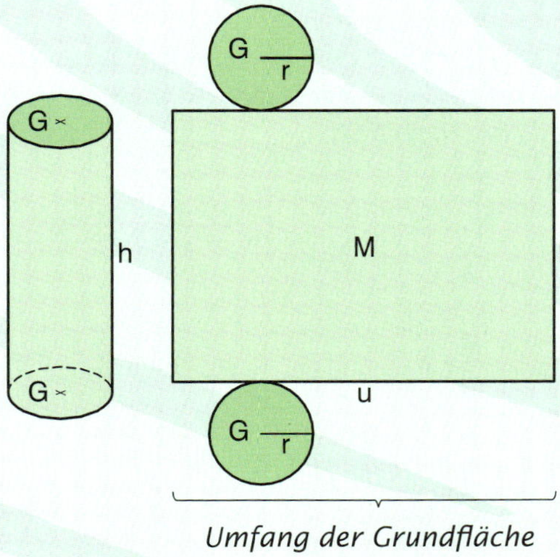

$M = u \cdot h$

$M = 2\pi rh$

$O = 2G + M$

$O = 2\pi r^2 + 2\pi rh$

oder

$O = 2\pi r(r + h)$

$r = -\frac{h}{2} + \sqrt{\left(\frac{h}{2}\right)^2 + \frac{O}{2\pi}}$

$V = G \cdot h$

$V = \pi r^2 h$

$r = \sqrt{\frac{V}{\pi h}}$

1. Wie groß ist die Anschlagfläche einer Litfasssäule von 2,40 m Höhe und mit einem Durchmesser von 1,80 m?

2. Ein zylindrisches Glasgefäß hat einen 440 cm^2 großen Mantel und ist 27 cm hoch.
a) Lösen Sie die Formel für den Mantel nach r auf und berechnen Sie dann den Radius.
b) Berechnen Sie das Volumen des Glasgefäßes.

3. Von der abgebildeten Konservendose sollen 1 000 Stück hergestellt werden.
a) Berechnen Sie aus den Angaben den Radius der Konservendose.
b) Wie viel Quadratmeter Papier werden minimal benötigt, um den Mantel von 1000 Konservendosen zu bekleben?
c) Die Grund- und Deckflächen der Konservendosen werden aus rechteckigen Blechen (82 cm x 42 cm) gestanzt. Wie viele Bleche werden insgesamt benötigt?

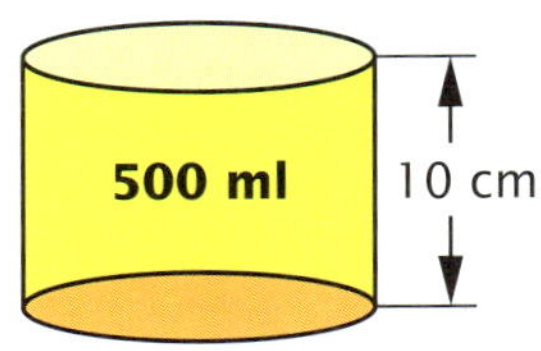

4. Aus einem Din-A4-Blatt (21 cm x 29,7 cm) lassen sich zwei Zylinder formen. Einmal ist die Höhe 21 cm, das andere Mal beträgt die Höhe 29,7 cm. Berechnen Sie jeweils das Volumen und die Oberfläche der durch Grund- und Deckfläche ergänzten Zylinder.

5. Ein Baumstamm hat einen Umfang von 1,25 m und eine Länge von 2,65 m.
a) Berechnen Sie den Radius des Baumstammes.
b) Bestimmen Sie das Volumen des Baumstammes.
c) Bestimmen Sie die Masse m des Stammes mit der Formel:

$m = V \cdot p$ ($\rho_{Holz} = 0{,}4 \frac{kg}{dm^3}$).

1. Die Oberfläche eines Zylinders beträgt 2990,8 cm^2, seine Höhe 20 cm.
① Bringen Sie die Oberflächenformel $O = 2\pi r^2 + 2\pi rh$ in die Nullform einer quadratischen Gleichung mit r als Variable (siehe auch S. 22).
② Bringen Sie die quadratische Gleichung in die Normalform, indem Sie durch 2π dividieren.
③ Bestimmen Sie nun r mit der Lösungsformel der quadratischen Gleichung.
④ Berechnen Sie jetzt das Volumen des Zylinders.

2. Die abgebildete Welle wurde aus einem Rohling mit100 mm Länge und 38 mm Durchmesser gedreht.
a) Wie groß ist das Volumen der Welle?
b) Berechnen Sie das Volumen des Abfalls.

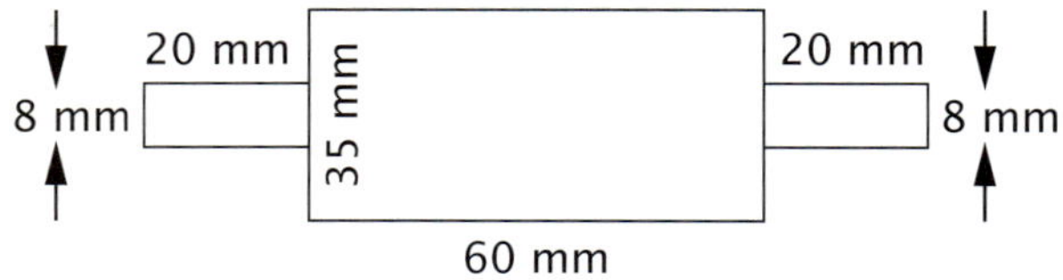

TIPP

*Ein **Zylinderring** ist eine Säule mit einem Kreisring als Grundfläche.*

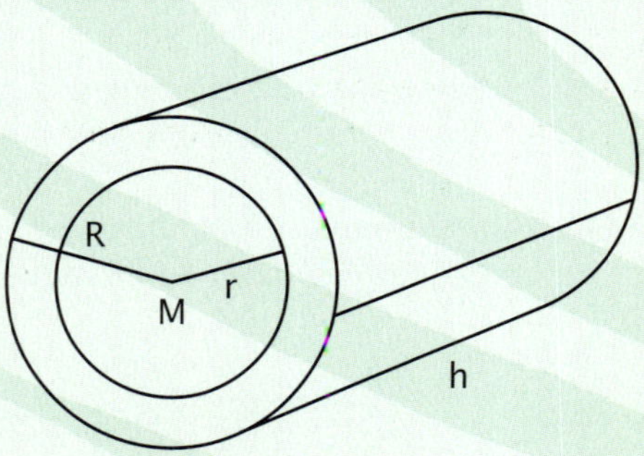

$$V = \pi R^2 h - \pi r^2 h$$
$$V = \pi h(R^2 - r^2)$$

$$O = 2\pi(R^2 - r^2) + 2\pi Rh + 2\pi rh$$
$$O = 2\pi[(R^2 - r^2) + h(R + r)]$$
$$O = 2\pi(R + r)\,(R - r + h)$$

3. Ein Zylinderring hat einen äußeren Durchmesser von 24 cm und einen inneren Durchmesser von 15 cm. Die Höhe des Zylinders beträgt 50 cm. Berechnen Sie Volumen und Oberfläche.

4. Ein 20 m langes Kupferrohr zur Wasserversorgung ist vom Keller bis zum Dachgeschoss eines Hauses verlegt. Der Außendurchmesser beträgt 22 mm. Das Kupferrohr hat eine Wandstärke von 1 mm.
a) Fertigen Sie eine Skizze des Rohres und schreiben Sie die Maße für R und r dazu.
b) Berechnen Sie das Volumen des Zylinderringes. Achten Sie darauf, dass alle Einheiten zur Berechnung gleich sind.
c) Wie viel Liter Wasser stehen max. in der Leitung? (Hinweis: 1 dm^3 entspricht 1 Liter.)

5. Ein Brunnen hat einen Innendurchmesser von 1,25 m. Die Wandstärke d beträgt 16 cm. Die Gesamttiefe ist 8 m.
a) Wie viel Liter Wasser enthält der Brunnen, wenn er bis 40 cm unter dem Rand gefüllt ist?
b) Aus wie viel Kubikmetern Stein besteht die Brunnenwand?

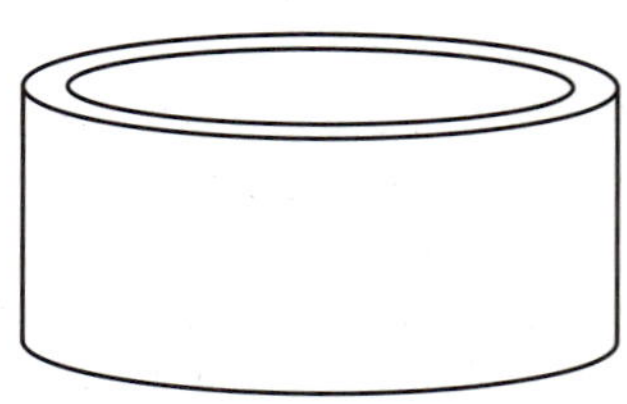

TIPP

Quadratische, regelmäßige Pyramide

Ist die Grundfläche der Pyramide ein Quadrat und befindet sich die Spitze senkrecht über dem Mittelpunkt des Quadrats, spricht man von einer quadratischen, regelmäßigen Pyramide.

$h_s^2 = h^2 + \left(\frac{a}{2}\right)^2$ $\quad V = \frac{1}{3}a^2h$

$s^2 = h_s^2 + \left(\frac{a}{2}\right)^2$ $\quad h = \frac{3V}{a^2}$

$s^2 = h^2 + \left(\frac{d}{2}\right)^2$ $\quad a = \sqrt{\frac{3V}{h}}$

mit $d = a \cdot \sqrt{2}$

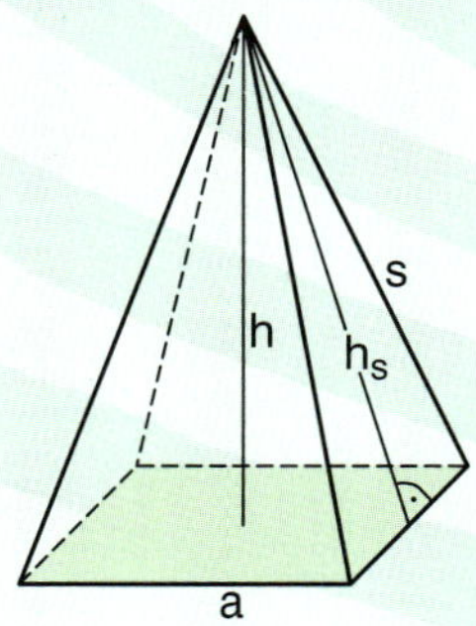

$M = 2ah_s$

$O = a^2 + 2ah_s = a(a + 2h_s)$

$h_s = \frac{O - a^2}{2a}$

$a = -h_s + \sqrt{h_s^2 + O}$

1. Eine Pyramide hat ein Volumen von 267 cm^3. Die Höhe beträgt 8 cm.
Welche Länge hat a?

2. Eine Pyramide hat eine Oberfläche von 2500 m^2 und eine 27 m lange Seitenhöhe.
Berechnen Sie schrittweise a, h, s, anschließend Mantel und Volumen:
① Berechnen Sie mit der Lösungsformel der quadratischen Gleichung die Grundseite a.
② Berechnen Sie mit dem Satz des Pythagoras die Höhe h und die Seitenkante s.

TIPP

Gerader Kreiskegel

Ist die Grundfläche des Kegels ein Kreis und befindet sich die Spitze senkrecht über dem Kreismittelpunkt, spricht man von einem geraden Kreiskegel.

$h^2 + r^2 = s^2$ $\quad V = \frac{1}{3}\pi r^2 h$

$h = \frac{3V}{\pi r^2}$

$r = \sqrt{\frac{3V}{\pi h}}$

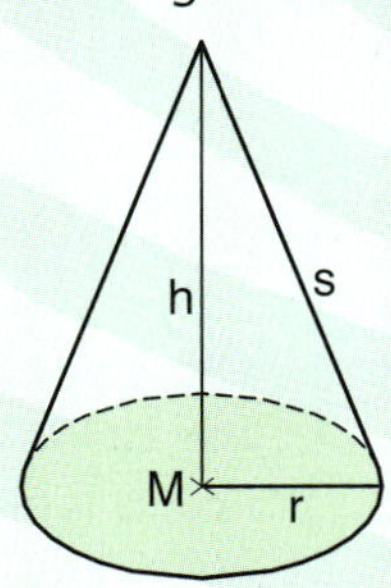

$M = \pi rs$

$O = \pi r^2 + \pi rs = \pi r(r + s)$

$s = \frac{O - \pi r^2}{\pi r} = \frac{O}{\pi r} - r$

$r = -\frac{s}{2} + \sqrt{\left(\frac{s}{2}\right)^2 + \frac{O}{\pi}}$

3. Eine Schultüte ist 30 cm hoch und hat ein Volumen von 16,5 *l*.
a) Passen Sie die Einheiten an und bestimmen Sie mit Hilfe der Volumenformel den Radius r.
b) Bestimmen Sie mit dem Satz des Pythagoras die Mantellinie s.
c) Geben Sie den Flächeninhalt des Mantels in Quadratzentimetern an.

TIPP

Stumpf der quadratischen regelmäßigen Pyramide

Strahlensatz:

$x : (x + h) = a_2 : a_1$

$a_1 x = a_2 x + a_2 h$

$$\mathbf{x = \frac{a_2 h}{a_1 - a_2}}$$

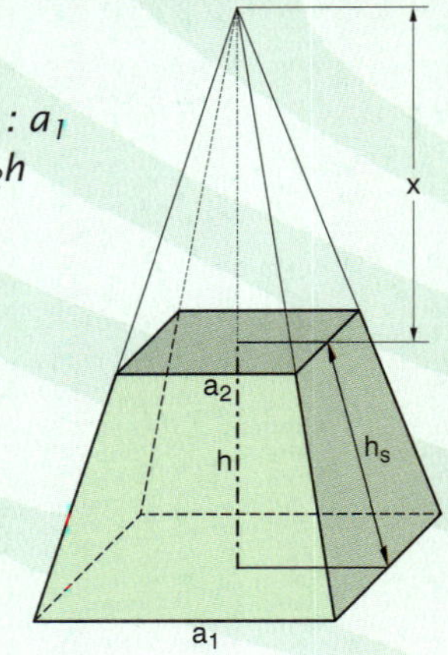

$$V = \frac{1}{3} h(a_1^2 + a_1 \cdot a_2 + a_2^2)$$

$$M = 2h_s(a_1 + a_2) \text{ mit } h_s = \sqrt{h^2 + \left(\frac{a_1 - a_2}{2}\right)^2}$$

$$O = a_1^2 + a_2^2 + 2h_s(a_1 + a_2)$$

***Ohne Formeln** berechnet man zunächst die fehlende Höhe x der abgeschnittenen Pyramide (Strahlensatz, siehe links neben der Zeichnung). Dann berechnet man jeweils die gesamte Pyramide und die abgeschnittene Spitze und subtrahiert.*

1. Berechnen Sie das Volumen des Pyramidenstumpfes mit den Maßen $a_1 = 5$ m, $a_2 = 2$ m und der Stumpfhöhe $h = 4$ m.

2. Berechnen Sie O und V eines Pyramidenstumpfes mit $a_1 = 18$ cm, $a_2 = 8$ cm und $h = 12$ cm.

3. Wie hoch ist ein Pyramidenstumpf mit $V = 900\ \text{cm}^3$, $a_1 = 12$ cm und $a_2 = 8$ cm?

TIPP

Stumpf des geraden Kreiskegels

Strahlensatz:

$x : (x + h) = r_2 : r_1$

$$\mathbf{x = \frac{r_2 h}{r_1 - r_2}}$$

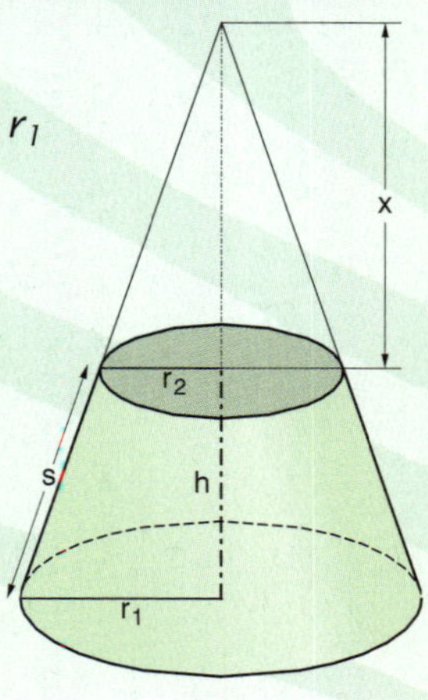

$$V = \frac{1}{3} \pi h(r_1^2 + r_1 \cdot r_2 + r_2^2)$$

$$M = \pi s(r_1 + r_2) \text{ mit } s = \sqrt{h^2 + (r_1 - r_2)^2}$$

$$O = \pi r_1^2 + \pi r_2^2 + \pi s(r_1 + r_2)$$

***Ohne Formeln** berechnet man zunächst die fehlende Höhe x des abgeschnittenen Kegels (Strahlensatz, siehe links neben der Zeichnung). Dann berechnet man jeweils den gesamten Kegel und die abgeschnittene Spitze und subtrahiert.*

4. Ein Kegelstumpf hat die Maße $r_1 = 7$ dm, $r_2 = 4$ dm und $h = 8{,}5$ dm.
a) Berechnen Sie mit der Formel das Volumen V.
b) Berechnen Sie die Seitenkante s und dann Mantel und Oberfläche des Kegelstumpfes.

TIPP

Kugel

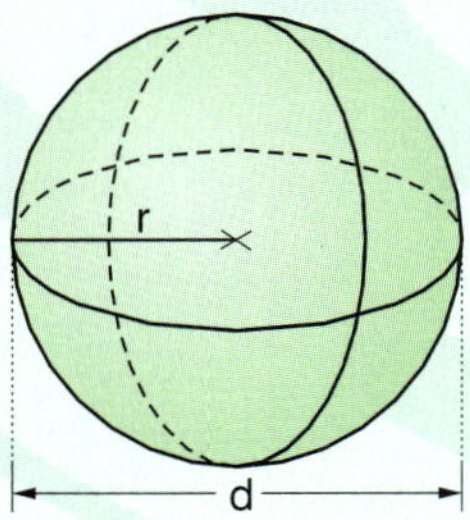

$V = \frac{4}{3}\pi r^3$ $\qquad r = \sqrt[3]{\frac{3V}{4\pi}}$

$O = 4\pi r^2$ $\qquad r = \sqrt{\frac{O}{4\pi}} = \frac{1}{2}\sqrt{\frac{O}{\pi}}$

1. Eine Kugel hat einen Durchmesser von 1,89 m. Berechnen Sie Volumen und Oberfläche.

2. Eine Kugel hat ein Volumen von 30 *l*. Berechnen Sie die Oberfläche der Kugel.

3. Eine Kugel mit einem Durchmesser von 20 cm ist vollständig von einem Zylinder umgeben.

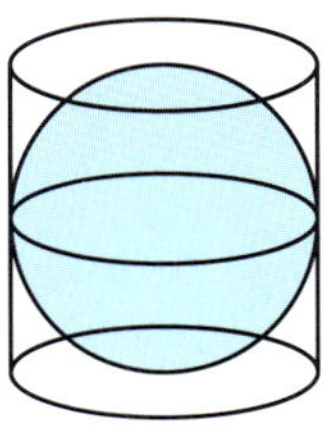

a) Berechnen Sie die Oberfläche der Kugel.

b) Welchen Durchmesser und welche Höhe hat der Zylinder?

c) Berechnen Sie den Mantel des Zylinders. Was fällt auf?

d) Zeigen Sie allgemein, dass für diesen Zylindermantel $M = 4\pi r^2$ gilt.

TIPP

Kugelschicht

Der durch zwei parallele Ebenen aus einer Kugel ausgeschnittene Körper heißt ***Kugelschicht****, der Mantel der Kugelschicht wird* ***Kugelzone*** *genannt.*

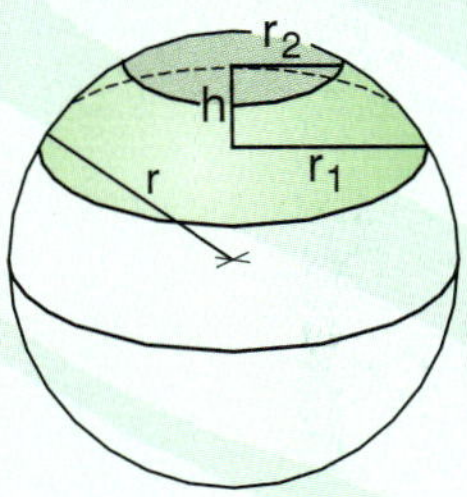

Kugelschicht: $V = \frac{\pi}{6}h(3r_1^2 + 3r_2^2 + h^2)$

Kugelzone: $M = 2\pi rh$

Den Kugelradius r berechnet man so: $r = \sqrt{r_1^2 + \left(\frac{r_1^2 - r_2^2 - h^2}{2h}\right)^2}$

4. Eine Kugelschicht hat die Maße $r_1 = 8$ m, $r_2 = 5$ m und $h = 2{,}70$ m.

a) Berechnen Sie das Volumen der Kugelschicht.

b) Welchen Radius r hat die zur Kugelschicht gehörende Kugel?

c) Berechnen Sie den Flächeninhalt der Kugelzone.

PROPORTIONALITÄT

TIPP

*Eine Zuordnung heißt **proportional**, wenn zum Vielfachen (Teil) einer Ausgangsgröße das entsprechende Vielfache (der entsprechende Teil) der zugeordneten Größe gehört.*

	Ausgangsgröße	zugeordnete Größe	
	24	60	
·3	72	180	·3
:6	4	10	:6

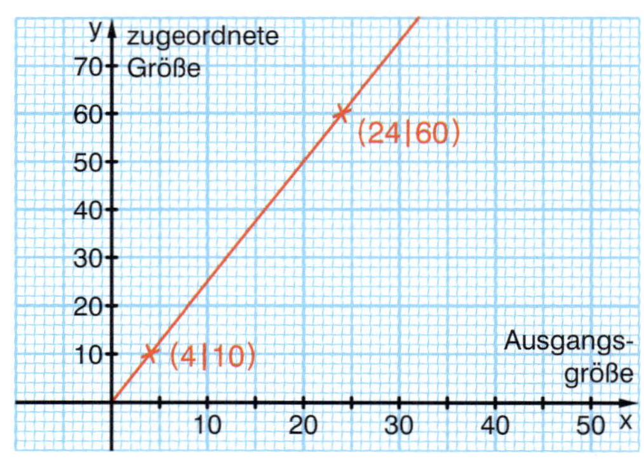

Der Graph einer proportionalen Zuordnung ist ein Strahl mit dem Anfangspunkt (0|0).

1. Bestimmen Sie aus dem Vielfachen (Teil) der Ausgangsgröße das entsprechende Vielfache (den entsprechenden Teil) der zugeordneten Größe.
a) 12 m^2 Fliesen kosten 105 €. Wie teuer sind 4 m^2 dieser Sorte Fliesen?
b) Ein 15 m langes Bergseil wiegt 1,2 kg. Wie lang ist ein Bergseil mit vierfacher Masse?
c) 150 g Salami kosten 2,85 €. Wie teuer sind 50 g Salami?

TIPP

Dividiert man bei einer proportionalen Zuordnung jeweils die zugeordnete Größe durch die Ausgangsgröße, so ist der Quotient immer gleich:
Die Größenpaare sind quotientengleich.
*Dieser gemeinsame Quotient heißt **Proportionalitätsfaktor**.*

Es gilt: Ausgangsgröße —(*· Proportionalitätsfaktor*)→ *zugeordnete Größe*
zugeordnete Größe —(*: Proportionalitätsfaktor*)→ *Ausgangsgröße*

2. Von den vier Größenpaaren gehören drei derselben proportionalen Zuordnung an. Welche gehört nicht dazu? (5 € | 8 kg); (7 € | 11,2kg); (2 € | 3,3kg); 4,5 € | 7,2kg)

3. Bestimmen Sie den Proportionalitätsfaktor und berechnen Sie dann die zugeordnete Größe. 500 Blatt Din-A4-Papier wiegen 400 g. Wie viel wiegen 700 Blatt davon?

4. Kartoffeln kosten 1,20 € pro kg.
a) Wie teuer sind 6 kg?
b) Wie viel Kilogramm bekommt man für 15 €?

TIPP

Eine Zuordnung heißt ***antiproportional****, wenn zum Vielfachen (Teil) einer Ausgangsgröße der entsprechende Teil (das entsprechende Vielfache) der zugeordneten Größe gehört.*

	Ausgangsgröße	zugeordnete Größe	
	24	60	
·3 (von 24)	72	20	:3 (von 60)
:6 (von 24)	4	360	·6 (von 60)

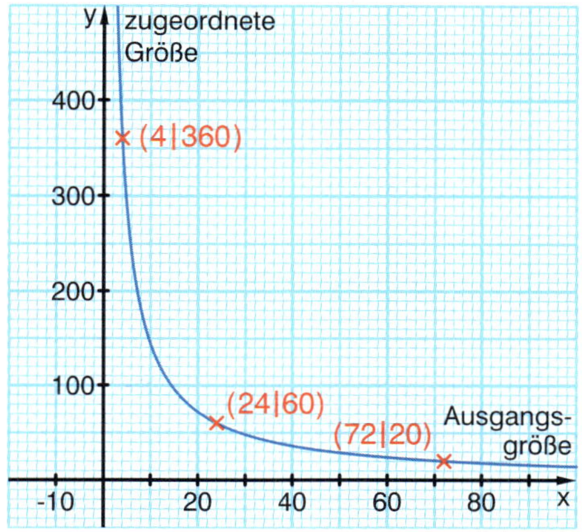

Statt antiproportional *sagt man auch* ***umgekehrt proportional****.*

Der Graph einer antiproportionalen Zuordnung ist eine ***Hyperbel****.*

Multipliziert man bei einer antiproportionalen Zuordnung jeweils die Ausgangsgröße und die zugeordnete Größe, so ist das Produkt immer gleich. ***Die Größenpaare sind produktgleich.***

1. Bestimmen Sie aus dem Vielfachen (Teil) der Ausgangsgröße den entsprechenden Teil (das entsprechende Vielfache) der zugeordneten Größe.

a) 4 Pumpen leeren einen Teich in 12 Stunden. Wie lange brauchen 2 Pumpen dafür?

b) Die Reinigung eines Fußballstadions ist von 20 Kräften in 6 Stunden erledigt. Wie viel Kräfte müssten eingesetzt werden, damit das Stadion in 2 Stunden gereinigt ist?

TIPP

Beim Dreisatz notiert man zunächst das gegebene Größenpaar in einer Tabelle so, dass die gesuchte Größe rechts steht (1). Dann schließt man bei der links notierten Größe auf die Einheit (2) und schließlich auf das gegebene Vielfache dieser Größe (3).

Proportionalität

5 *l* kosten 12,50 €.
Wie teuer sind 3 *l*?

	l	€	
	5	12,50	
:5	1	$\frac{12,5}{5}$	:5
·3	3	$\frac{12,5 \cdot 3}{5}$	·3

$\frac{12,5 \cdot 3}{5} = 7,5$ 3 *l* kosten 7,50 €.

Antiproportionalität

Bei 100 $\frac{km}{h}$ dauert die Fahrt 4 Stunden.
Wie lange dauert sie bei 80 $\frac{km}{h}$?

	$\frac{km}{h}$	h	
	100	4	
:100	1	$4 \cdot 100$	·100
·80	80	$\frac{4 \cdot 100}{80}$	:80

$\frac{4 \cdot 100}{80} = 5$ Bei 80 $\frac{km}{h}$ sind es 5 h.

2. Entscheiden Sie zunächst, ob die Zuordnung proportional oder antiproportional ist.

a) 3 gleiche Pumpen leeren einen Teich in 7 Stunden. Wie lange brauchen 5 Pumpen?

b) 50 Inch sind 126 cm. Wie viel Zentimeter sind 90 inch?

TIPP

Grundbegriffe und Grundgleichung der Prozentrechnung

Prozentsätze *sind spezielle Brüche mit dem Nenner 100. Sie können auch dezimal geschrieben werden.*

$1\,\% = \frac{1}{100} = 0{,}01$ $57\,\% = \frac{57}{100} = 0{,}57$ $125\,\% = \frac{125}{100} = 1{,}25$ *allgemein* $\boldsymbol{p\% = \frac{p}{100}}$

Ein ***Prozentsatz p%*** *ordnet einer* Gesamtheit, *dem* ***Grundwert G****, den zugehörigen prozentualen Anteil, den so genannten* ***Prozentwert W****, zu.*

Für $p\% < 1$ *gilt* $W < G$, *für* $p\% > 1$ *gilt* $W > G$.
allgemein gilt: $p : 100 = W : G$ *oder* $\frac{p}{100} = \frac{W}{G}$ *bzw.* $\boldsymbol{p\% = \frac{W}{G}}$

1. Notieren Sie den Grundwert G, den Prozentsatz p%, und den Prozentwert W der Aufgabe.
a) In einem Metallbetrieb arbeiten 260 Frauen. Das sind 40 % der gesamten Belegschaft aus 650 Mitarbeiterinnen und Mitarbeitern.
b) Bei einer Verkehrskontrolle wiesen 6 % von 1350 Fahrzeugen Mängel auf. Das waren insgesamt 81 Fahrzeuge.

2. Notieren Sie zwei andere Darstellungen (z. B. $0{,}06 = \frac{6}{100} = 6\,\%$) für die Zahl.
a) 0,045 b) 224 % c) $\frac{1}{4}$ d) $\frac{2}{5}$ e) 2,5 f) 0,16

TIPP

Berechnung von Prozentwert, Prozentsatz und Grundwert

A *geg.: G und p%*
ges.: W

B *geg.: G und W*
ges.: p%

C *geg.: W und p%*
ges.: G

Die ***Grundgleichung der Prozentrechnung*** *wird nach der gesuchten Größe aufgelöst.*

$$p\% = \frac{W}{G}$$

$\boldsymbol{W = G \cdot p\%}$ $\boldsymbol{G = W : p\%}$

oder $W = \frac{G \cdot p}{100}$ *oder* $p = \frac{100W}{G}$ *oder* $G = \frac{100W}{p}$

3. Berechnen Sie die fehlende Größe W, p% oder G.
a) G = 480 kg, W = 55 kg b) W = 16,80 €, p% = 16 % c) G = 18 m, p% = 23 %

4. a) Ein Autounternehmen hat die Preise um 5 % erhöht. Das Modell „Kuala GT" kostete bisher 18 360 €. Um wie viel Euro wird es teurer?

b) Bei einer Grippewelle waren in der Gauß-Schule bis zu 18 % der Schülerinnen und Schüler erkrankt. Das waren 78 grippekranke Jugendliche. Wie viele Schülerinnen und Schüler hat die Gauß-Schule?

TIPP

Prozentfaktor, vermehrter und verminderter Grundwert

Bei vielen Aufgaben geht es um einen prozentualen Zuschlag oder Abschlag, und es ist der veränderte Gesamtwert als Endwert gesucht.

Endwert $\bar{G}$ nach

prozentualem Zuschlag

$\bar{G} = G + p\%$ von G

$\bar{G} = G + G \cdot p\%$

$\bar{G} = G(1 + p\%)$

prozentualem Abschlag

$\bar{G} = G - p\%$ von G

$\bar{G} = G - G \cdot p\%$

$\bar{G} = G(1 - p\%)$

***(1 + p%)** und **(1 – p%)** sind **Prozentfaktoren** (Zu- bzw. Abschlagsfaktoren), der Endwert heißt auch **vermehrter** (bzw. **verminderter**) Grundwert $\bar{G}$.*

Eine Miete beträgt derzeit 568,50 €. Sie wird zum kommenden 1. Januar um 4,5 % erhöht. Wie hoch ist dann die Miete?
$1 + p\% : 1 + 0{,}045 = 1{,}045$
$\bar{G} = 568{,}5 \cdot 1{,}045 = 594{,}0825$
Die Miete beträgt dann 594,08 €.

Sabine, die vor einem halben Jahr noch 78 kg gewogen hat, hat inzwischen 20 % abgenommen. Wie viel kg wiegt Sabine jetzt?
$1 - p\% : 1 - 0{,}2 = 0{,}8$
$\bar{G} = 78 \cdot 0{,}8 = 62{,}4$
Sabine wiegt jetzt 62,4 kg.

1. Frau Berg verdient 2 768 € Brutto. Für Steuern und Sozialversicherungen muss sie 43 % des Gehaltes bezahlen. Wie hoch ist ihr Nettogehalt?

2. Eine Warenlieferung wiegt brutto 28,6 kg. Die Verpackung hat einen Anteil von 19 %. Wie viel kg wiegt die Warenlieferung netto?

3. Der neue Pkw von Alexia soll 11 290 € kosten. Alexia handelt einen Rabatt (Preisnachlass) von 9 % aus. Welchen Betrag muss sie für ihr neues Auto bezahlen?

4. Für neue Schulbücher ist eine Rechnung über 3 174 € zu bezahlen. Bei Bezahlung innerhalb von 14 Tagen gibt es 2 % Skonto. Welcher Betrag wird überwiesen?

TIPP

Prozentuale Anteile können grafisch dargestellt werden, z. B. in einem Balkendiagramm, einem Säulendiagramm oder einem Kreisdiagramm.
Bei Balken- und Säulendiagrammen wählt man eine Längeneinheit (z. B. 1 mm) für 1 %.
Beim Kreisdiagramm stellt man die Anteile als Sektoren dar mit einem Sektorwinkel von 3,6° pro Prozent.

5. Ein Sportverein hat die Abteilungen Fußball (300 Mitglieder), Handball (85 Mitglieder), Tennis (259 Mitglieder) und Volleyball (44 Mitglieder).
Ermitteln Sie die prozentuale Verteilung der Mitglieder (ganzzahlig gerundet) und zeichnen Sie a) ein Balkendiagramm, b) ein Säulendiagramm und c) ein Kreisdiagramm.

TIPP

Kapital, Zinssatz, Zinsen

*Wer im Geschäftsleben für einen bestimmten Zeitraum Geld zur Verfügung gestellt bekommt, muss dafür **Zinsen Z** bezahlen. Die Höhe der Zinsen hängt vom überlassenen **Kapital K**, vom vereinbarten **Zinssatz p%** und vom Verfügungszeitraum ab.*

Die Zinsrechnung ist eine Anwendung der Prozentrechnung.

Wenn zu einem Zinssatz p% keine weiteren Angaben vorliegen, handelt es sich um einen Jahreszins.
Man schreibt auch:
***p% p. a.** (pro anno),*
*auf deutsch: **p% pro Jahr***

$W = G \cdot p\% \rightarrow \mathbf{Z = K \cdot p\%}$

*Das **Kapital K** ist der Grundwert G.*
*Die **Zinsen Z** sind der Prozentwert W.*

Berechnung von Zinsen, Zinssatz und Kapital bei Jahreszinsen

Die Formel für Jahreszinsen wird jeweils nach der gesuchten Größe aufgelöst.

$$Z = K \cdot p\%$$

gesucht: Z	gesucht: p%	gesucht: K
$Z = K \cdot p\%$	$p\% = \frac{Z}{K}$	$K = \frac{Z}{p\%}$

1. Berechnen Sie die fehlende Größe K, Z, p% bei einer Verzinsung für ein Jahr.
a) K = 750 €, p% = 2,5 %   b) K = 2 460 €, Z = 110,70 €,   c) Z = 11 760 €, p% = 2,8 %

TIPP

Zinsen für den Bruchteil eines Jahrs

Ist der Verfügungszeitraum eines Kapitals nur der Bruchteil eines Jahres, so ist auch nur der entsprechende Bruchteil der Jahreszinsen als Zinsen zu zahlen.

Ein Kapital von 12 000 € wird für ein Dreivierteljahr zu 5 % p. a. verzinst.
Wie viel Euro Zinsen sind das?

(1) $Z = K \cdot p\%$ $Z = 12\,000 \cdot 0{,}05 = 600$

(2) $\frac{3}{4}$ von $600 = 600 \cdot \frac{3}{4} = 450$

Die Zinsen betragen 450 €.

Dabei gilt:

1 Zinsjahr	*= 12 Zinsmonate*
1 Zinsmonat	*= 30 Tage*
1 Zinsjahr	*= 360 Zinstage*

8400 € werden 7 Monate zu einem Zinssatz von 3 % p. a. verzinst.
Wie viel Euro Zinsen sind das?

(1) $Z = K \cdot p\%$ $Z = 8400 \cdot 0{,}03 = 252$

(2) 7 Monate = $\frac{7}{12}$ Jahre $\frac{7}{12}$ von 252 = 147

Die Zinsen betragen 147 €.

2. Ein Kapital von 10 000 € wird 3 Monate zu einem Zinssatz von 14 % verzinst. Berechnen Sie die Zinsen.

3. Frau Franke leiht sich 8500 € zu einem Zinssatz von 7,5 % p. a. für die Zeit vom 1. 5. bis 30. 9. desselben Jahres. Wie viel Zinsen muss sie bezahlen?

TIPP

Tageszinsformel, Monatszinsformel, Berechnung von Zinstagen

Zinsen für t Tage

$$Z = \frac{K \cdot p\% \cdot t}{360} \left(= \frac{K \cdot p \cdot t}{100 \cdot 360}\right)$$

Zinsen für m Monate

$$Z = \frac{K \cdot p\% \cdot m}{12} \left(= \frac{K \cdot p \cdot m}{100 \cdot 12}\right)$$

Berechnung von Zinstagen

(1) Man berechnet die Tage vom Zinsbeginn bis zum Ende des ersten Monats (Achtung: Jeder Monat wird mit 30 Tagen angesetzt, auch Februar oder Juli).

(2) Die Anzahl der vollen Zinsmonate wird mit 30 multipliziert.

(3) Man zählt die Tage bis zum Verzinsungsende im letzten Monat.

(4) Man addiert die Zahlen aus (1), (2) und (3).

1. Ein Kapital von 3480 € wird 137 Tage lang zu 4,2 % p. a. verzinst. Berechnen Sie die Zinsen.

$Z = \frac{K \cdot p\% \cdot t}{360}$

$Z = \frac{3480 \cdot 0{,}042 \cdot 137}{360}$

$Z = 55{,}622$

Die Zinsen betragen 55,62 €.

2. Berechnen Sie die Zinstage vom 24. 3. bis zum 7. 9. desselben Jahres.

(1) 30 – 24 = 6

(2) 5 · 30 = 150

(3) im September 7

(4) insgesamt 163

Es sind 163 Zinstage.

3. Nach wie vielen Monaten bringt ein Kapital von 24 000 € bei 3,4 % p. a. 680 € Zinsen?

$Z = \frac{K \cdot p\% \cdot m}{12} \quad | \cdot 12 : K : p\%$

$m = \frac{12\,Z}{K \cdot p\%}$

$m = \frac{12 \cdot 680}{24\,000 \cdot 0{,}034} = 10$

Die Zinsdauer beträgt 10 Monate.

1. Ein Kapital von 2500 € wird für 142 Tage zu einem Zinssatz von 6,2 % verzinst. Berechnen Sie die Zinsen.

2. Herr Bürger leiht bei der Bank ein Kapital von 5800 €. Der Zinssatz beträgt 5,5 %. Herr Bürger zahlt das Kapital und 69,12 € Zinsen zurück. Wie viele Tage wurde der Betrag verzinst? Gehen Sie bei der Lösung in folgenden Schritten vor:
① Lösen Sie die Tageszinsform nach t auf.
② Berechnen Sie die Anzahl der Zinstage, runden Sie sinnvoll.

3. Frau Lux hat ein Festgeldkonto, das Sie nach 210 Tagen auflöst. Sie bekommt bei einem Zinssatz von 2,5 % einen Betrag von 102,08 € Zinsen. Welches Kapital hatte sie festgelegt?

4. Vom 18. März bis zum 27. August desselben Jahres leiht ein Geschäftsmann 50 000 € bei der Bank. Der Zinssatz beträgt 8,4 %.
a) Berechnen Sie die Anzahl der Zinstage schrittweise.
b) Wie hoch sind die Zinsen, die der Geschäftsmann bezahlen muss?

5. Ein Kapital von 7000 € wird 8 Monate verzinst. Die Zinsen betragen 168,00 €. Berechnen Sie mit Hilfe der Monatszinsformel durch Umstellen der Formel den Zinssatz.

TIPP

Zinsfaktor

*Der prozentuale Zuschlagsfaktor kommt auch in der Zinsrechnung zur Anwendung. Er heißt dort **Zinsfaktor** und wird benutzt, wenn man das Kapital K_1 nach dem Hinzurechnen der Zinsen Z auf das vorangegangene Kapital K bestimmen will (Zinssatz p% p. a.).*

$K_1 = K + Z \rightarrow K_1 = K + K \cdot p\%$

$\rightarrow K_1 = K(1 + p\%)$

$\rightarrow \mathbf{K_1 = K \cdot q}$ mit $\mathbf{q = 1 + p\%}$. (Siehe auch S. 89)

1. Herr Schneider hat 4 576 € gespart. Er erhält 2,5 % Zinsen.
Berechnen Sie sein neues Kapital.

2. Nach Erhalt von 4 % Zinsen hat Frau Steffel jetzt ein Kapital von 468 €.
Berechnen Sie das ursprüngliche Kapital.

3. Durch Zinszahlung ist ein Kapital von 13 500 € auf 13 960 € angewachsen.
Berechnen Sie den Zinssatz gerundet auf eine Nachkommastelle.

TIPP

Zinseszinsformel

Wird ein Kapital K über n Jahre lang mit p% verzinst, so berechnet sich das Kapital K nach n Jahren so:

$$\mathbf{K_n = K \cdot q^n} \quad (\text{mit } q = 1 + p\%)$$

Auflösung nach K	**Auflösung nach q**	**Auflösung nach n**
$K = \frac{K_n}{q^n}$	$q = \sqrt[n]{\frac{K_n}{K}}$	$n = \frac{\lg K_n - \lg K}{\lg q}$

(siehe S. 49–50)

4. Auf welches Kapital wachsen 4 130 € in 8 Jahren bei 3,6 % p. a. Zinsen an?

5. Welcher Betrag muss heute bei 4,5 % Zinsen p. a. angelegt werden, damit in 12 Jahren 20 000 € verfügbar sind?

6. Bei welchem Zinssatz wachsen 5 000 € in 15 Jahren auf 12 000 € an?

7. In wie vielen Jahren wächst ein Kapital von 3 000 € bei einer Verzinsung von 4,5 % p. a. auf 3 577,56 € an?

TIPP

Regelmäßige Einzahlung einer Rate R

***vorschüssige** Einzahlung* ***nachschüssige** Einzahlung*

Wird in gleichbleibenden Zeitspannen (z. B. 1 Jahr oder 1 Monat) regelmäßig eine Rate R eingezahlt und mit p% pro Zeitspanne verzinst, so beträgt das Kapital nach n Zeitspannen

(1) bei Einzahlung jeweils zu Beginn der Zeitspanne

$$K_n = \frac{Rq(q^n - 1)}{q - 1}$$

(2) bei Einzahlung jeweils am Ende der Zeitspanne

$$K_n = \frac{R(q^n - 1)}{q - 1}$$

1. Sabine stellt das Rauchen ein, spart täglich 5 € und zahlt jeweils am Jahresende 1825 € auf ein Konto ein, das mit 4 % p. a. verzinst wird. Welchen Betrag hat sie nach 30 Jahren gespart?

2. Michaels Oma zahlt am Tag seiner Geburt 800 € auf ein Konto (p% = 5,5 %) ein sowie an jedem Geburtstag, zum letzten Mal am 17. Geburtstag, weitere 800 €. Über wie viel Geld kann Michael am 18. Geburtstag verfügen?

TIPP

Regelmäßige Zuzahlung (Abhebung) einer Rate R

***vorschüssige** Zuzahlung (Abhebung)* ***nachschüssige** Zuzahlung (Abhebung)*

Ist ein Kapital K vorhanden und wird es regelmäßig in gleichbleibenden Zeitspannen durch Zuzahlung einer Rate R vermehrt (durch Abhebung einer Rate R vermindert), so beträgt bei p% Zinsen pro Zeitspanne das Kapital nach n Zeitspannen

(1) bei Einzahlung (Abhebung) jeweils zum Beginn der Zeitspanne

$$K_n = K \cdot q^n \pm \frac{Rq(q^n - 1)}{q - 1}$$

(2) bei Einzahlung (Abhebung) jeweils am Ende der Zeitspanne

$$K_n = K \cdot q^n \pm \frac{R(q^n - 1)}{q - 1}$$

3. Frau Krause erhielt an ihrem 50. Geburtstag eine Lebensversicherung in Höhe von 84 200 €. Diese Summe legte sie bis zu ihrem 65. Geburtstag bei 6,5 % Zinsen p. a. fest.

a) Auf welchen Betrag sind die 84 200 € bis zu ihrem 65. Geburtstag angewachsen?

b) Frau Krause möchte vom 65. Geburtstag an jährlich vorschüssig 15 000 € abheben. Wie viel hat sie mit 85 Jahren noch vom Vermögen übrig, wenn der Zinssatz gleich bleibt?

4. Herr Etner hat 60 000 € angespart. Der Zinssatz ist unverändert 4,5 % p. a. Welche Rate R kann er 10 Jahre lang vorschüssig abheben, wenn das Kapital nach diesen 10 Jahren aufgebraucht sein soll?

TIPP

*Der **Median** (Zentralwert) steht in der Mitte einer Rangliste von Daten, die der Größe nach sortiert sind.*
Bei ungerader Anzahl von Daten ist der Median einer der Datenwerte, bei gerader Anzahl ist er der Mittelwert der beiden Daten links und rechts der Mitte.

Beispiele:

a_1	a_2	a_3	a_4	a_5	a_6	a_7

Median: a_4

b_1	b_2	b_3	b_4	b_5	b_6	b_7	b_8

Median: $\frac{b_4 + b_5}{2}$

*Den **Mittelwert** $\bar{x}$ von Daten aus demselben Größenbereich berechnet man als arithmetisches Mittel: Tritt die Größe x_1 insgesamt n_1 mal, die Größe x_2 insgesamt n_2 mal, ... die Größe x_k insgesamt n_k mal auf und gilt $n_1 + n_2 + ... + n_k = n$, so berechnet sich der Mittelwert mit der Formel*

$$\bar{x} = \frac{n_1x_1 + n_2x_2 + \ldots + n_kx_k}{n}$$

*Die **Standardabweichung s** beschreibt die Streuung der Daten um den Mittelwert. Haben die Daten $x_1, x_2, \ldots, x_n$ den Mittelwert $\bar{x}$, so berechnet sich die Standardabweichung mit der Formel*

$$s = \sqrt{\frac{(x_1 - \bar{x})^2 + (x_2 - \bar{x})^2 + \ldots + (x_n - \bar{x})^2}{n}}$$

1. Die Tabelle zeigt den Ausfall einer Mathematikarbeit nach Zensuren.

a) Bestimmen Sie den Median (Zentralwert).

b) Bestimmen Sie den Mittelwert der Zensuren, der häufig auch als Notendurchschnitt bezeichnet wird.

c) Berechnen Sie die Standardabweichung s.

Anzahl	Zensur
2	1
5	2
8	3
7	4
4	5
1	6

2. Frau Berger ist freiberuflich tätig und hat unterschiedliche Einkünfte im Verlauf eines Jahres (siehe Tabelle, alle Angaben in €).
Berechnen Sie Median und Mittelwert; welcher der beiden Werte ist informativer?

Jan	Feb	März	April	Mai	Juni	Juli	Aug	Sep	Okt	Nov	Dez
2160	1970	2258	2975	2861	3144	3212	2476	2351	2477	1561	2748

3. Rechtsanwalt und Notar Krause beschäftigt 4 Angestellte, die Tabelle zeigt die Brutto-Jahresgehälter.

a) Berechnen Sie Median, Mittelwert und Standardabweichung.

b) Welche Aussagekraft haben die unter a) ermittelten Daten?

Herr Krause 275 400 €	
Herr Adam 63 280 €	Frau Krüger 68 350 €
Frau Pomp 32 650 €	Frau Schulz 29 630 €

TIPP

*Kombiniert man Objekte, Merkmale usw. miteinander und hat **a** Möglichkeiten, den **ersten Platz** zu besetzen, sowie **b** Möglichkeiten, den **zweiten Platz** zu besetzen, dann gibt es für **beide Plätze zusammen a · b** Kombinationsmöglichkeiten.*

n verschiedene Objekte, Merkmale usw. kann man in $n \cdot (n-1) \cdot (n-2) \cdot \ldots \cdot 3 \cdot 2 \cdot 1 = n!$ („n Fakultät") verschiedenen Reihenfolgen anordnen:

Für n verschiedene Dinge gibt es n! Permutationen.

1. Wie viele verschiedene 7-stellige Zahlen kann man bilden, in denen die Ziffern 1 bis 7 jeweils genau einmal auftreten?

2. Einen Autotyp gibt es in 6 verschiedenen Motorstärken, 5 Farben und 8 Ausstattungsvarianten. Wie viele verschiedene Fahrzeuge des Autotyps gibt es?

3. Vier Ehepaare gehen gemeinsam in die Oper. Sie haben die Karten Reihe 5, Platz 14–17 und Reihe 6, Platz 15–18. In der 5. Reihe sollen die Damen, in der 6. Reihe die Herren sitzen. Wie viele verschiedene Möglichkeiten gibt es, die Karten zu verteilen?

TIPP

Die Tabelle nennt die Anzahl der Möglichkeiten, aus n Objekten k Objekte auszuwählen.

	Auswahl mit Wiederholung (Ziehung mit Zurücklegen)	*Auswahl ohne Wiederholung (Ziehung ohne Zurücklegen)*
mit Beachtung der Reihenfolge ***(Variationen)***	n^k	$\frac{n!}{(n-k)!}$
ohne Beachtung der Reihenfolge ***(Kombinationen)***	$\frac{(n+k-1)!}{k!(n-1)!}$	$\frac{n!}{k!(n-k)!}$

Modellvorstellung:
Nacheinander werden gleichartige, bezifferte Kugeln mit verbundenen Augen aus einem Behälter gezogen.

4. Ein Würfel wird 4-mal geworfen; das Ergebnis ist eine vierstellige Zahl aus den Ziffern 1 bis 6. Wie viele mögliche Ergebnisse gibt es?

5. In einem Behälter befinden sich sechs Zettel mit den Ziffern 1 bis 6, jeweils zu einer Kugel zusammengerollt. Sabine zieht nacheinander vier Zettel aus dem Behälter und ordnet die gezogenen Ziffern in der Reihenfolge der Ziehung zu einer vierstelligen Zahl. Wie viele Möglichkeiten gibt es?

6. Auf einem Lottoschein mit den Zahlen 1 bis 49 werden 6 Zahlen angekreuzt; die Reihenfolge ist unerheblich. Wie viele verschiedene Möglichkeiten gibt es?

TIPP

Zufallsversuche, z. B. das Werfen eines Würfels, haben in der Regel mehrere mögliche ***Ergebnisse****, die zusammen die* ***Ergebnismenge*** *bilden (im Beispiel {1; 2; 3; 4; 5; 6}).*

Jede Teilmenge E der Ergebnismenge heißt ***Ereignis****.*

Einelementige Ereignisse heißen auch ***Elementarereignisse****.*

Beispiel:
{1; 2; 3; 4; 5; 6} ist die Ergebnismenge beim Würfeln.
Das Ereignis „gerade Zahl" ist die Menge E = {2; 4; 6}.

1. Aus einem Skatspiel werden nacheinander zwei Karten gezogen.
a) Wie viele Elemente hat die Ergebnismenge?
b) Schreiben Sie das Ereignis „zwei verschiedenfarbige Herren werden gezogen" als Menge.

2. Eine Münze mit W (Wappen) und Z (Zahl) wird dreimal geworfen.
a) Schreiben Sie die Ergebnismenge auf.
b) Notieren Sie zum Ereignis „Wappen tritt höchstens einmal auf" die Teilmenge der Ergebnismenge.

3. In einem Behälter sind 5 blaue und 3 rote Kugeln, die bis auf die Farbe identisch sind. Frank zieht mit verbundenen Augen eine Kugel, deren Farbe notiert wird. Die Kugel wird in den Behälter zurückgelegt; nach dem Mischen der Kugeln zieht Frank eine zweite Kugel aus dem Behälter.
Wie viele Elemente hat das Ereignis „beide Kugeln sind blau"?

TIPP

Wiederholt man einen Zufallsversuch n mal und tritt dabei ein bestimmtes Ereignis E m mal auf ($m \leq n$), so heißt ***m*** *die* ***absolute Häufigkeit*** *für das Auftreten von E und* $\frac{m}{n}$ *die* ***relative Häufigkeit*** *für das Auftreten von E.*

{1; 4; 2; 4; 5; 6; 6; 2; 3; 5; 1; 4}

absolute Häufigkeit für „4": 3

relative Häufigkeit für „4": $\frac{3}{12} = \frac{1}{4}$

4. Dies ist das Protokoll von 25 Würfen mit einer Münze.

Z	W	Z	Z	W	W	W	Z	W	W	W	W	Z	W	Z	Z	W	Z	W	W	Z	W	Z	W	Z

a) Notieren Sie die absolute Häufigkeit für die Ereignisse $E_1 = \{Z\}$ und $E_2 = \{W\}$
b) Berechnen Sie die relativen Häufigkeiten von E_1 und E_2 in Prozent.

5. Bei einer Serie von Würfen mit einem Würfel traten ungerade Zahlen mit einer relativen Häufigkeit von 48 % auf. Absolut gab es 384 mal eine ungerade Zahl.
Aus wie vielen Würfen bestand die Serie?

TIPP

Zufallsversuche mit gleichen Chancen für alle möglichen Ergebnisse heißen ***Laplace-Versuche****.*

Wahrscheinlichkeit p *für ein Ereignis E:* $\mathbf{p(E)} = \frac{\text{Anzahl der zu E gehörenden Ergebnisse}}{\text{Anzahl der möglichen Ergebnisse}}$

Die Aussage „Das Ereignis E tritt mit der Wahrscheinlichkeit p auf“ bedeutet:
Wenn der Zufallsversuch sehr oft wiederholt wird, kann man damit rechnen, dass die relative Häufigkeit für das Auftreten von E dem Wert p sehr nah kommt.

1. Wie groß ist die Wahrscheinlichkeit, mit zwei Würfeln eine Augensumme von mindestens 10 zu würfeln?

2. Wie groß ist die Wahrscheinlichkeit, dass bei vier Würfen mit einer Münze Zahl und Wappen jeweils zweimal auftreten?

3. Wie groß ist die Wahrscheinlichkeit, aus einem Skatspiel zwei Karten so zu ziehen, dass mindestens ein Bube dabei ist?

4. In einem Behälter liegen 8 gleichartige Kugeln, drei davon sind rot, vier sind blau und eine Kugel ist weiß. Wie groß ist die Wahrscheinlichkeit, zwei Kugeln mit verbundenen Augen so zu ziehen, dass keine blaue Kugel dabei ist?

TIPP

Pfadregel für mehrstufige Zufallsversuche

Die Wahrscheinlichkeit für ein Ergebnis ist das Produkt der Wahrscheinlichkeiten längs des zugehörigen Pfades im Baumdiagramm.
Für die Bestimmung der Wahrscheinlichkeit eines Ereignisses sind die Pfadwahrscheinlichkeiten der zugehörigen Ergebnisse zu addieren.

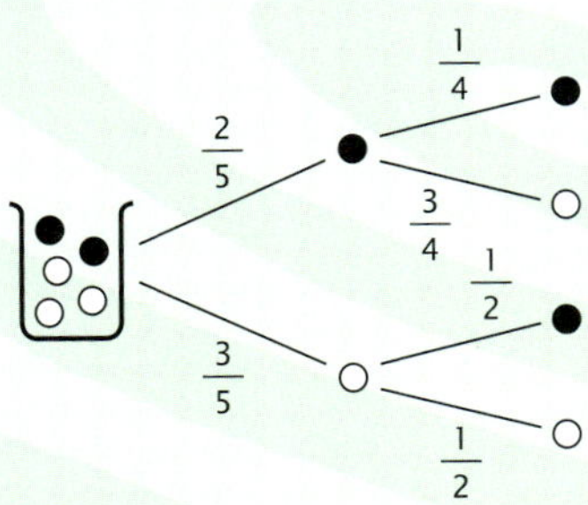

$p(\bullet, \bullet) = \frac{2}{5} \cdot \frac{1}{4} = \frac{1}{10}$

$p(\bullet, \circ) = \frac{2}{5} \cdot \frac{3}{4} = \frac{3}{10}$

$p(\circ, \bullet) = \frac{3}{5} \cdot \frac{1}{2} = \frac{3}{10}$

$p(\circ, \circ) = \frac{3}{5} \cdot \frac{1}{2} = \frac{3}{10}$

$p(\text{gleichfarbig}) = \frac{1}{10} + \frac{3}{10} = \frac{2}{5}$

5. In einem Gefäß sind 3 blaue und 5 rote Kugeln. Wie groß ist die Wahrscheinlichkeit, bei zwei Ziehungen nacheinander ohne Zurücklegen wenigstens eine blaue Kugel zu ziehen?

6. Lösen Sie die Aufgabe 4 dieser Seite mit der Pfadregel.

TEST

WAS HABE ICH GELERNT

1. Lösen Sie die Gleichung und führen Sie die Probe durch.

$5x - 3(x^2 + 2x - 4) = (x - 5)(2 - 3x) - 86$

2. Ergänzen Sie die fehlenden Terme in der Gleichung. Links steht der Produktterm, rechts der Summenterm gemäß einer binomischen Formel.

a) $(7a^2b - 5b)^2 = \underline{\qquad\qquad} - \underline{\qquad\qquad} + \underline{\qquad\qquad}$

b) $(4 - \underline{\qquad\qquad})^2 = \underline{\qquad\qquad} - \underline{\qquad\qquad} + 49a^4$

c) $(\underline{\qquad\qquad} + \underline{\qquad\qquad})(\underline{\qquad\qquad} - 9b) = 49a^2 - \underline{\qquad\qquad}$

d) $(\underline{\qquad\qquad} - \underline{\qquad\qquad})^2 = 25a^2 - 30ab + \underline{\qquad\qquad}$

3. Lösen Sie die Bruchgleichung und führen Sie die Probe durch.

$\frac{8x - 9}{3x^2 - 12} = \frac{5}{x + 2}$

4. Lösen Sie die Formel nach der gesuchten Variablen auf.

a) $A = \frac{a + c}{2} \cdot h$, gesucht ist a

b) $u = a + c + 2b$, gesucht ist b

c) $O = 4\pi r^2$, gesucht ist r

d) $O = \pi r^2 + \pi rs$, gesucht ist s

5. Lösen Sie das Gleichungssystem nach dem von Ihnen bevorzugten Verfahren rechnerisch.

a) I $3a + b = 2$
II $2a - 2b = 20$

b) I $5(x - 4) + 3y = 2x + 19$
II $6(y - x) - 4y = -6$

6. Lösen Sie die Gleichung und führen Sie die Probe durch.

$x(x - 3) - 19 = 21$

7. Welches Zahlenpaar löst die Gleichung $y^2 + 2y - 35 = 0$?

(1) $y_1 = -2$; $y_2 = 35$

(2) $y_1 = 10$; $y_2 = -3{,}5$

(3) $y_1 = 5$; $y_2 = -7$

(4) $y_1 = -18{,}5$; $y_2 = -16{,}5$

1. a) $2{,}56 - \frac{7}{4} =$ b) $\frac{5}{2} - 1{,}7 \cdot 0{,}5 =$

2. a) $\frac{1}{5} : \frac{1}{10} =$ b) $0{,}36 : \frac{9}{4} =$

3. a) $-14 - (2 \cdot 8 - 13) =$ b) $4{,}85 - \frac{3}{4} \cdot 16 + 15{,}15 =$

4. a) $\frac{18}{5} \cdot \left(-\frac{10}{9}\right) - 4{,}4 \cdot \left(-\frac{1}{2}\right) =$ b) $-35 : (7 - 2) - 3\left[1{,}5 : \left(-\frac{3}{2}\right)\right] =$

5. Schreiben Sie in normierter Exponentialform.

a) 4 156 000 000 = b) 0,0000000004192 =

6. Ermitteln Sie das Ergebnis ohne Taschenrechner in normierter Exponentialform.

a) $\frac{15^{14} \cdot 8^5}{6^6 \cdot 9^4}$ b) $\frac{10^{-4} \cdot 7^{15}}{49^7 \cdot 10^{-5}}$

7. Vereinfachen Sie den Term so weit wie möglich.

a) $a^{2p-11} \cdot a^{12-3p} =$ b) $\frac{25x^{a-8}}{5^3x^{a-7}} =$

c) $\left(b^{2m+1}\right)^3 \cdot b^{5-7m} =$ d) $\frac{(24x^2y)^{-3}}{(12xy^2)^{-3}} =$

8. Berechnen Sie das Ergebnis ohne Taschenrechner.

a) $\sqrt[3]{10} \cdot \sqrt[3]{12{,}5} =$ b) $\frac{\sqrt[4]{48}}{\sqrt[4]{3}} =$ c) $\sqrt[20]{81^5} =$

9. Berechnen Sie das Ergebnis ohne Taschenrechner.

a) $\left(5^{\frac{1}{5}}\right)^{10} =$ b) $\sqrt[3]{2} \cdot \sqrt[3]{10} \cdot 50^{\frac{1}{3}} =$ c) $\sqrt[4]{9^3} \cdot 9^{0,25} =$

1. Ordnen Sie die Gleichungen linearer Funktionen den abgebildeten Graphen zu.

(1) $y = -3x + 4$

(2) $y = 0{,}5x - 5$

(3) $y = -1{,}2x - 3$

(4) $y = 1{,}87x + 2$

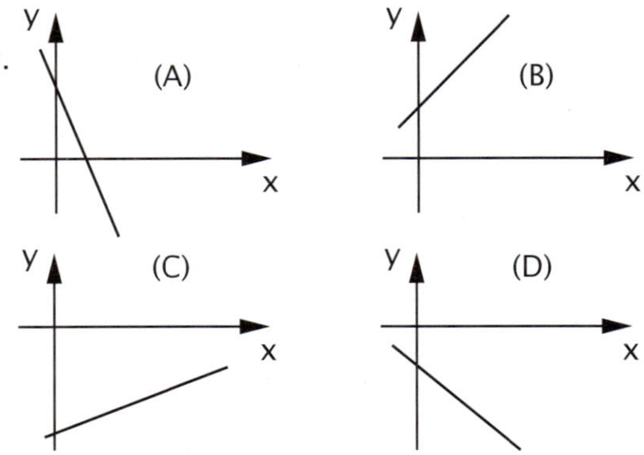

2. Bestimmen Sie die Gleichung der linearen Funktion zu folgendem Graphenverlauf.

a) Der Graph schneidet die x-Achse an der Stelle –4 und die y-Achse an der Stelle 6.

b) Der Graph schneidet die y-Achse im Punkt –3 und hat die Steigung 1,5.

c) Der Graph schneidet die x-Achse im Punkt 5 und verläuft durch den Punkt (2|12).

d) Der Graph verläuft durch die Punkte A(–2|–3) und B(3|5).

3. Eine quadratische Funktion hat die Gleichung $f(x) = x^2 - 4x + 7$

a) Formen Sie die Gleichung in die Scheitelpunktsform um und zeichnen Sie den zugehörigen Funktionsgraphen.

b) Notieren Sie die Koordinaten des Scheitelpunktes.

c) Wie heißen die Nullstellen der Funktion?

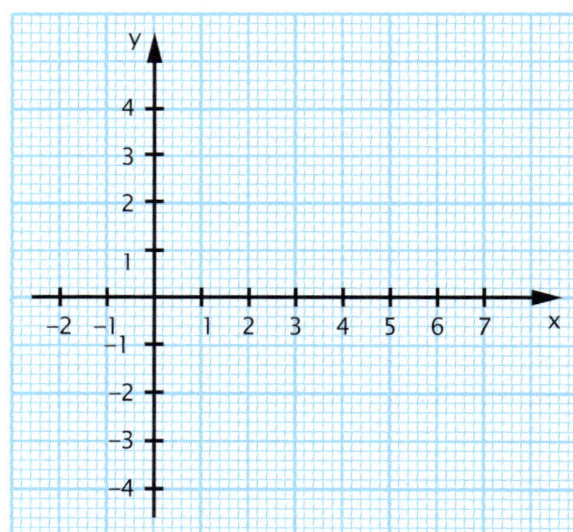

4. Dargestellt sind die Funktionsgraphen von

$f(x) = x^3$, $g(x) = x^{-2}$, $h(x) = 2^x$, $k(x) = \log_3 x$.

Ordnen Sie richtig zu.

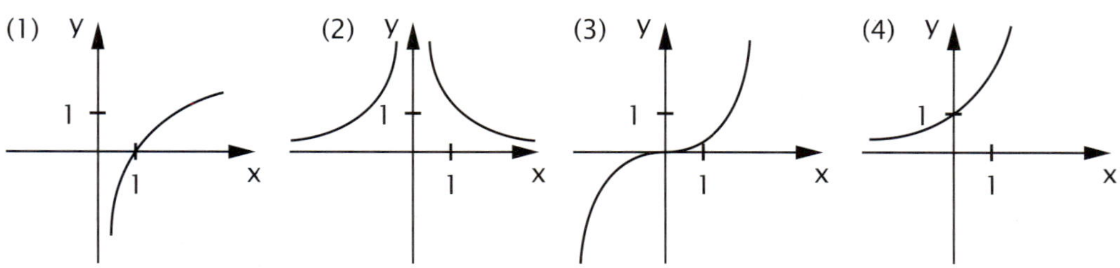

1. Bei der Achsenspiegelung sind Originalpunkt P und Bildpunkt P' gleich weit von der Spiegelachse s entfernt. Außerdem gilt als bewiesen, dass die Achsenspiegelung längentreu ist.

Beweisen Sie mit Hilfe von Kongruenzsätzen: Der Winkel ∢ PQR ist kongruent zum Winkel ∢ R'Q'P'.

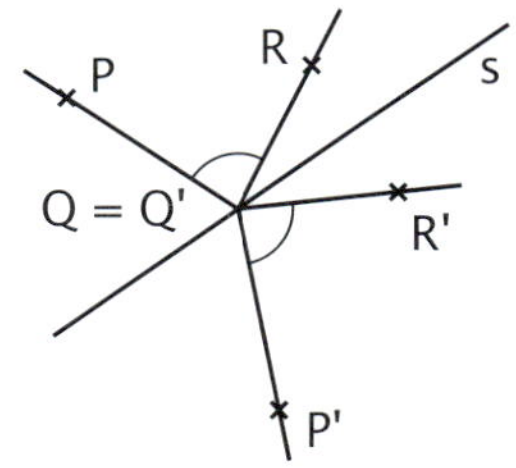

2. a) Wie lang ist die Strecke x?

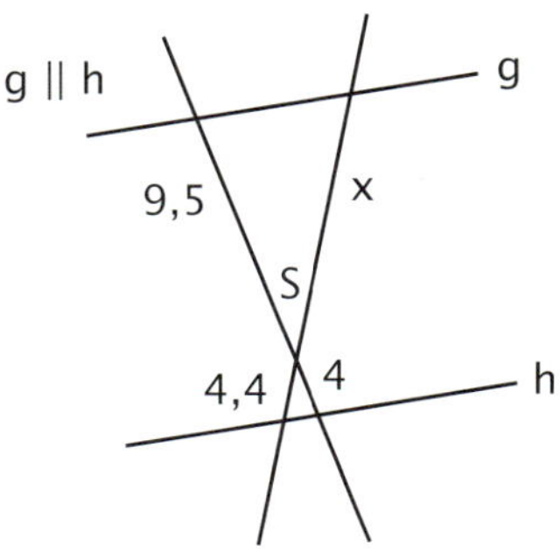

b) Wie lang ist die Strecke y?

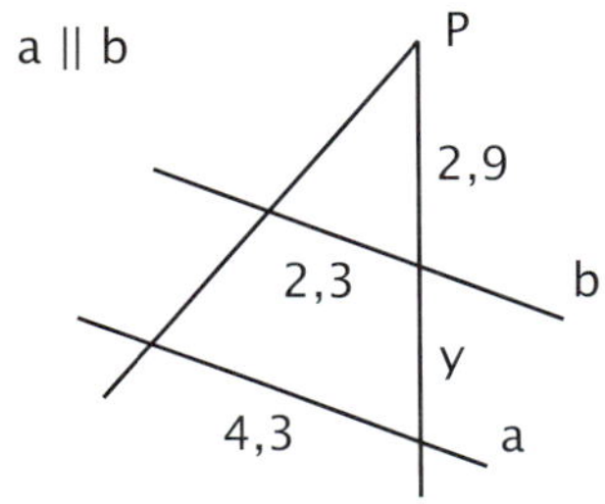

3. Abgebildet ist eine Pyramide mit den Maßen $h_s = 11{,}7$ cm und $h = 10{,}9$ cm.

a) Wie lang ist die Grundkante a?

b) Wie lang ist die Bodendiagonale d?

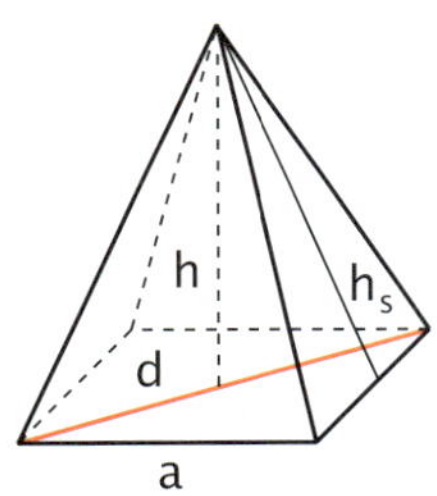

4. Ein Flugzeug hebt am Ende S der Startbahn ab. Nach 15 km Flugstrecke über ebenem Land überfliegt das Flugzeug in 5,8 km Höhe die Kirche K.
Wie weit sind S und K in der Ebene voneinander entfernt?

5. Berechnen Sie das gesuchte Maß, das als Variable notiert ist.

a)

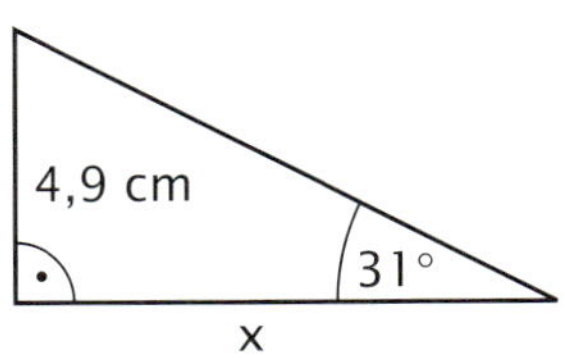

b)

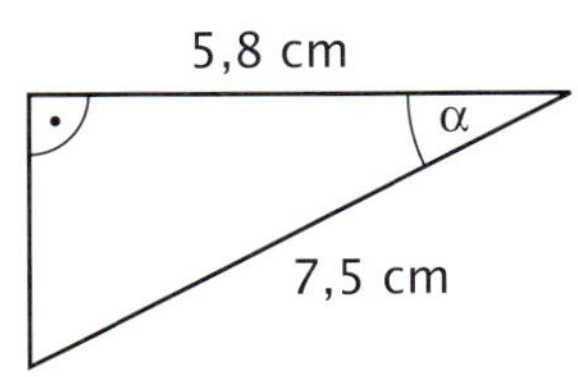

c)

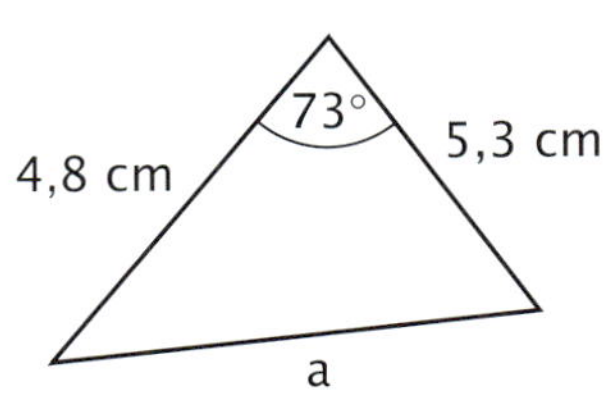

d)

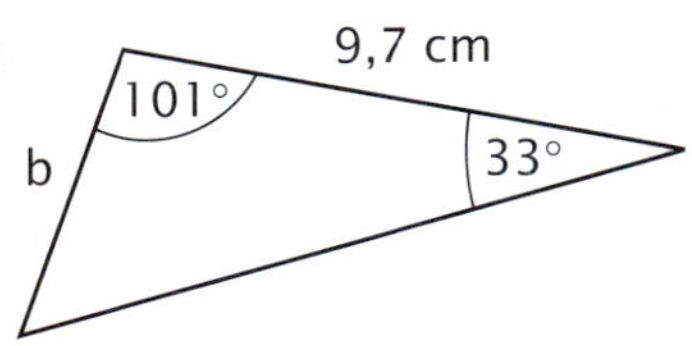

TEST
WAS HABE ICH GELERNT

1. Ein Würfel hat ein Volumen von 359 cm^3. Wie groß ist seine Oberfläche?

2. Aus einem Quadrat der Kantenlänge 6 cm wird der größtmögliche Kreis ausgeschnitten. Wie viel Prozent Abfall bleiben übrig?

3. Berechnen Sie den Flächeninhalt der blau unterlegten Fläche.

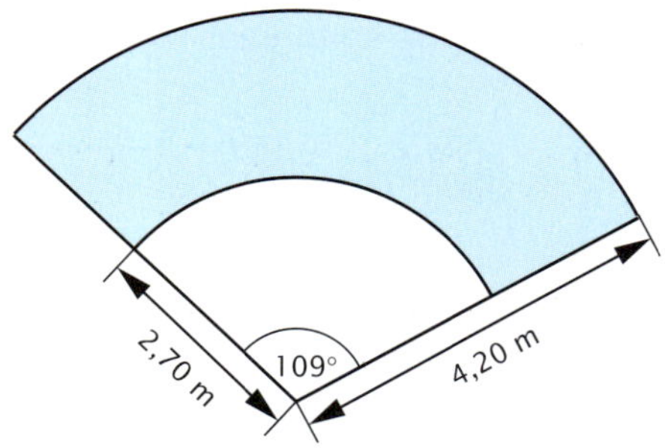

4. Ein kreisförmiges Beet mit 5,30 m Durchmesser soll mit Blumen eingefasst werden, die im Abstand von 25 cm gepflanzt werden.
Wie viele Blumen werden benötigt?

5. a) Berechnen Sie das Volumen des abgebildeten Körpers.

b) Berechnen Sie die Oberfläche des abgebildeten Körpers.

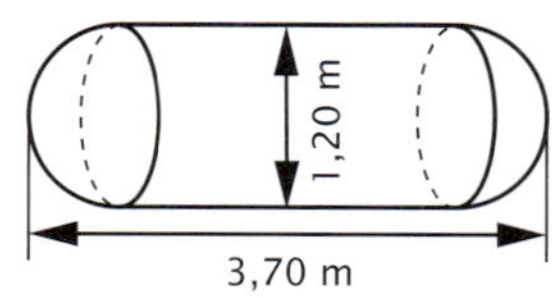

6. Berechnen Sie das Volumen des abgebildeten Körpers in Litern.

a)

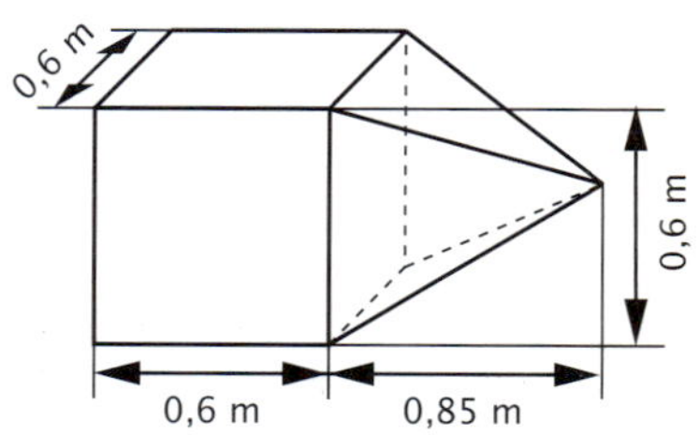

b)

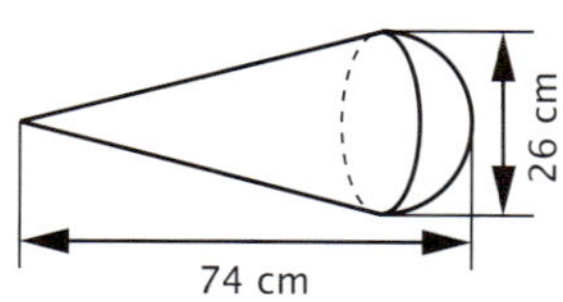

7. Eine Kugel hat ein Volumen von 1 460 cm^3. Welche Oberfläche hat sie?

8. Ein Würfel und eine Kugel haben dieselbe Oberfläche von 1 m^2. Berechnen Sie die Volumina der beiden Körper.

9. Ein Zylinder ist dreimal so hoch wie breit.
Seine Oberfläche beträgt 875 cm^2.
Wie groß ist sein Volumen?

1. Ein Automat stellt in 12 Minuten 1500 Schrauben her. Wie lange braucht dieser Automat zur Produktion von 5000 Schrauben?

2. Ein Segelschiff will mit möglichst wenig Pausen die Erde umrunden. Für die Crew reicht das Süßwasser im Tank 65 Tage, wenn jedes Crewmitglied 1,5 *l* Wasser am Tag verbraucht. Wie lange reicht der Wasservorrat bei einem täglichen Wasserverbrauch von 2,5 *l* pro Mitglied?

3. Auf der Fahrt in den Urlaub hat Familie Körting um 11 Uhr mit 480 km bereits 32 % der Fahrtstrecke zurückgelegt. Wie weit sind Wohn- und Urlaubsort voneinander entfernt?

4. Nach einer Preiserhöhung um 5 % zahlt Frau Kiesel jetzt 367,50 € Miete.
Wie hoch war die Miete vor der Preiserhöhung?

5. Auf welchen Betrag wachsen 14 000 € bei einem Zinssatz von 3,5 % p. a. in einem Jahr an?

6. In einem Industriestaat sinkt die Bevölkerung jährlich um 0,7 %.
Heute leben 64 700 000 Menschen in diesem Land.
Welche Einwohnerzahl ist bei unveränderter Abnahme in 30 Jahren zu erwarten?

7. Um wie viel Prozent vergrößert sich der Flächeninhalt eines Rechtecks, wenn Länge und Breite jeweils um 20 % vergrößert werden?

8. Das ist der Notenspiegel der letzten Mathematikarbeit. Berechnen Sie den Notendurchschnitt auf zwei Stellen nach dem Komma gerundet.

1	2	3	4	5	6
1	4	9	10	6	0

9. Auf neun verdeckt liegenden Zetteln stehen die Ziffern 1 bis 9. Eine Glücksfee zieht die Zahlen nacheinander mit verbundenen Augen und ermittelt so eine neunstellige Zahl. Auf diese Zahl konnte man wetten. Ist es fair, wenn bei einem Einsatz von 0,50 € für die richtige Vorhersage ein Gewinn von 100 000 € ausgezahlt wird?

LÖSUNGEN
EINSTIEGSTEST

Lösungen zu Seite 6

1. $y = 13$; linke Seite 84, rechte Seite 84 — Lösung, Probe je 1 P — 2 P

2. a) $9a^2b^2 + 30ab^3 + 25b^4$ b) $(\_\_\_ - 6xy)^2 = 12{,}25x^2 - 42x^2y + \_\_\_$
   c) $(\_\_\_ - 5a)\,(3x - 5a) = \_\_\_$ d) $(8x + 7)^2 = \_\_\_ + \_\_\_ + 49$ — je 1 P — 4 P

3. $x = 8$ Probe: $\frac{3}{5} = \frac{33}{55}$ — Lösung, Probe je 1 P — 2 P

4. a) $g = \frac{2A}{h}$ b) $b = \frac{u - 2a}{2}$ (oder $b = \frac{u}{2} - a$) c) $r = \sqrt[3]{\frac{3V}{4\pi}}$ d) $h = \frac{O - 2\pi r^2}{2\pi r}$ (oder $h = \frac{O}{2\pi r} - r$) — je 1 P — 4 P

5. a) Lösungspaar $(9 \mid -2)$ b) Lösungspaar $(-5 \mid 7)$ — je 2 P — 4 P

6. $x_1 = 3$, $x_2 = 4$ Probe 1: $1 - 21 + 16 = -4$ linke Seite, $3 - 7 = -4$ rechte Seite
   Probe 2: $9 - 28 + 16 = -3$ linke Seite, $4 - 7 = -3$ rechte Seite — je 1 P — 2 P

7. Es gilt $-9 \cdot 2 = -18$, also $x_1 \cdot x_2 = q$ – aber $-9 + 2 = -7$, also $x_1 + x_2 \neq -p$ — je 1 P — 2 P

20 P

Lösungen zu Seite 7

1. a) $\frac{11}{20}$ b) $2{,}04 \left(= 2\frac{1}{25}\right)$ — je 1 P — 2 P
2. a) 0,85 b) 2,25 — je 1 P — 2 P
3. a) -43 b) $-11{,}45$ — je 1 P — 2 P
4. a) 1,1 b) $-\frac{19}{6} \left(= -3\frac{1}{6}\right)$ — je 1 P — 2 P
5. a) $3{,}7468 \cdot 10^7$ b) $8{,}13 \cdot 10^{-8}$ — je 1 P — 2 P
6. a) $32\,000\,000 = 3{,}2 \cdot 10^7$ b) $0{,}000000003 = 3 \cdot 10^{-9}$ — je 1 P — 2 P
7. a) x^{2-n} b) $2y$ c) a^{2-n} d) $\left(\frac{a}{2}\right)^{n-1}$ — je 1 P — 4 P
8. a) 2 b) 3 c) 5 — je 1 P — 3 P
9. a) 7 b) 64 c) 16 — je 1 P — 3 P

22 P

Lösungen zu Seite 8

1. (1) ⇔ (C), (2) ⇔ (D), (3) ⇔ (A), (4) ⇔ (B), — je $\frac{1}{2}$ P — 2 P
2. a) $y = 3x + 4{,}5$ b) $y = 2x - 3$ c) $y = -3x + 1$ d) $y = 1{,}6x - 8$ — je 1 P — 4 P
3. a) $f(x) = (x - 3)^2 - 4$
   b) $S(3 \mid -4)$
   c) $x_1 = 1$ und $x_2 = 5$

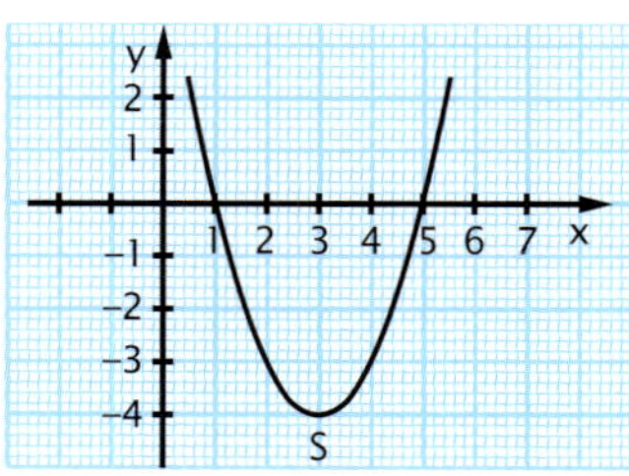

je 1 P — 4 P

4. $f(x)$ ⇔ (3), $g(x)$ ⇔ (1), $h(x)$ ⇔ (2), $k(x)$ ⇔ (4), — je $\frac{1}{2}$ P — 2 P

12 P

Lösungen zu Seite 9

1. Der Beweis des Satzes wird auf S. 53 als Lösung verlangt und wird in den Lösungen auf S. 118 durchgeführt. — 2 P
2. a) $5 : x = 12 : 8$, $x = \frac{10}{3}$ $(= 3{,}\overline{3})$ b) $4{,}4 : (y + 4{,}4) = 7{,}5 : 11{,}2$ $y \approx 2{,}17$ — je 2 P — 4 P
3. a) $d = \sqrt{15^2 + 5^2}$, $d \approx 15{,}8$ $e^2 = 250 + 49$, $e \approx 17{,}3$ — je 1 P — 2 P
4. $5{,}8^2 = 3{,}1^2 + x^2$, $x \approx 4{,}9$ Die Leiter lehnt in einer Höhe von 4,90 m an der Wand. — 2 P
5. a) $x \approx 9{,}64$ cm b) $y \approx 8{,}29$ cm c) $\alpha \approx 101°$ d) $\beta \approx 40{,}7°$ $(180° - 103° - 36{,}3°)$ — je 1 P — 4 P

14 P

Lösungen zu Seite 10

1. $a = 7\ cm$, $V = 343\ cm^3$	je 1 P	2 P
2. $r = 6\ cm$, $A \approx 113{,}1\ cm^2$	je 1 P	2 P
3. $b \approx 5{,}94\ m$, $A \approx 12{,}47\ cm^2$, $u \approx 14{,}34\ m$	für A und u je 1 P	2 P
4. $u = \pi \cdot 0{,}6\ m$ $\quad$ $24\,526\,000\ m : 1{,}885\ m \approx 13\,000\,000$ $u \approx 1{,}885\ m$ $\quad$ Die Reifen haben sich ca. 13 000 000 mal gedreht.		2 P
5. Zylinderhöhe: 1,45 m a) $V_Z = \pi \cdot (0{,}35\ m)^2 \cdot 1{,}45\ m \approx 0{,}558\ m^3$ $V_{Hk} = \frac{2}{3}\pi \cdot (0{,}35\ m)^3 \approx 0{,}0898\ m^3$ $V_{Ges} \approx 0{,}6478\ m^3$	1 P	
b) $O = O_{Hk} + M_z + G_z$; $O = 0{,}77m^2 + 3{,}189\ m^2 + 0{,}385\ m^2$; $O \approx 4{,}344\ m^2$	1 P	2 P
6. a) $V = \pi \cdot (3\ dm)^2 \cdot 3\ dm + \frac{1}{3}\pi \cdot (3\ dm)^2 \cdot 9\ dm \approx 169{,}6\ l$ b) $V = \left[\frac{1}{3}\pi \cdot (2\ dm)^2 \cdot 8{,}5\ dm\right] \cdot 2 \approx 71{,}2\ l$	je 2 P	4 P
7. $r = \sqrt{\frac{O}{4\pi}}$, $r \approx 8{,}224\ cm$, $V \approx 2\,330\ cm^3$		2 P
8. $8\ l = 8\,000\ cm^3$ $\quad$ r der Kugel $\approx 12{,}4\ cm$; $O_K \approx 1\,934{,}4\ cm^2$ a des Würfels: 20 cm; $O_W = 2\,400\ cm^2$	je 2 P	4 P
9. $O = \pi r^2 + \pi rs \Leftrightarrow \pi r^2 + \pi rs - O = 0 \Leftrightarrow r^2 + rs - \frac{O}{\pi} = 0$; $r \approx 5\ cm$	1 P	
$h^2 + r^2 = s^2 \Rightarrow h = \sqrt{s^2 - r^2}$; $h \approx 10{,}9\ cm$	$\frac{1}{2}$ P	
$V = \frac{1}{3}\pi r^2 h$; $V \approx 285{,}6\ cm^3$	$\frac{1}{2}$ P	2 P
		22 P

Lösungen zu Seite 11

1. Das Flugzeug benötigt 150 Minuten, also $2\frac{1}{2}$ Stunden.		2 P
2. a) 6 C-Rohre müssen eingesetzt werden. b) Es müssen 10 C-Rohre eingesetzt werden.	je 1 P	2 P
3. Der Hersteller hat den Preis um 5 % erhöht.		2 P
4. 800 Personen sind beschäftigt.		2 P
5. Frau Krause muss 23,33 € Zinsen bezahlen.		2 P
6. Es sind rund 13 280 000 Einwohner zu erwarten ($8\,500\,000 \cdot 1{,}018^{25}$).		2 P
7. Der Punktedurchschnitt beträgt 7,9 Punkte.		2 P
8. Sie müssen 720 (6!) mal auf den Sessellift steigen.		2 P
9. $p = \frac{42}{132}\ \left(= \frac{7}{22} \approx 31{,}8\ \%\right)$ $(2 \cdot 11 + 10 \cdot 2 = 42;\ 12 \cdot 11 = 132)$		2 P
		18 P

Insgesamt sind 108 Punkte im Text zu erreichen. Addieren Sie Ihre erreichten Punkte und prüfen Sie, in welchem Farbbereich Ihre Leistung angesiedelt ist. Im gelben Bereich sollten Sie dieses Buch intensiv durcharbeiten, Ihre Vorkenntnisse für die gymnasische Oberstufe weisen bedenkliche Lücken auf. Im grünen Bereich sind die Grundlagen für die Sekundarstufe II ausreichend und besser, im blauen Bereich sogar gut bis sehr gut.

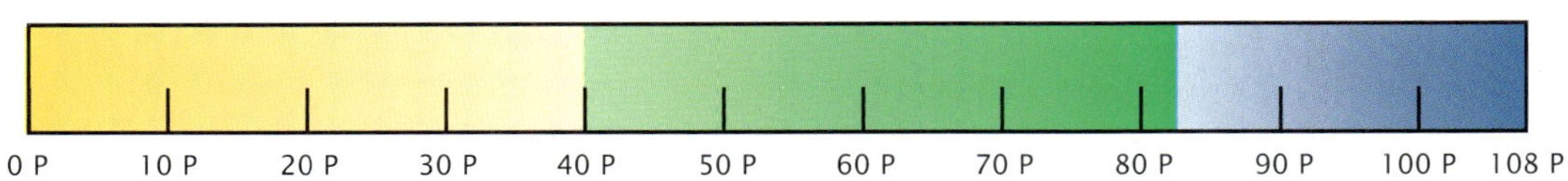

LÖSUNGEN

Lösungen zu Seite 12

1. a) $(8{,}8 + 1{,}2) + 15{,}4 = 10 + 15{,}4 = 25{,}4$
   b) $2{,}8 + (5{,}7 + 0{,}3) = 2{,}8 + 6 = 8{,}8$
   c) $(4 \cdot 2{,}5) \cdot 1{,}7 = 10 \cdot 1{,}7 = 17$
   d) $7 \cdot (6 \cdot 0{,}5) = 7 \cdot 3 = 21$

2. a) $(27 + 3) + (56 + 4) = 30 + 60 = 90$
   b) $(4 \cdot 25) \cdot (2 \cdot 5) = 100 \cdot 10 = 1\,000$
   c) $(175 + 25) + 14 = 200 + 14 = 214$
   d) $(125 \cdot 8) \cdot 6 = 1\,000 \cdot 6 = 6\,000$

3 a)

a	b	c	b + c	a (b + c)	a · b	a · c	a · b + a · c
6	3	8	11	66	18	48	66

b)

a	b	c	b – c	a (b – c)	a · b	a · c	a · b – a · c
4	15	3	12	48	60	12	48

4 a) Distributivgesetz und Kommutativgesetz
  b) Kommutativgesetz

5 a) $4(44 + 6) = 200$
  b) $3 \cdot (1{,}25 - 0{,}25) = 3$
  c) $8 \cdot (625 + 375) = 8\,000$

Lösungen zu Seite 13

1. a) $u = y - 6 + x + 2y + 1{,}5 + 3x - 2$
   $u = 4x + 3y - 6{,}5$
   $u = 4 \cdot 5{,}5 + 3 \cdot 9 - 6{,}5$
   $u = 42{,}5$

   b) $u = 2a + 2a - 0{,}5 + a + 2a - 0{,}1$
   $u = 7a - 0{,}6$
   $u = 7 \cdot 1{,}3 - 0{,}6$
   $u = 8{,}5$

   c) $u = 2x - 1{,}2 + y + y + 2{,}5 + 3x$
   $u = 5x + 2y + 1{,}3$
   $u = 5 \cdot 2{,}6 + 2 \cdot 1{,}8 + 1{,}3$
   $u = 17{,}9$

2. a) $5(2x + 3) = 8x - 6$
   $10x + 15 = 8x - 6$
   $2x = -21$
   $x = -10{,}5$

   b) $2(3x + 4) = 8(2x - 4)$
   $6x + 8 = 16x - 32$
   $-10x = -40$
   $x = 4$

   c) $-4(x - 7) = 2x + 4$
   $-4x + 28 = 2x + 4$
   $-6x = -24$
   $x = 4$

Lösungen zu Seite 14

1. a) $(x + 7)(5 + y)$
   $= 5x + xy + 35 + 7y$
   $= 5x + 7y + xy + 35$

   b) $(4x + 9)(-3 + 2x)$
   $= -12x + 8x^2 - 27 + 18x$
   $= 8x^2 + 6x - 27$

   c) $(3x - 2y)(6x - 4y) + (x + 3y)(2x - y)$
   $= 18x^2 - 12xy - 12xy + 8y^2 + 2x^2 - xy + 6xy - 3y^2$
   $= 20x^2 + 5y^2 - 19xy$

2. a) $(2x + y)(4 + 3x) - 6x + 9$
   $= 8x + 6x^2 + 4y + 3xy - 6x + 9$
   $= 6x^2 + 2x + 4y + 3xy + 9$

   b) $3a - 6 + (2a - 4)(3a + 5) + 2b$
   $= 3a - 6 + 6a^2 + 10a - 12a - 20 + 2b$
   $= 6a^2 + a + 2b - 26$

   c) $(4b - 2a)(5 + b) + 3(2b + 4a)$
   $= 20b + 4b^2 - 10a - 2ab + 6b + 12a$
   $= 4b^2 + 2a + 26b - 2ab$

   d) $2x + 4(x - 10) + 4 + (5x - 8)(1 + x)$
   $= 2x + 4x - 40 + 4 + 5x + 5x^2 - 8 - 8x$
   $= 5x^2 + 3x - 44$

3. a) $(3y - 2)(5 - 8y) = 21 - 24y^2$
   $15y - 24y^2 - 10 + 16y = 21 - 24y^2$
   $31y - 10 = 21$
   $31y = 31$
   $y = 1$

   b) $(3x + 4)(4x + 3) = (2x + 6)(6x + 2)$
   $12x^2 + 9x + 16x + 12 = 12x^2 + 4x + 36x + 12$
   $25x + 12 = 40x + 12$
   $-15x = 0$
   $x = 0$

4. $4x(2x - 9) - 10x = (x - 7)(8x - 4) - 2(x + 4)$
   $8x^2 - 36x - 10x = 8x^2 - 4x - 56x + 28 - 2x - 8$
   $-46x = -62x + 20 \quad | +62x$
   $16x = 20$
   $x = \frac{20}{16} = \frac{10}{8} = \frac{5}{4} = 1{,}25$

Lösungen zu Seite 15

1. a) $25x^2 + 100x + 100$
   b) $-16a^2 + 49$
   c) $4x^2 - 12x + 9$
   d) $0{,}25x^2 + 0{,}3x + 0{,}09$
   e) $49x^2 - 168x + 144$
   f) $64z^2 - 36$
   g) $81x^2 + 270x + 225$
   h) $0{,}04x^2 - 0{,}04x + 0{,}01$

2. a) $(2b + 3)^2$
   b) $(0{,}5x + 1{,}5)(0{,}5x - 1{,}5)$
   c) $(3y - 8)^2$
   d) $(a + 4y)^2$

3. a) $x^2 + 4x + \mathbf{4} = (x + \mathbf{2})^2$
   b) $x^2 - 16x + \mathbf{64} = (x - \mathbf{8})^2$
   c) $25x^2 + 20x + \mathbf{4} = (\mathbf{5x} + \mathbf{2})^2$
   d) $9x^2 - 30x + \mathbf{25} = (\mathbf{3x} - \mathbf{5})^2$

Lösungen zu Seite 15

4. a) $4x^2 - 8x + 4 = 4x^2 - 4$
$-8x = -8$
$x = 1$

b) $4y^2 - 4y + 1 = 4y^2 - 7$
$-4y = -8$
$y = 2$

c) $25x^2 + 30x + 9 = 25x^2 + 39$
$30x = 30$
$x = 1$

5. a) $5x - (2x + 4)^2 = 17 - 4x^2$
$5x - 4x^2 - 16x - 16 = 17 - 4x^2$
$-11x = 33$
$x = -3$

b) $18 - (4x - 3)^2 = 9 - 16x^2$
$18 - 16x^2 + 24x - 9 = 9 - 16x^2$
$24x = 0$
$x = 0$

c) $(x + 5)^2 - (x - 3)^2 = 12(x + 4)$
$x^2 + 10x + 25 - x^2 + 6x - 9 = 12x + 48$
$16x + 16 = 12x + 48$
$4x = 32$
$x = 8$

Lösungen zu Seite 16

1. a) $x \neq 0$ b) $b \neq -5$ c) $a \neq 5$ d) $b \neq 2{,}5$ e) $y(y - 9)$: $y \neq 0$; $y \neq 9$ f) $(x + 2)^2$: $x \neq -2$

2. a) $\frac{a}{2b^2}$ b) $4xy$ c) $\frac{5(2x+5)}{5x} = \frac{2x+5}{x}$ d) $\frac{3(x-4)}{(x-4)(x-4)} = \frac{3}{x-4}$ e) $\frac{3(x+5)}{(x+5)(x+5)} = \frac{3}{x+5}$

3. a) $\frac{4}{cy}$ b) $-\frac{2(x-3)}{3}$ c) Hn: $9x$ $\frac{12}{9x} + \frac{5x}{9x} = \frac{12+5x}{9x}$ d) Hn: $5(a + 2)$ $\frac{15}{5(a+2)} - \frac{2a(a+2)}{5(a+2)} = \frac{15-2a^2-4a}{5(a+2)}$

4. a) Hn: $4(x + 2)$ $\frac{3x}{4(x+2)} + \frac{5x \cdot 4}{4(x+2)} = \frac{23x}{4(x+2)}$
b) $\frac{3y \cdot (y+2)(y-2)}{(y+2)(y+2) \cdot 4y} = \frac{3(y-2)}{4(y+2)}$
c) Hn: $15(2x + 1)$ $\frac{(4x+6) \cdot 3}{15(2x+1)} - \frac{(3x+2) \cdot 5}{15(2x+1)} = \frac{-3x+8}{15(2x+1)}$

Lösungen zu Seite 17

1. a) $G = Q\backslash\{0\}$
$4(a - 3) = 6a$
$4a - 12 = 6a$
$-2a = 12$
$a = -6$

b) $G = Q\backslash\left\{-\frac{4}{3}\right\}$
$28 = 3x + 4$
$24 = 3x$
$x = 8$

c) $G = Q\backslash\{0; 2\}$
$12x = 15x - 30$
$-3x = -30$
$x = 10$

d) $G = Q\backslash\{2; -4\}$
$x = 14$

e) $G = Q\backslash\{-3; -4\}$
$x = -8$

f) $G = Q\backslash\left\{0{,}5; \frac{7}{8}\right\}$
$x = 3$

2. a) Hn: x $\frac{8x}{x} + \frac{7x}{x} = 5x$
$15 = 5x$
$x = 3$

b) Hn: $12x$ $\frac{12x}{2x} + \frac{12x}{3x} = \frac{12x}{4}$
$6 + 4 = 3x$
$10 = 3x$
$x = \frac{10}{3} = 3\frac{1}{3}$

c) Hn: $6x$ $\frac{8 \cdot 6x}{3x} - \frac{2 \cdot 6x}{6x} = \frac{4 \cdot 6x}{x} + \frac{5 \cdot 6x}{6}$
$16 - 2 = 24 + 5x$
$x = -2$

3. a) Hn: $4(3x - 1)(2x + 1)$
$(6x + 8)(2x + 1) = (2x + 6)(6x - 2)$
$x = 2$

b) Hn: $4(2x - 1)$
$(2x + 1)2 = 6x - 1$
$x = \frac{3}{2}$

c) Hn: $(x + 2)(x - 2)$
$5(x + 2) = 2x$
$x = -3\frac{1}{3}$

Lösungen zu Seite 18

1. a) $a = \frac{u}{4}$ b) $b = u - a - c$ c) $c = u - a - b$ d) $b = \frac{u}{2} - a$

2. a) $c = \frac{V}{ab}$; $c = 1{,}4$ cm b) $G = \frac{W \cdot 100}{P}$; $G = 600$ €

3. a) $m = \rho \cdot V$; $V = \frac{m}{\rho}$ b) $s = v \cdot t$; $t = \frac{s}{v}$ c) $a = \frac{2V}{h} - c$; $c = \frac{2V}{h} - a$; $h = \frac{2V}{a+c}$

4 a) $f = \frac{g \cdot b}{b+g}$ b) $= \frac{f \cdot g}{g-f}$

Lösungen zu Seite 19

1. a) $x = 3$; $y = 2$
   b) $y = 4$; $x = -8$
   c) $x = 7$; $y = 5$

2. a) I $-5x + 3y = 2$
   II $5x - 7y = -38$
   $y = 9;\ x = 5$
   b) I $6x + 3y = 33$
   II $5x - 3y = 11$
   $x = 4;\ y = 3$
   c) I $-4x - 3y = -32$
   II $7x + 3y = 47$
   $x = 5;\ y = 4$

3. a) I $2x - 7y = -71 \mid \cdot 5$
   II $7x + 5y = 76 \mid \cdot 7$
   $x = 3;\ y = 11$
   b) I $3x - 7y = 1 \mid \cdot 4$
   II $2x + 4y = 18 \mid \cdot 7$
   $x = 5;\ y = 2$
   c) I $4x + 3y = 37 \mid \cdot 3$
   II $3x + 4y = 40 \mid \cdot (-4)$
   $y = 7;\ x = 4$

Lösungen zu Seite 20

1. a) $x = 1{,}5;\ y = 3{,}5$
   b) $x = 4;\ y = 2$
   c) $x = 6;\ y = -1$

2. a) II $y = 20 + 7x$
   Einsetzen in I
   I $5x + 20 + 7x = -4$
   $x = -2;\ y = 6$
   b) II $x = 2y + 1$
   Einsetzen in I
   I $2{,}5(2y + 1) - 8y = 4$
   $y = -0{,}5;\ x = 0$
   c) II $y = -5x + 10$
   Einsetzen in I
   I $2x - 7(-5x + 10) = 4$
   $x = 2;\ y = 0$

3. a) $x = 2;\ y = -2{,}5$
   b) $y = 2;\ x = 8$
   c) $x = 5;\ y = 5$

Lösungen zu Seite 21

1. a) $y = -4;\ x = -3$
   b) $x = -5;\ y = -8$
   c) $x = -8;\ y = 12$

2. a) $x = 3;\ y = 1{,}75$
   b) $x = 1;\ y = -4{,}5$
   c) $x = -1;\ y = 2$

3. a) $x = 0{,}25;\ y = 2{,}5$
   b) $x = -12;\ y = 15$
   c) $x = 12;\ y = 9$

Lösungen zu Seite 22

1. a) $x^2 - 8x - 6 = 0$
   $p = -8;\ q = -6$
   b) $x^2 - 3{,}5x + 10{,}5 = 0$
   $p = -3{,}5;\ q = 10{,}5$
   c) $x^2 + 2x + 6 = 0$
   $p = 2;\ q = 6$
   d) $x^2 - 5x + 13\frac{1}{3} = 0$
   $p = -5;\ q = 13\frac{1}{3}$

2. a) $x_1 = -12;\ x_2 = 12$
   b) $x_1 = -\sqrt{7};\ x_2 = \sqrt{7}$
   c) $x_1 = -\frac{4}{5};\ x_2 = \frac{4}{5}$
   d) $x_1 = -1{,}5;\ x_2 = 1{,}5$

3. a) $x(x - 12) = 0$
   $x_1 = 0;\ x_2 = 12$
   b) $x(x + 5{,}6) = 0$
   $x_1 = 0;\ x_2 = -5{,}6$
   c) $x\left(x - \frac{2}{3}\right) = 0$
   $x_1 = 0;\ x_2 = \frac{2}{3}$
   d) $2x(x - 4) = 2$
   $x_1 = 0;\ x_2 = 4$

Lösungen zu Seite 23

1. a) $x^2 + 2x + 1 - 1 - 15 = 0$
   $(x + 1)^2 - 4^2 = 0$
   $(x + 1 + 4)\,(x + 1 - 4) = 0$
   $(x + 5)\,(x - 3) = 0$
   $x_1 = -5;\ x_2 = 3$
   b) $x^2 - 4x + 4 - 4 - 21 = 0$
   $(x - 2)^2 - 5^2 = 0$
   $(x - 2 + 5)\,(x - 2 - 5) = 0$
   $(x + 3)\,(x - 7) = 0$
   $x_1 = -3;\ x_2 = 7$
   c) $x^2 - 4x - 32 = 0$
   $x^2 - 4x + 4 - 4 - 32 = 0$
   $(x - 2)^2 - 6^2 = 0$
   $(x - 2 + 6)\,(x - 2 - 6) = 0$
   $x_1 = -4;\ x_2 = 8$
   d) $x^2 + 2x - 48 = 0$
   $x^2 + 2x + 1 - 1 - 48 = 0$
   $(x + 1)^2 - 7^2 = 0$
   $(x + 1 + 7)\,(x + 1 - 7) = 0$
   $x_1 = -8;\ x_2 = 6$

2. a) $p = -4;\ q = -77$
   $x_{1/2} = 2 \pm \sqrt{4 + 77}$
   $x_{1/2} = 2 \pm 9$
   $x_1 = 11;\ x_2 = -7$
   b) $p = 8;\ q = 16$
   $x_{1/2} = -4 \pm \sqrt{16 - 16}$
   $x = -4$
   c) $p = 4{,}5;\ q = -17{,}5$
   $x_{1/2} = -2{,}25 \pm \sqrt{2{,}25^2 + 17{,}5}$
   $x_{1/2} = -2{,}25 \pm 4{,}75$
   $x_1 = 2{,}5;\ x_2 = -7$
   d) $p = -0{,}5;\ q = -22{,}5$
   $x_{1/2} = 0{,}25 \pm \sqrt{0{,}25^2 + 22{,}5}$
   $x_{1/2} = 0{,}25 \pm 4{,}75$
   $x_1 = 5;\ x_2 = -4{,}5$

Lösungen zu Seite 23

3. a) nein: $7 \cdot (-18) \neq -336$ b) x_1 und x_2 sind Lösungen c) nein: $4{,}5 - 4 \neq -0{,}5$ d) nein: $\frac{1}{5} \cdot \frac{1}{3} \neq -\frac{1}{15}$

Lösungen zu Seite 24

1. a) $1\frac{1}{7}$ b) $\frac{1}{4}$ c) $9\frac{2}{5}$ d) $3\frac{2}{3}$ e) $4\frac{2}{3}$

2. a) $\frac{1}{18}$ b) $1\frac{13}{28}$ c) $3\frac{31}{35}$ d) $2\frac{8}{15}$ e) $1\frac{5}{18}$

3. a) $\frac{5}{8}$ b) $3\frac{1}{2}$ c) $1\frac{1}{15}$ d) $3\frac{1}{4}$ e) $\frac{10}{19}$

Lösungen zu Seite 25

1. a) $\frac{3}{4}$ u. $-0{,}75$; $-\frac{2}{5}$ u. $0{,}4$; $1\frac{2}{3}$ u. $-\frac{10}{6}$; $-1{,}8$ u. $\frac{18}{10}$; -4 u. $\frac{20}{5}$; $2{,}5$ u. $-\frac{5}{2}$

2. a) $-0{,}26 > -2{,}6$ b) $|1{,}4| = |-1\frac{2}{5}|$ c) $|0{,}02| < |-255|$ d) $|-3{,}5| > 0$

3. a) -19 b) -22 c) $-9{,}3$ d) $-11{,}5$ e) $-1\frac{3}{20}$
   f) 34 g) -33 h) $-2{,}1$ i) $-2{,}6$ j) $\frac{1}{8}$
   k) -3 l) -36 m) -24 n) 5 o) 2

Lösungen zu Seite 26

1. a) $(3x + 4)(3x + 4)(3x + 4)(3x + 4)$ b) $3x + 4 \cdot 4 \cdot 4 \cdot 4$ c) $3(x + 4)(x + 4)(x + 4)(x + 4)$
   d) $\frac{4y \cdot 4y \cdot 4y}{3}$ e) $\frac{4 \cdot y \cdot y \cdot y}{3}$ f) $\left(\frac{4y}{3}\right)\left(\frac{4y}{3}\right)\left(\frac{4y}{3}\right)$
   g) aaabbbb h) 3a3a3abbbb i) $-3 \cdot 3 \cdot 3 \cdot 2 \cdot aaa$
   j) xxxx + yyyy k) 2aaab2aaab l) $(-4)(-4)(-4) - x \cdot x$

2. a) $(-2)^4 > -2^4$ b) $3^2 > 2^3$ c) $2^5 > 2 \cdot 5$ d) $10^2 < 2^{10}$

3. a) $x^4 - 3^5$ b) $a^3 + (-2)^2$ c) $4^3 \cdot 5^2$ d) $x^3 \cdot (-3)^2$

4. a) 32 b) -7 c) 64 d) 2 e) $\frac{1}{8}$ f) 3

5. a) $60x^7y^3$ b) $\frac{5a^7}{2b^2}$ c) $3s^7t^4$ d) $\frac{1}{4y^4}$

Lösungen zu Seite 27

1. a) $\frac{1}{4^3} = \frac{1}{64}$ b) $\frac{1}{2^6} = \frac{1}{64}$ c) $\frac{1}{10^3} = \frac{1}{1000}$ d) $\frac{1}{(-5)^2} = \frac{1}{25}$ e) $\frac{1}{10^1} = \frac{1}{10}$ f) $\frac{1}{2^4} = \frac{1}{16}$

2. a) 2,370 b) 39,063 c) 15,625 d) 1 111,111 e) 2,074

3.

Basis \ Exponent	0	−1	−2	−3	−4
1	1	1	1	1	1
2	1	0,5	0,25	0,125	0,0625
10	1	0,1	0,01	0,001	0,0001
−1	1	−1	1	−1	1
−2	1	−0,5	0,25	−0,125	0,0625
−10	1	−0,1	0,01	−0,001	0,0001

Lösungen zu Seite 27

4. a) $2ab^2$ b) v^3z^{-2} c) $\frac{2}{5}a^6b^{-2}$ d) $u^4v^3w^{-3}$

5. a) $\frac{m}{s}$ b) $\frac{m}{s^2}$ c) $\frac{kgm^2}{s^2}$ d) $\frac{g}{cm^3}$ e) $\frac{kgm}{s^2}$

Lösungen zu Seite 28

1. a) 6^{10} b) 2^{-7} c) 10^3 d) $\left(\frac{1}{2}\right)^7$

2. a) $8\ (= 8^1)$ b) 4^{-7} c) 10^{-2} d) $0{,}2^{14}$

3. a) $4^{-4} = \frac{1}{4^4}$ b) $3^{-6} = \frac{1}{3^6}$ c) $10^{-4} = \frac{1}{10^4}$ d) $0{,}5^{-2} = \frac{1}{0{,}5^2}$

4. a) x^{3n-1} b) y^{z-3} c) m^{4x-8}

5.

Term	Termvereinfachung	x	Wert der Potenz	x	Wert der Potenz
$10^{3x-4} \cdot 10^{2x+3}$	10^{5x-1}	6	10^{29}	4	10^{19}
$2^{-3+x} : 2^{-4-2x}$	2^{3x+1}	4	2^{13}	2	2^7

Lösungen zu Seite 29

1. a) $1^6 = 1$ b) $1^{-9} = 1$ c) $2^4 = 16$ d) $\left(\frac{1}{2}\right)^3 = \frac{1}{8}$

2. a) $5^3 = 125$ b) $2^{-5} = \frac{1}{32}$ c) $10^{-6} = \frac{1}{1\,000\,000}$ d) $100^2 = 10\,000$

3. a) m^{n+1} b) $\left(\frac{1}{2}\right)^5$ c) $(2ab^2)^{-7}$ d) $\left(\frac{u}{2}\right)^{-2}$

4. a) 3^{20} b) 6^{-24} c) 10^{30} d) 3^{-4}

5. a) $(b^4)^3 = b^{12}$ b) $(a^{-5})^{-2} = a^{10}$ c) $(x^{-4})^{2x-1}$

6. a) x^{8n-12} b) y^{6z^2+3z} c) m^{2y^2-y-6}

7. a) $a^{6n-4} \cdot a^{12-4n} = a^{2n+8}$ b) $b^{6u-9v} \cdot b^{-20v-5u} = b^{u-29v}$ c) $\frac{m^{8+12n} \cdot m^{4n-1}}{m^{-3n+3}} = \frac{m^{16n+7}}{m^{-3n+3}} = m^{19n+4}$
   d) x^{-2t-30} e) $y^{mn+3m} \cdot y^{-4m+2mn} = y^{3mn-m}$ f) $a^{-nm+3n} \cdot a^{-2m+nm} = a^{3n-2m}$

Lösungen zu Seite 30

1. a) $1 \cdot 10^2$ b) $1 \cdot 10^6$ c) $1 \cdot 10^4$ d) $1 \cdot 10^{12}$ e) $1 \cdot 10^9$ f) $1 \cdot 10^1$

2. a) $3{,}6 \cdot 10^5$ b) $8{,}002 \cdot 10^8$ c) $6 \cdot 10^8$ d) $3{,}8 \cdot 10^{10}$ e) $5 \cdot 10^5$ f) $7{,}084 \cdot 10^8$

3. a) 51 300 000 b) 1 926 000 c) 208 000 d) 470 200 000

4. a) $3 \cdot 10^5\ \frac{km}{s}$ b) $3 \cdot 10^8\ \frac{m}{s}$

5. a) $1 \cdot 10^{-2}$ b) $1 \cdot 10^{-6}$ c) $1 \cdot 10^{-4}$ d) $1 \cdot 10^{-9}$

6. a) $3{,}6 \cdot 10^{-3}$ b) $2{,}07 \cdot 10^{-4}$ c) $5 \cdot 10^{-9}$ d) $2 \cdot 10^{-10}$ e) $3{,}8 \cdot 10^{-10}$

7. a) 0,0000418 b) 0,0000000001926 c) 0,000004 d) 0,000000009604

8. $1\ mm = 10^{-1}\ cm = 10^{-2}\ dm = 10^{-3}\ m = 10^{-6}\ km$

Lösungen zu Seite 31

1. a) $2{,}265 \cdot 10^{16}$ b) $1{,}998 \cdot 10^{25}$ c) $1{,}575 \cdot 10^{13}$

2. Die mittlere Entfernung Sonne – Neptun beträgt $4{,}5 \cdot 10^9$ km.

Lösungen zu Seite 31

3. a) $9{,}5 \cdot 10^4$ b) $1{,}6 \cdot 10^{11}$ c) $5 \cdot 10^5$

4. Die Masse der Sonne ist ca. $3{,}3 \cdot 10^5$ mal so groß.

5. a) $2{,}132 \cdot 10^{-13}$ b) $1{,}66 \cdot 10^{-7}$ c) $6{,}4 \cdot 10^5$

6. a) $7{,}5 \cdot 10^{-6}$ b) $1{,}25 \cdot 10^{13}$ c) $1 \cdot 10^{-15}$

7. Es sind ca. $5{,}98 \cdot 10^{23}$ ($\approx 6 \cdot 10^{23}$) Atome enthalten.

8. a) $60 \cdot 60 \cdot 24 \cdot 365 = 3{,}1536 \cdot 10^7$ Das Jahr hat $3{,}1536 \cdot 10^7$ Sekunden.
   b) $3{,}1536 \cdot 10^7\ \text{s} \cdot 3 \cdot 10^5\ \frac{\text{km}}{\text{s}} = 9{,}4608 \cdot 10^{12}\ \text{km}$ Es sind rund $9{,}5 \cdot 10^{12}$ km.

9. Atomdurchmesser: ca. 10^{-7} mm $1\ \text{mm} : (1 \cdot 10^{-7}\ \text{mm}) = 1 \cdot 10^7$ Es sind ca. 10^7 Atome.

Lösungen zu Seite 32

1. a) 12 b) 7 c) 0,4 d) $\frac{4}{6} = \frac{2}{3}$

2. a) $\sqrt[2]{289} = 17$ b) $\sqrt[4]{0{,}0081} = 0{,}3$ c) $\sqrt[8]{256} = 2$ d) $\sqrt[4]{\frac{81}{625}} = \frac{3}{5}$

3. a) 1,414 b) 2,154 c) 1,495 d) 0,866

4. a) 2,646 m b) 2,191 m c) 3,536 m d) 31,62 m

5. a) 1,26 cm b) 1,77 m c) 5,85 dm d) 4,64 mm

Lösungen zu Seite 33

1. a) $\sqrt{81} = 9$ b) $\sqrt{144} = 12$ c) $\sqrt[3]{1\,000} = 10$ d) $\sqrt[3]{216} = 6$

2. a) $\sqrt{36} = 6$ b) $\sqrt[5]{243} = 3$ c) $\sqrt[3]{8} = 2$ d) $\sqrt[3]{343} = 7$

3. a) $\sqrt[6]{25} \approx 1{,}71$ b) $\sqrt[12]{100} \approx 1{,}47$ c) $\sqrt[9]{91} \approx 1{,}65$ d) $\sqrt[10]{0{,}4} \approx 0{,}91$

4. a) $\sqrt{4} \cdot \sqrt{3} = 2 \cdot \sqrt{3}$ b) $\sqrt[3]{8} \cdot \sqrt[3]{2} = 2 \cdot \sqrt[3]{2}$ c) $\sqrt{25} \cdot \sqrt{5} = 5 \cdot \sqrt{5}$ d) $\frac{\sqrt{3}}{4}$

5. a) $\sqrt[5]{(8^3)^5} = 8^3$ b) $\sqrt[4]{(7^2)^4} = 7^2$ c) $\sqrt[4]{(5^3)^4} = 5^3$ d) $\sqrt[3]{(7^6)^3} = 7^6$

6. a) $a \cdot \sqrt{5}$ b) $3x$ c) $a \cdot b^2\sqrt{5}$ d) $2\sqrt{2}\,a^3b$
   e) a^3 f) a^5 g) $(ab)^5$ h) $(xy)^4$

7. a) $\frac{a^2 \cdot \sqrt{2}}{b^3}$ b) $\frac{\sqrt{a}}{7}$ c) $\frac{3a^2}{\sqrt{b^3}}$ d) $\frac{3a^2 \cdot \sqrt{3}}{b} \cdot \frac{b^3}{\sqrt{3} \cdot a} = 3ab^2$

Lösungen zu Seite 34

1. a) $\sqrt[5]{10^4}$ b) $\sqrt{3}$ c) $\sqrt{7^5}$ d) $\sqrt[6]{0{,}5^7}$

2. a) $8^{\frac{7}{5}}$ b) $7^{\frac{8}{3}}$ c) $5^{\frac{11}{5}}$ d) $7^{\frac{2}{3}}$

3. a) $2^{\frac{12}{4}} = 2^3 = 8$ b) $10^{-\frac{8}{4}} = 10^{-2} = 0{,}01$ c) $3^{\frac{12}{4}} = 3^3 = 27$ d) $7^{-\frac{6}{3}} = 7^{-2} = \frac{1}{49}$

4. a) 81 b) 3 c) $\frac{1}{9}$ d) 1
   e) 27 f) $\frac{1}{27}$ g) $\frac{1}{3}$ h) $\frac{1}{81}$

5. a) $8{,}27^{\frac{1}{4}} = \sqrt[4]{8{,}27}$ b) $26{,}8^{\frac{16}{10}} = 26{,}8^{\frac{8}{5}} = \sqrt[5]{26{,}8^8}$ c) $2{,}713^{\frac{375}{100}} = 2{,}713^{\frac{15}{4}} = \sqrt[4]{2{,}713^{15}}$
   d) $19{,}4^{\frac{216}{100}} = 19{,}4^{\frac{54}{25}} = \sqrt[25]{19{,}4^{54}}$ e) $3{,}8^{\frac{85}{1000}} = 3{,}8^{\frac{17}{200}} = \sqrt[200]{3{,}8^{17}}$

Lösungen zu Seite 35

1. a) $a^{1,8} = a^{\frac{18}{10}} = a^{\frac{9}{5}} = (\sqrt[5]{a})^9$ b) $x^{0,4} = x^{\frac{2}{5}} = (\sqrt[5]{x})^2$ c) $4^{\frac{2}{3}} = (\sqrt[3]{4})^2$ d) $y^{2,5} = y^{\frac{5}{2}} = (\sqrt{y})^5$

2. a) $a^{\frac{5}{4}} = (\sqrt[4]{a})^5$ b) $a^{\frac{1}{6}} = \sqrt[6]{a}$ c) $p^{\frac{1}{3}} = \sqrt[3]{p}$ d) $= \left[\left(\frac{a}{b}\right)^{\frac{4}{7}}\right]^{\frac{7}{2}} = \left(\frac{a}{b}\right)^2$

3. a) $a^{\frac{12}{4}} \cdot a^{\frac{1}{6}} = a^{\left(3 + \frac{1}{6}\right)} = a^{\frac{19}{6}}$ b) $b^{\left(\frac{3}{4} - \frac{3}{5}\right)} = b^{0,15}$ c) $3^{\frac{7}{4} \cdot \frac{1}{2}} = 3^{\frac{7}{8}} = 3^{0,875}$ d) $x^{\left(\frac{3}{4} + \frac{5}{4}\right)} = x^2$

4. a) 3,322 b) 8,709 c) 15 000 d) 7,026

5. a) $3^{\frac{2}{2}} = 3$ b) $9^{\frac{\sqrt{2}}{2\sqrt{2}}} = 9^{\frac{1}{2}} = 3$ c) $2^{\sqrt{4} \cdot \sqrt{3} \cdot \sqrt{3}} = 2^6 = 64$ d) $10\,000^{\frac{1}{2}} = 100$

Lösungen zu Seite 36

1. a) D = {10 g, 20 g, 30 g, 40 g, 50 g, 60 g, 70 g, 80 g, 90 g, 100 g} W = {0,55 €, 0,95 €, 1,44 €}

b)

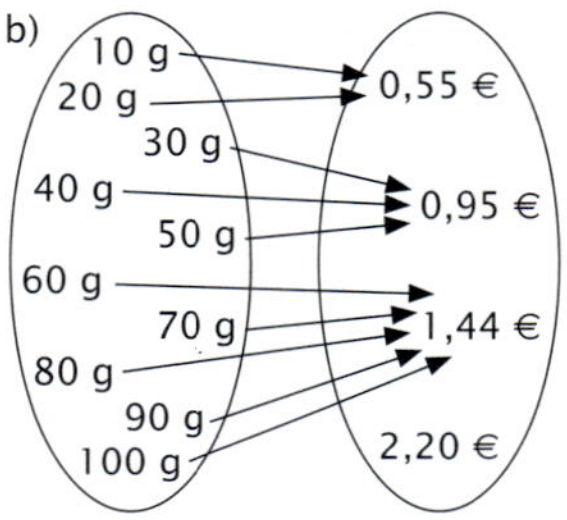

c)

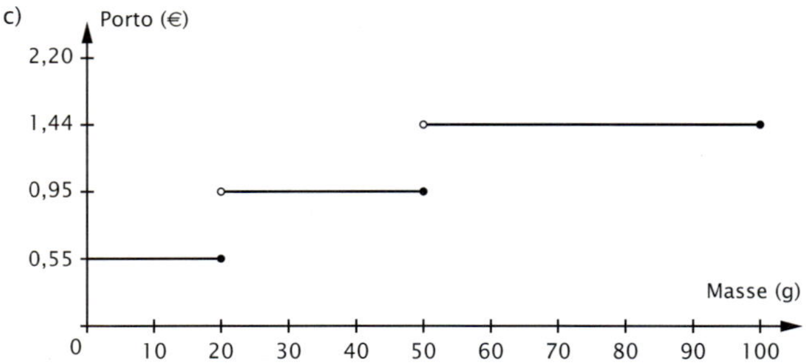

Lösungen zu Seite 37

1.

x	y
–3	–6,75
–2,5	–3,9...
–2	–2
–1,5	–0,84...
–1	–0,25
0	0
1	0,25
1,5	0,84...
2	2
2,5	3,9...
3	6,75

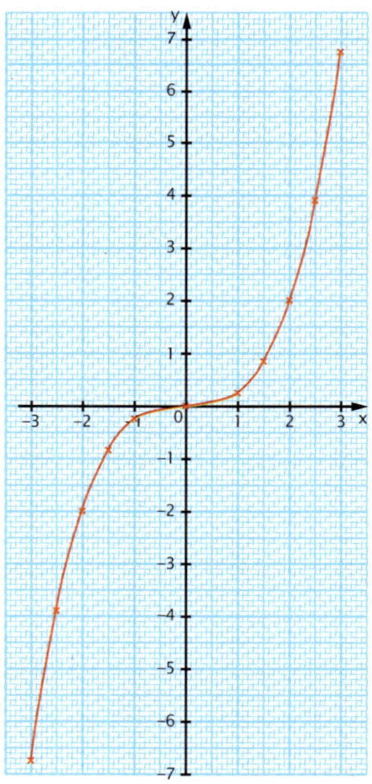

2.

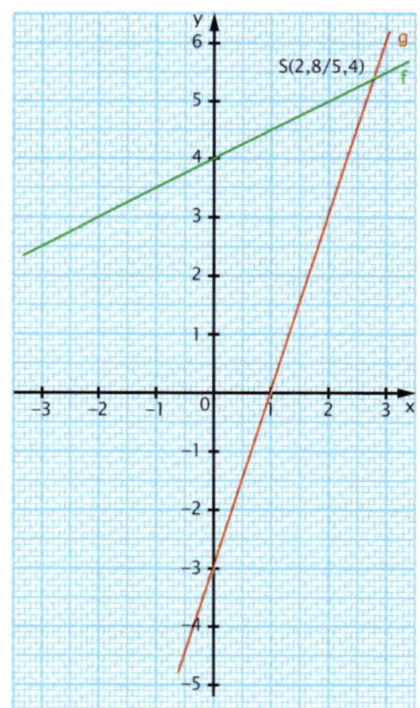

3. 1. ↔ f, 2. ↔ h, 3. ↔ g

Lösungen zu Seite 38

1. $\frac{y-(-2)}{x-(-1)} = \frac{8-(-2)}{3-(-1)} \Leftrightarrow \frac{y+2}{x+1} = \frac{10}{4}$ $\quad| \cdot (x+1)$

$\Leftrightarrow y + 2 = 2,5(x + 1) \quad | - 2$

$\Leftrightarrow \quad y = 2,5x + 0,5$

Lösungen zu Seite 38

2. Punkt-Steigungs-Form: $\frac{y-(-3,5)}{x-6} = -\frac{3}{4} \Leftrightarrow \frac{y+3,5}{x-6} = -\frac{3}{4} \quad | \cdot (x-6)$

$\Leftrightarrow y + 3,5 = -\frac{3}{4}(x-6) \quad | -3,5$

$\Leftrightarrow \quad y = -\frac{3}{4}x + 1$ Die Gerade schneidet die y-Achse an der Stelle –1.

3. $\frac{x}{-4} + \frac{y}{5} = 1 \; | \cdot (-20) \Leftrightarrow 5x - 4y = -20 \quad | -5x$

$-4y = -5x - 20 \quad | : (-4)$

$y = \frac{5}{4}x + 5$ Die Steigung ist $m = \frac{5}{4}$.

4. $m = \frac{-6}{2}$

$m = -3$

$y = -3x + 5$

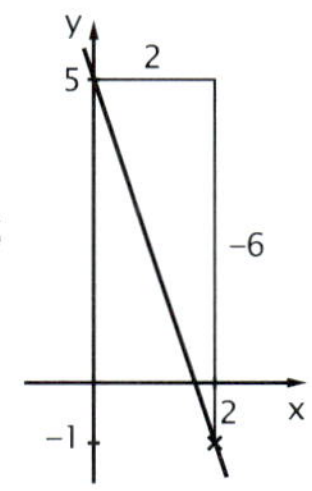

Lösungen zu Seite 39

1. a) $d = \sqrt{(10-2)^2 + (7,5-1,5)^2} = 10$

b) $d = \sqrt{(5,8+2)^2 + (-4,4+3)^2} \approx 7,925$

2. $0 = 2x - 11 \Leftrightarrow x = 5,5$

$d = \sqrt{11^2 + 5,5^2}$

$d \approx 12,3$

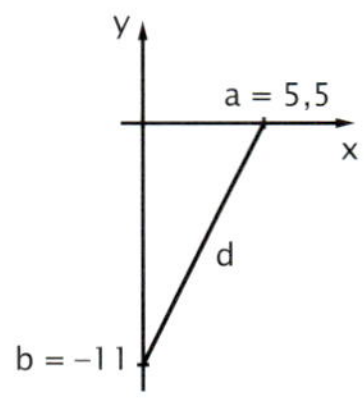

3. $M\left(\frac{5-1}{2} \middle| \frac{9+3}{2}\right)$

M(2|6) $\quad P_1(-3|-4)$

Zwei-Punkte-Form:

$\frac{y-6}{x-2} = \frac{-10}{-5} \Leftrightarrow y - 6 = 2(x-2)$

$\Leftrightarrow \quad y = 2x + 2$

4. a) $3 \cdot \frac{1}{3} = 1 \rightarrow$ nicht senkrecht

b) $-2 \cdot \frac{1}{2} = -1 \rightarrow$ senkrecht

c) $\frac{2}{3} \cdot \left(-\frac{3}{2}\right) = -1 \rightarrow$ senkrecht

d) $0,4 \cdot 2,5 = 1 \rightarrow$ nicht senkrecht

5. Die Gerade verläuft durch P(5/3) und hat die Steigung m = –2. Punkt-Steigungs-Form: $\frac{y-3}{x-5} = -2 \Leftrightarrow y = -2x + 13$

Lösungen zu Seite 40

1. a)

x	y
–5	0
–4	10
–3	16
–2	18
–1	16
0	10
1	0
–5,5	–6,5
1,5	–6,5

b) S(–2/18)

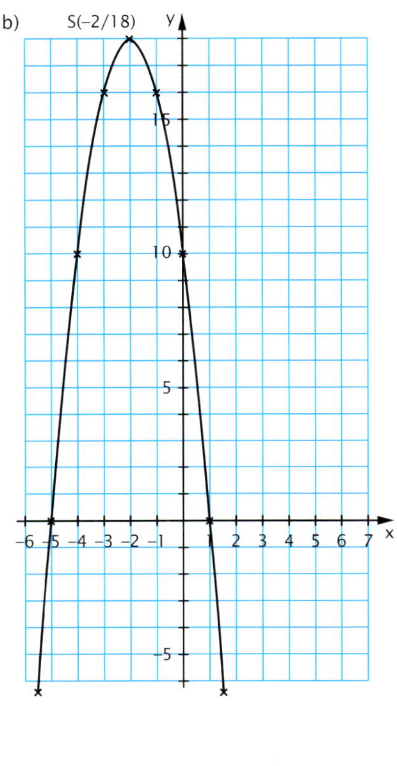

c) Symmetrieachse

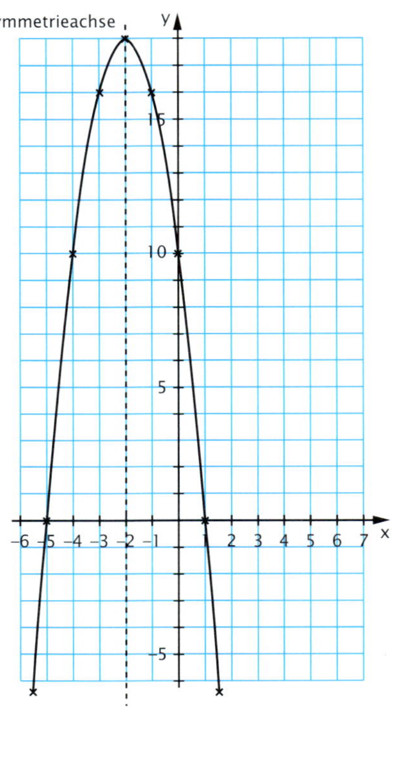

Lösungen zu Seite 41

1. a) ↔ IV, b) ↔ I, c) ↔ II, d) ↔ III

2. a) $y = x^2 + 4x + 4 - 4 - 1$

   $y = (x + 2)^2 - 5$

   $S(-2|-5)$

   b) $y = x^2 - 8x + 16 - 16 + 19$

   $y = (x - 4)^2 + 3$

   $S(4|3)$

   c) $y = x^2 - 3x + \frac{9}{4} - \frac{9}{4} + \frac{13}{4}$

   $y = \left(x - \frac{3}{2}\right)^2 + 1$

   $S\left(\frac{3}{2}\middle|1\right)$

Lösungen zu Seite 42

1. I. gehört zu (4), II. gehört zu (3) und III. gehört ebenfalls zu (3).

2. Der Graph von g(x) ist der um 3 Einheiten nach oben verschobene Graph von f(x).
   Der Graph von h(x) ist der um 3 Einheiten nach links verschobene Graph von f(x).

3. Zu (3): Für alle $x \in \mathbb{R}$ gilt $x_1 > x_2 \Rightarrow f(x_1) > f(x_2)$
   Zu (4): Für alle $x \in \mathbb{R}$ gilt $f(-x) = -f(x)$

4. Der Graph verläuft punktsymmetrisch zu S(5|2).

Lösungen zu Seite 43

1. n gerade: $D = \mathbb{R}\backslash\{0\}$, $W = \mathbb{R}^+$ n ungerade: $D = \mathbb{R}\backslash\{0\}$, $W = \mathbb{R}\backslash\{0\}$

2. n gerade: P(1|1), Q(−1|1) n ungerade: P(1|1), Q(−1|−1)

3. n gerade: Die Hyperbel ist symmetrisch zur y-Achse. – n ungerade: Die Hyperbel ist punktsymmetrisch zu (0|0).

4. Für alle $x \in \mathbb{R}^-$ gilt $x_1 > x_2 \Rightarrow f(x_1) < f(x_2)$
   Für alle $x \in \mathbb{R}^+$ gilt $x_1 > x_2 \Rightarrow f(x_1) < f(x_2)$

5. f_1: $D = \mathbb{R}\backslash\{2\}$, $W = \mathbb{R}^+$; f_2: $D = \mathbb{R}\backslash\{0\}$, $W = \mathbb{R}\backslash\{-2\}$
   f_3: $D = \mathbb{R}\backslash\{0\}$, $W = \mathbb{R}\backslash\{3\}$
   f_4: $D = \mathbb{R}\backslash\{-1\}$, $W =]-2; \infty]$
   f_5: $D = \mathbb{R}\backslash\{-3\}$, $W =]1; \infty]$

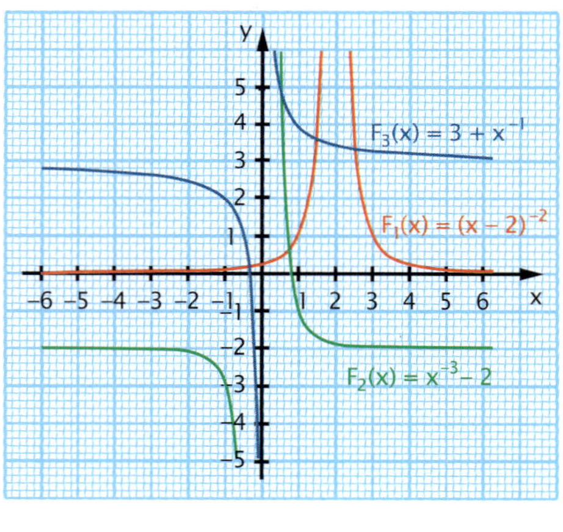

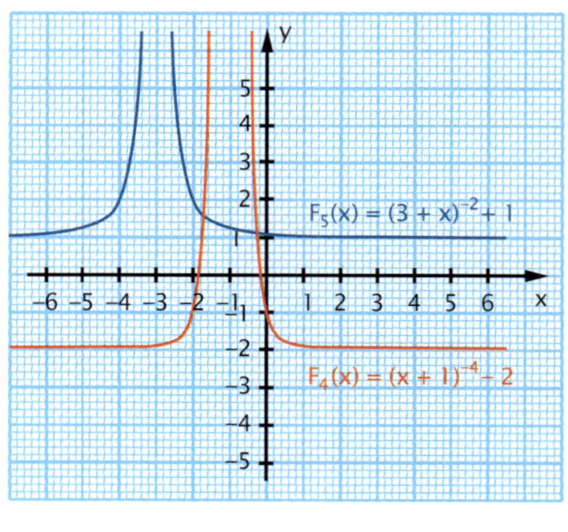

Lösungen zu Seite 44

1. f:

x	1	2	3	4	5	6	7
y	−5	−3	−1	1	3	5	7

$\bar{f}$:

x	−5	−3	−1	1	3	5	7
y	1	2	3	4	5	6	7

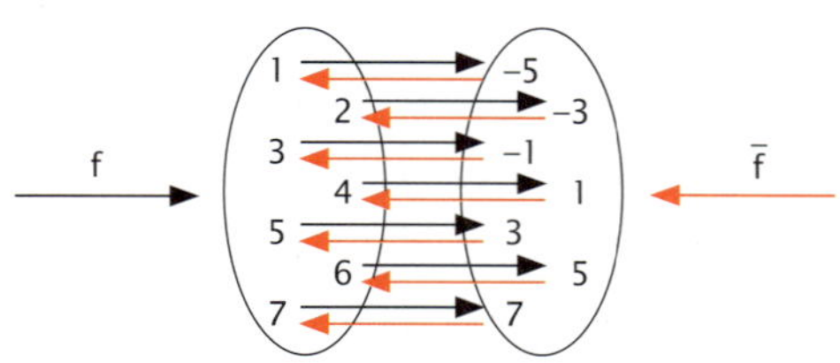

$\bar{f}$ ist die Umkehrfunktion von f.

Lösungen zu Seite 44

2. Es gilt z. B. $(-3|9) \in f$ und $(3|9) \in$ von f, also $(9|-3) \in \overline{f}$ und $(9|3) \in \overline{f}$.
   Bei $\overline{f}$ sind der Zahl 9 sowohl –3 als auch 3 zugeordnet, also ist die Zuordnung nicht eindeutig und damit keine Funktion.

3. a)
   b)

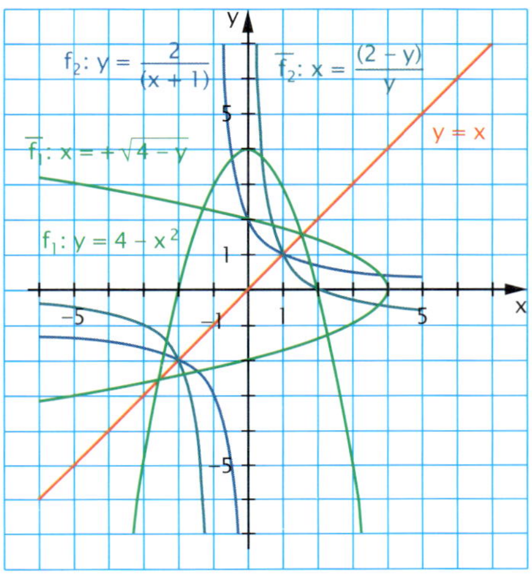

$\overline{f}_1$ ist keine Funktion.
$\overline{f}_2$ ist eine Funktion.

c)
d)

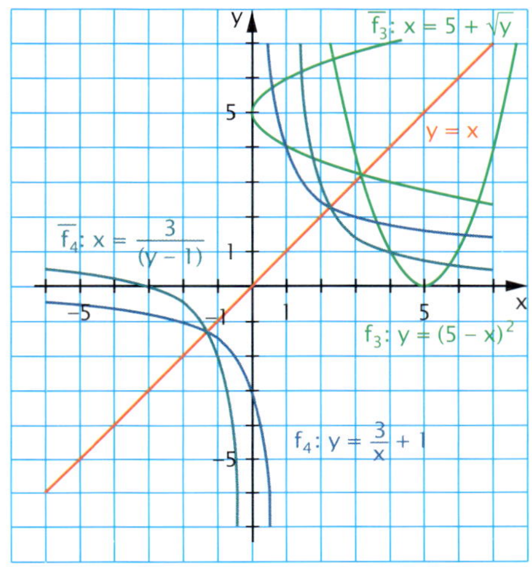

$\overline{f}_3$ ist keine Funktion.
$\overline{f}_4$ ist eine Funktion.

4. $\overline{f}$ wäre keine Funktion, wenn es ein x gäbe mit der Eigenschaft $\overline{f}(x) = a$ und $\overline{f}(x) = b$ und $a \neq b$, also $a > b$ oder $a < b$. Das aber ist unmöglich, denn für die Funktion f würde gelten $f(a) = x$ und $f(b) = x$ – und das widerspricht der Voraussetzung, dass f streng monoton fällt oder steigt.

Lösungen zu Seite 45

1. a) $\sqrt{10{,}7} \approx 3{,}3$ b) $\sqrt{3{,}8} \approx 1{,}9$ c) $\sqrt{8{,}5} \approx 2{,}9$ d) $\sqrt{0{,}5} \approx 0{,}7$ e) $\sqrt{5{,}8} \approx 2{,}4$ f) $\sqrt{7} \approx 2{,}6$

Lösungen zu Seite 46

1. $K_{12} = 4\,500 \cdot 1{,}04^{12}$ Endkapital 7 204,60 €

2. $40\,000 = K \cdot 1{,}035^{20}$
   $K = \frac{40\,000}{1{,}035^{20}}$ Anlegekapital 20 102,60 €

3. $33\,200 = 8\,000 \cdot q^{35}$ $q = \sqrt[35]{\frac{33\,200}{8\,000}} = 1{,}04149...$ Zinssatz: p% = 4,15 %

4. $G_6 = 200 \cdot 2{,}4^6$ Bestand: 38 221 Bakterien

5. $2\,457\,600 = G \cdot 2^{12}$ 10 Stunden = 600 Minuten
   $G = \frac{2\,457\,600}{2^{12}}$ $\frac{600}{50} = 12$
   Anfangszustand: 600
   In 12 gleichen Abständen (50 min) erwächst die Kultur jeweils mit dem Faktor 2.

6. $G_9 = 1\,018 \cdot 0{,}88^9$ Man misst 322 hp

7. $17\,260\,000 = 7\,580\,000 \cdot q^{25}$
   $q = \sqrt[25]{\frac{17\,260\,000}{7\,580\,000}}$ $q = 1{,}03346...$
   3,35 % jährliche Zuwachsrate

Lösungen zu Seite 47

3. a) $x_1 \approx 4{,}9$
$x_2 \approx -0{,}7$
$x_3 \approx 3{,}1$
$x_4 \approx 2{,}6$
$x_5 \approx -0{,}6$

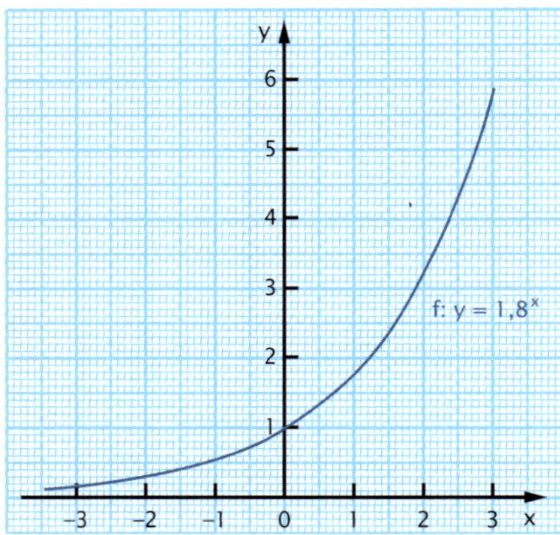

2. Es ist zu zeigen: Für alle $x \in \mathbb{R}$ gilt $f(x) = g(-x)$

$$f(x) = a^x = (a^1)^x = \left[(a^{-1})^{-1}\right]^x = (a^{-1})^{-x} = \left(\frac{1}{a}\right)^{-x} = g(-x)$$

Lösungen zu Seite 48

1. a) $a \approx -1{,}6$ b) $b \approx 0{,}2$ c) $c \approx -1{,}4$ d) $d \approx -2{,}9$

2. a) $\ln 18 \approx 2{,}9$ b) $\ln 7{,}5 \approx 2$ c) $\ln 2 \approx 0{,}7$ d) $\ln 0{,}8 \approx -0{,}2$

Lösungen zu Seite 49

1. a) 5 b) −3 c) 0 d) 3 e) 4
f) $\frac{2}{3}$ $\left(8^{\frac{2}{3}} = (\sqrt[3]{8})^2 = 4\right)$ g) $\frac{1}{2}$ $\left(9^{\frac{1}{2}} = \sqrt{9} = 3\right)$ h) $\frac{3}{4}$ $\left((\sqrt[4]{625})^3 = 125\right)$
i) 15 $\left(7^{15} = 7^{15}!\right)$ j) −3 $\left(0{,}5^{-3} = \frac{1}{0{,}5^3} = 8\right)$

2. a) $\approx 2{,}30263$ b) $\approx -7{,}77343$ c) $\approx 4{,}02293$

3. Beweis zum Logarithmusgesetz (2)

$$\frac{b}{c} = \frac{a^{\log_a b}}{a^{\log_a c}} = a^{\log_a b - \log_a c}$$

also: $\log_a\left(\frac{b}{c}\right) = \log_a b - \log_a c$

Beweis zum Logarithmusgesetz (3)

$$b^r = \left(a^{\log_a b}\right)^r = a^{r \cdot \log_a b}$$

also: $\log_a(b^r) = r \cdot \log_a b$

Beweis zum Logarithmusgesetz (4)

$$\sqrt[n]{b} = \sqrt[n]{a^{\log_a b}} = \left(a^{\log_a b}\right)^{\frac{1}{n}} = a^{\frac{\log_a b}{n}}$$

also: $\log_a\left(\sqrt[n]{b}\right) = \frac{\log_a b}{n}$

Lösungen zu Seite 50

1. a)

$$2{,}53^{2x+1} = 50\,674$$
$$(2x+1) \cdot \ln 2{,}53 = \ln 50\,674$$
$$2x + 1 = \frac{\ln 50674}{\ln 2{,}53}$$
$$x = \frac{1}{2}\left(\frac{\ln 50674}{\ln 2{,}53} - 1\right) \approx 5{,}335$$

b)

$$(2y - 5) \cdot \ln 17 = y \cdot \ln 21$$
$$2y \cdot \ln 17 - 5 \cdot \ln 17 = y \cdot \ln 21$$
$$2y \cdot \ln 17 - y \cdot \ln 21 = 5\ln 17$$
$$y(2\ln 17 - \ln 21) = 5\ln 17$$
$$y = \frac{5\ln 17}{2\ln 17 - \ln 21} \approx 5{,}403$$

2.

$$328 = 1\,020 \cdot 0{,}88^x$$
$$\frac{328}{1020} = 0{,}88^x$$
$$\log 328 - \log 1020 = x \cdot \log 0{,}88$$
$$x = \frac{\log 328 - \log 1\,020}{\log 0{,}88} \approx 8{,}9$$

Flughöhe ungefähr 8,9 km.

3. $80\,000 = 5\,000 \cdot 1{,}03^n$

$$n = \frac{\log 80\,000 - \log 5\,000}{\log 1{,}03} \approx 93{,}8$$

Es dauert knapp 94 Jahre.

4. $3\,000\,000 = 750 \cdot 3^x \qquad x = \frac{\log 3\,000\,000 - \log 750}{\log 3} \approx 7{,}55$

Die Einheit der linearen Größe ist „8 Stunden": $7{,}55 \cdot 8 = 60{,}4$

Nach etwa $60\frac{1}{2}$ Stunden ist eine Bakterienzahl von 3 000 000 erreicht.

Lösungen zu Seite 51

1. Hier ohne Zeichnung: a) $\gamma = 99°$ b) a = 6,7 cm c) a = 3,9 cm d) c = 7,45 cm

2. a) Die Winkel α und β sind zusammen über 180° groß.
   b) Die Seite c ist länger als die Seiten a und b zusammen.
   c) Im Dreieck liegt der größeren Seite der größere Winkel gegenüber. Demnach müsste der Seite b ein größerer Winkel als 98° gegenüberliegen. Das ist aber angesichts der Winkelsumme 180° nicht möglich.
   d) Ohne eine Längenangabe kann man kein Dreieck eindeutig konstruieren.

3. Hier ohne Zeichnung: $\overline{AC}$ muss im Bild 11,8 cm und $\overline{BC}$ 17,2 cm lang werden. Die Konstruktion sollte deshalb auf einem DINA 4-Blatt erfolgen.
   Die Verbindungsstrecke wird 10,85 km (in der Zeichnung 21,7 cm) lang.

Lösungen zu Seite 52

1.

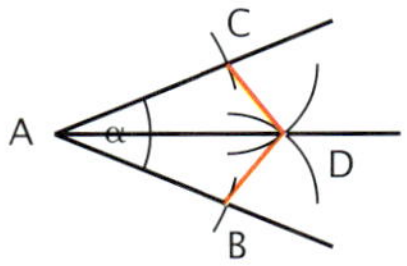

Die Dreiecke △ ABD und △ ADC sind kongruent wegen SSS: AC = AB, BD = CD, $\overline{AD}$ haben beide Dreiecke gemeinsam.
Folglich ist der Strahl $\overline{AD}$ Winkelhalbierende von α.

Lösungen zu Seite 52

2.

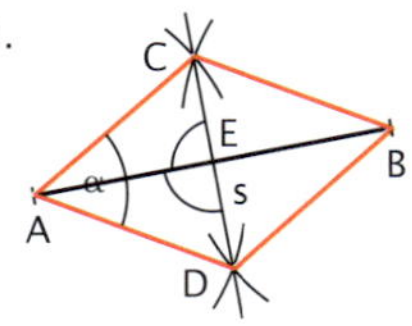

- $\overline{AB}$ ist Winkelhalbierende von α, weil die Dreiecke △ ADB und △ ABC nach SSS kongruent sind.
- Die beiden Dreiecke △ ADE und △ AEC sind dann nach SWS kongruent.
- Die beiden markierten Winkel bei E sind demnach kongruent, also müssen sie rechte Winkel sein.
- Dann aber sind alle vier Winkel bei E rechte Winkel, und daraus darf man schließen, dass die Dreiecke △ AEC und △ BEC nach SsW kongruent sind – woraus folgt: AE = BE.
- Die Gerade s halbiert also die Strecke $\overline{AB}$ und ist zu ihr senkrecht.

Lösungen zu Seite 53

1. Beweisskizze:

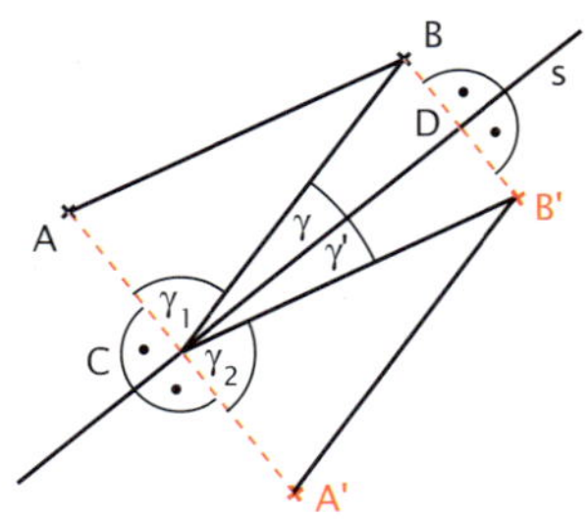

- Es gilt nach Spiegelungsvorschrift:
  AC = A'C, BD = B'D, $\overline{AA'} \perp s$ und $\overline{BB'} \perp s$
- △ CDB ist kongruent zu △ CDB' nach SWS ($\overline{CD}$ haben beide gemeinsam)
- Daraus folgt die Kongruenz der Strecken $\overline{CB}$ und $\overline{CB'}$, die Winkel γ und γ' sind gleich groß.
- $\gamma_1 = 90 - \gamma$ und $\gamma_2 = 90 - \gamma'$; da $\gamma = \gamma'$ sind auch γ_1 und γ_2 gleich groß.
- Dann aber sind die Dreiecke △ ABC und △ A'B'C nach SWS kongruent, und daraus folgt AB = A'B'.

2. a) –

b) Durchläuft man die Eckpunkte der Originalfigur von A über B bis E, ist die Orientierung „links herum", also gegen den Uhrzeigersinn.
Durchläuft man die Eckpunkte der Bildfigur von A' über B' bis E', ist die Orientierung „rechts herum", also dem Uhrzeigersinn folgend.

c) Beweisskizze:

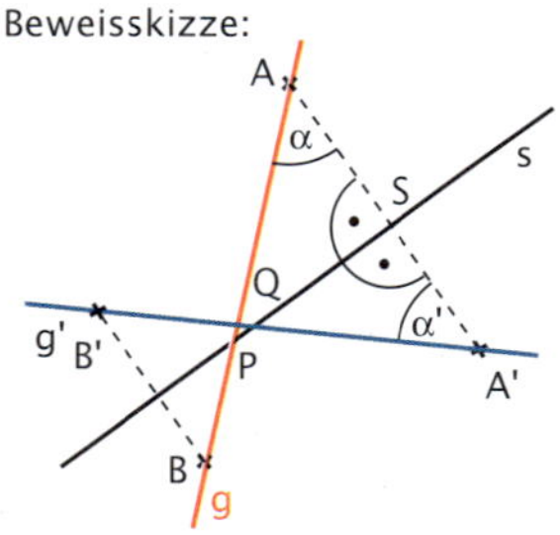

- Zunächst wählt man zwei Punkte A und B auf der Geraden g (auf verschiedenen Seiten von s) und spiegelt sie. Wegen der Geradentreue der Achsenspiegelung ist die Gerade durch A' und B' die Bildgerade g' zu g.
- In der Beweisskizze ist die Gerade g' bewusst so gezeichnet, dass sie nicht durch P, sondern einen anderen Punkt Q der Spiegelachse verläuft.

Man führt nun einen *indirekten* Beweis: Man geht davon aus, dass P und Q verschiedene Punkte sind, und führt diese Annahme zu einem Widerspruch.
- Wegen der Winkeltreue gilt $\alpha = \alpha'$, außerdem sind die Winkel bei S rechte Winkel, weiterhin gilt AS = A'S.
- Demnach ist △ ASP kongruent zum △ SA'Q (WSW).
- Folglich sind die Strecken $\overline{SP}$ und $\overline{SQ}$ gleich lang.
- Hier ist der Widerspruch: P und Q können nicht verschiedene Punkte sein.

3.

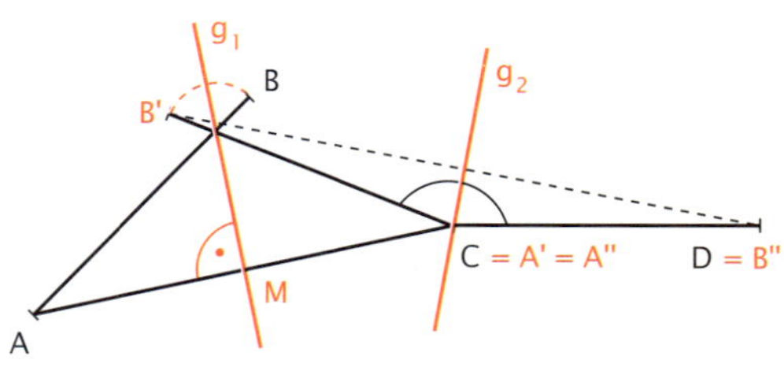

Als g_1 wählt man die Mittelsenkrechte der Strecke $\overline{AC}$.
Als g_2 wählt man die Winkelhalbierende bei C.

Lösungen zu Seite 54

1. a)

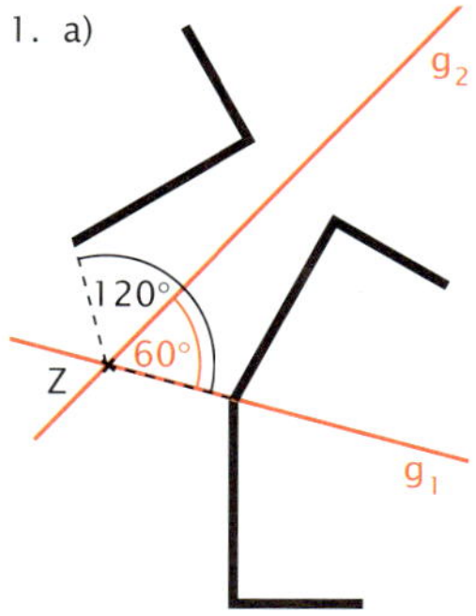

b) Die Spiegelachsen g_1 und g_2 müssen durch Z gehen und einen Winkel von 60° einschließen. Es gibt unendlich viele Möglichkeiten, eine davon ist eingezeichnet.

2. Beweisskizze:

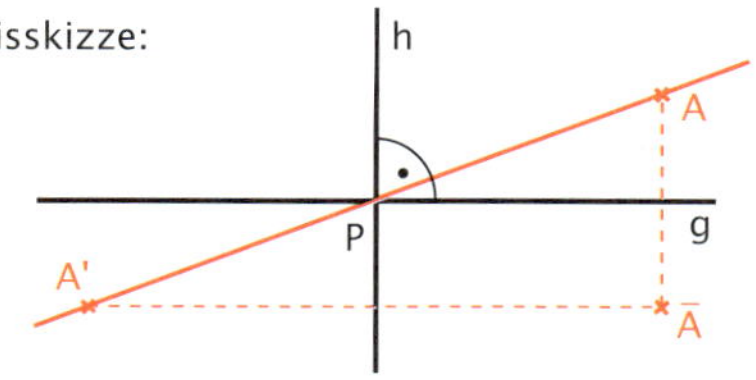

Die Doppelspiegelung an g und h ersetzt eine Drehung um den Schnittpunkt von g und h – wobei der Drehwinkel doppelt so groß ist wie der Winkel zwischen g und h. Der Schnittpunkt ist P, der Winkel zwischen g und h 90° groß; also ersetzt die Doppelspiegelung an g und h eine Drehung von P mit dem Drehwinkel 180°. Das aber ist die Punktspiegelung an P.

3.

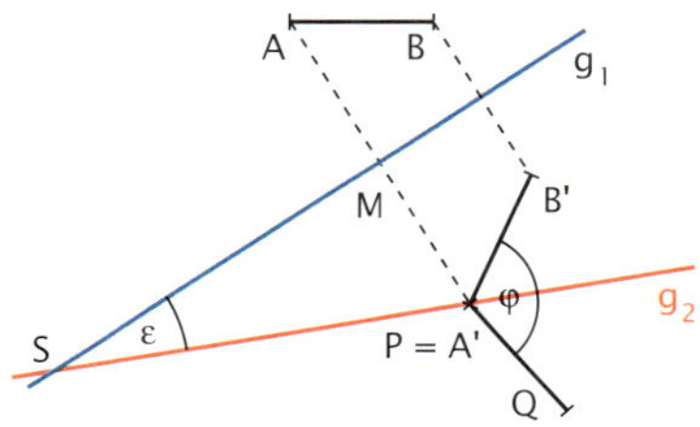

g_1 ist die Mittelsenkrechte zu $\overline{AP}$.
g_2 ist die Winkelhalbierende von φ.
Die Drehung muss um den Punkt S (Drehzentrum) mit dem Drehwinkel 2ε erfolgen.

Lösungen zu Seite 55

1. a)

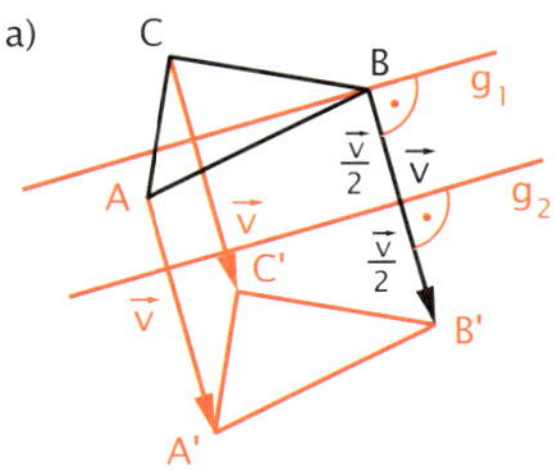

b) Die Spiegelachsen g_1 und g_2 müssen so eingezeichnet werden, dass sie beide senkrecht zu $\vec{v}$ verlaufen und einen Abstand voneinander haben, der der halben Länge von $\vec{v}$ entspricht. Eine Möglichkeit ist eingezeichnet.

2. Beide Abbildungen können durch Doppelspiegelungen ersetzt werden. Bei der ersten Spiegelung kehrt sich der Umlaufsinn um und bei der zweiten Spiegelung abermals. Das hat zur Folge, dass Original- und Bildfigur gleichen Umlaufsinn haben.

3. a)

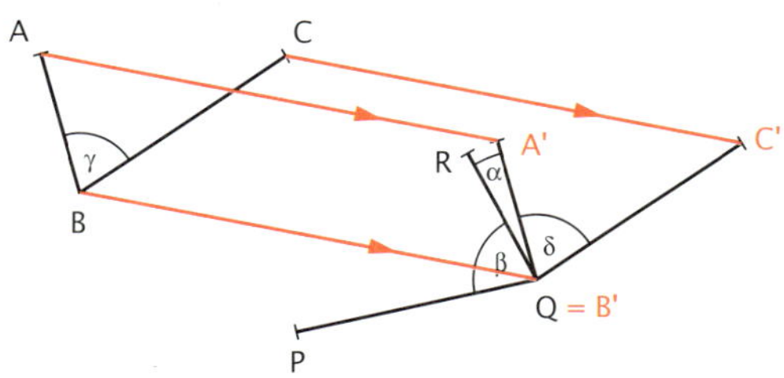

b) Die Spiegelachse s muss durch den Punkt Q gehen und α halbieren. Dann wird A' auf R abgebildet. Wegen der Kongruenz der Figuren gilt $\beta = \gamma$ und $\beta = \delta$. Die Spiegelachse s ist deshalb auch Winkelhalbierende von ∢ PQC' und bildet demnach gleichzeitig C' auf P ab.

Lösungen zu Seite 56

1. Achsensymmetrisch: A, B, C, D, E, H, I, K, M, O, T, U, V, W, X, Y, 3, 8, 0

Punktsymmetrisch: H, I, N, O, S, X, Z, 8, 0

2

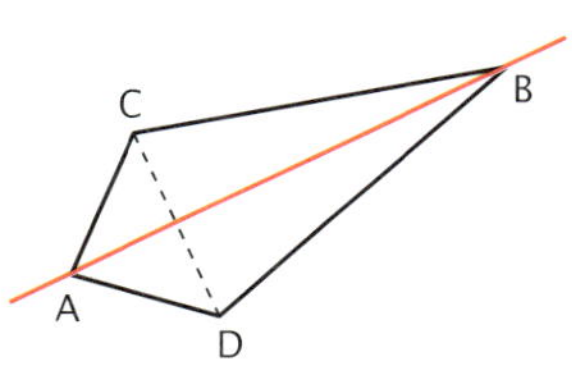

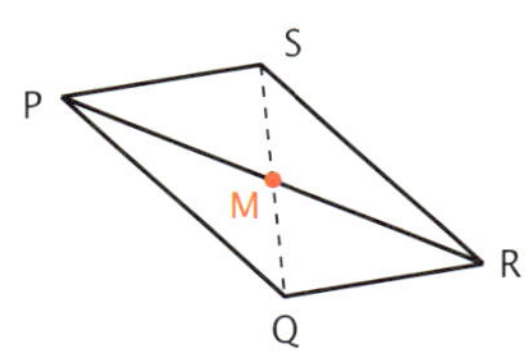

Lösungen zu Seite 57

1. (1) Wegen $S \in m_a$ gilt SB = SC und wegen $S \in m_b$ gilt SA = SC. Also ist S von allen drei Punkten A, B und C gleich weit entfernt.
   (2) Auf m_c liegen alle Punkte, die von A und B gleich weit entfernt sind, also muss auch der Punkt S zu m_c gehören.

2. Mit dem Zeichnen von zwei Mittelsenkrechten ist die Position von H bestimmt.

3. Mit dem Zeichnen von zwei Winkelhalbierenden ist der Mittelpunkt W des Inkreises bestimmt. Von W zeichnet man das Lot auf eine Dreieckseite, die in L vom Lot getroffen wird. Die Länge WL ist der Radius des Inkreises.

Lösungen zu Seite 58

1. Mit dem Zeichnen von zwei Seitenhalbierenden ist der Schwerpunkt S bestimmt.

2. Mit dem Zeichnen von zwei Höhengeraden ist der Schnittpunkt H bestimmt.

3. – Strecke c zeichnen
   – Parallele im Abstand 4,5 cm
   – Winkel α in A antragen, Schnittpunkt des Schenkels mit der Parallelen ist C.

4. – Strecke c zeichnen
   – über c den Thaleskreis zeichnen
   – Kreisbogen um B mit dem Radius h_b zeichnen; Schnittpunkt mit dem Thaleskreis H nennen.
   – Strahl $\overline{AH}$ zeichnen
   – Kreisbogen um B mit dem Radius a zeichnen, er trifft den Strahl in C.

5. 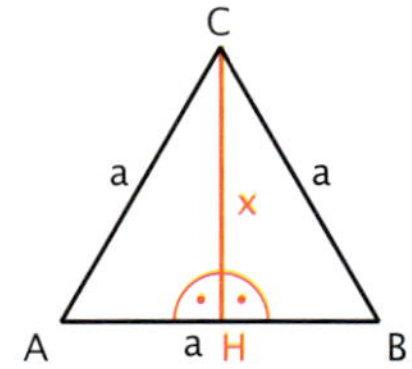

Im gleichseitigen Dreieck sind alle Seiten gleich lang und alle Winkel 60° groß.
Lot von C auf $\overline{AB}$, Fußpunkt H;
Die Dreiecke AHC und BHC sind kongruent, daher ist H Mittelpunkt von $\overline{AB}$, x halbiert den Winkel γ.

x ist Höhe (nach Konstruktion), Winkelhalbierende, Mittelsenkrechte und Seitenhalbierende.

Lösungen zu Seite 59

1. 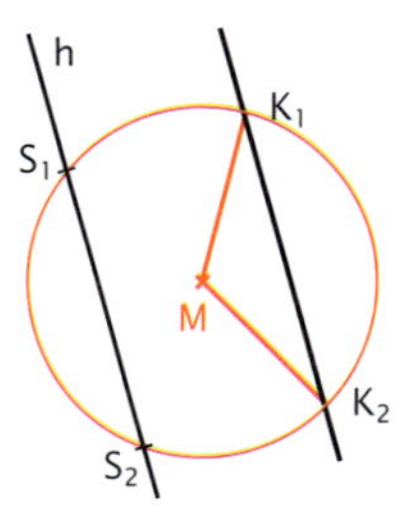

– In K_1 und K_2 Winkel von 30° antragen; Schnittpunkt der Schenkel ist M.
– Um M einen Kreis mit dem Radius $r = MK_1 = MK_2$ zeichnen.
– Wo der Kreis die Hängerwand h trifft (S_1 bzw. S_2), könnte der Scheinwerfer montiert werden.

Nach dem Umfangswinkelsatz würde er genau die Kinofront ausleuchten.

2. Beweisskizze:

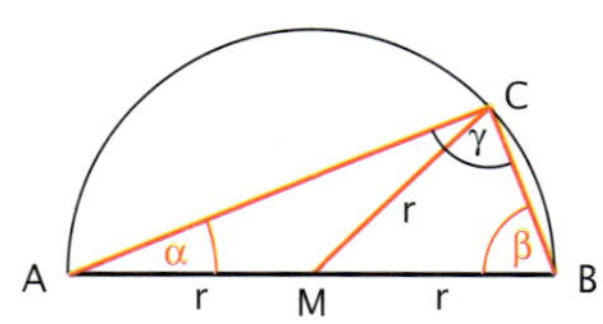

△ AMC und △ BMC sind gleichschenklig; die Schenkel haben jeweils die Länge r. Die Teilwinkel bei C haben die Größe α bzw. β, weil gleichschenklige Dreiecke gleich große Basiswinkel haben.

Winkelsumme im Dreieck △ ABC:
$$\alpha + \beta + \gamma = 180°$$
$$\alpha + \beta + \alpha + \beta = 180°$$
$$2\alpha + 2\beta = 180°$$
$$2(\alpha + \beta) = 180°$$
$$\alpha + \beta = 90°$$
$$\gamma = \alpha + \beta$$
$$\gamma = 90°$$

Lösungen zu Seite 60

1. –

2. Beweisskizze:

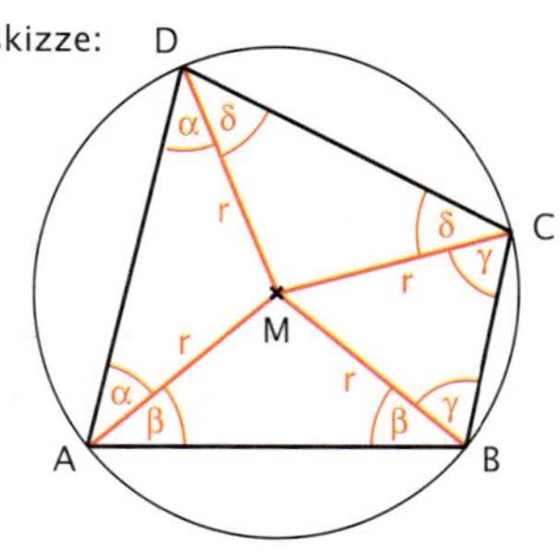

Wegen der Gleichschenkligkeit der Dreiecke sind die jeweiligen Basiswinkel gleich groß (wie eingezeichnet).
Summe der Winkel bei A und C: $\alpha + \beta + \gamma + \delta$
Summe der Winkel bei B und D: $\beta + \gamma + \delta + \alpha$
Da beide Summen gleich sind, betragen sie wegen der Winkelsummen im Viereck jeweils 180°.

Lösungen zu Seite 61

1.

a)	b)	c)	d)	e)	c)
schiefer Drachen	Trapez	Trapez	Drachen	Parallelogramm	Parallelogramm
Drachen	Parallelogramm	Parallelogramm	Raute	Raute	Raute
Parallelogramm	gl. Trapez	gl. Trapez	Quadrat	Rechteck	Rechteck
Raute	Raute	Raute		Quadrat	Quadrat
Rechteck	Rechteck	Rechteck			
Quadrat	Quadrat	Quadrat			

2. Sehnenvierecke: gl. Trapez, Rechteck, Quadrat; Tangentenvierecke: Drachen, Raute, Quadrat

3.

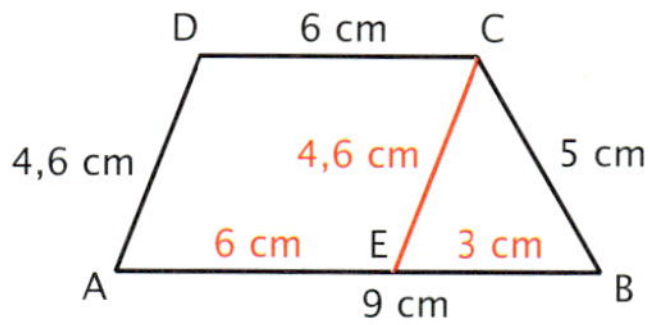

- zuerst △ BCE konstruieren
- $\overline{BE}$ bis A verlängern
- Kreis um A mit r = 4,6 cm; Kreis um C mit r = 6 cm
- Schnittpunkt D mit A und C verbinden

4.

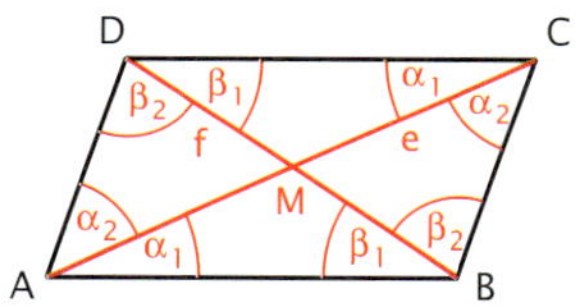

$\overline{AB} \parallel \overline{CD}$
$\overline{AD} \parallel \overline{BC}$

- Wegen der Parallelität und dem Satz über Wechselwinkel gelten die angegebenen Übereinstimmungen bei Winkeln.
- △ ACD ist kongruent zu △ ABC; sie stimmen in der Seite und in allen Winkeln überein.
- Das bedeutet: Die parallelen Seiten sind zugleich kongruent.
- Dann aber sind auch △ ABM und △ DMC kongruent, folglich ist M Mittelpunkt beider Diagonalen. Spiegelt man das Viereck an M, wird es auf sich selbst abgebildet, ist also punktsymmetrisch.

5. Raute und Rechteck haben 3 Symmetrien; Drachen, Parallelogramm und gl. Trapez haben 1 Symmetrie.

Lösungen zu Seite 62

1. a) $\frac{48}{54} = \frac{8}{9}$ b) $\frac{400}{75} = \frac{16}{3}$ c) $\frac{55}{25} = \frac{11}{5}$

2. a) b = 6 cm b) b = 10,5 cm c) b = 18 cm

3.

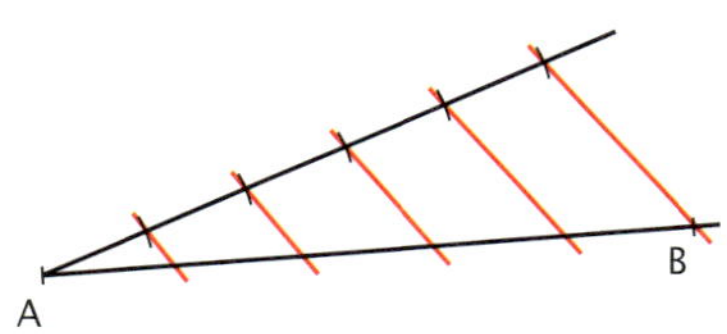

Lösungen zu Seite 63

1.

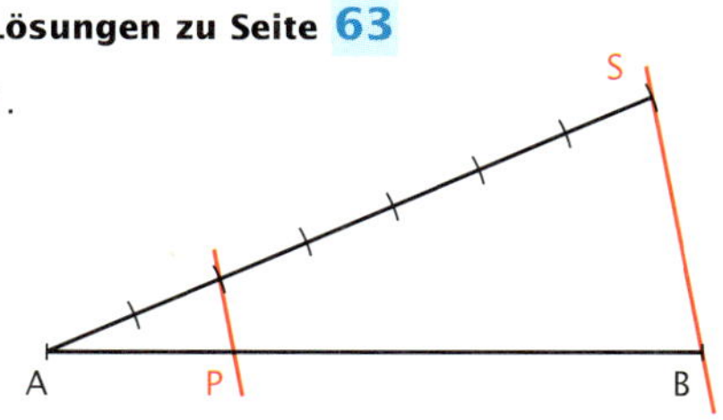

2. a) $x = \overline{BE}$

b) $x = \overline{AB}$

c) $x = \overline{DF}$

d) $x = \overline{EF}$

3.
$$12 : 15 = f : (f + 28)$$
$$12(f + 28) = 15f$$
$$12f + 336 = 15f$$
$$336 = 3f$$
$$f = 112$$
Der Fluss ist 112 m breit.

Lösungen zu Seite 64

1. a) – b) △ A'B'C' hat den Flächeninhalt $A = 2^2 \cdot 1{,}38\ cm^2 = 5{,}52\ cm^2$

2. a) $\frac{7{,}2}{4{,}8} = 1{,}5$; $\frac{4{,}8}{3{,}2} = 1{,}5$; $\frac{5{,}8}{4} = 1{,}45$ Die Dreiecke sind nicht ähnlich.

b) △ ABC hat die Winkel 81°, 53° und 46°.
△ DEF hat die Winkel 46°, 53° und 81°. Die beiden Dreiecke sind ähnlich.

Lösungen zu Seite 65

1. a) $x \approx 8{,}6$ cm b) $a \approx 6{,}1$ cm c) $(y + 1{,}8)^2 = y^2 + 4{,}6^2$
$$3{,}6y + 1{,}8^2 = 4{,}6^2$$
$$y = 4{,}9\overline{7} \qquad y \approx 5\ cm$$

Lösungen zu Seite 65

2.

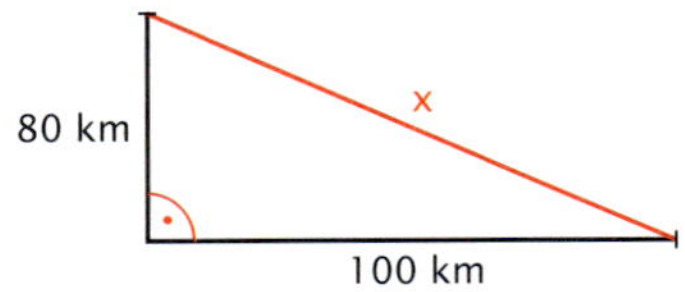

$x \approx 128$ km

3.

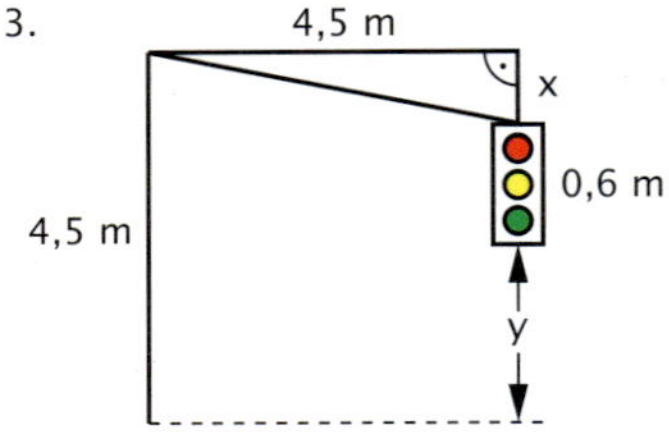

$x^2 = 4{,}65^2 - 4{,}5^2$
$x \approx 1{,}17$
$y = 4{,}50$ m $- 1{,}17$ m $- 0{,}60$ m
$y = 2{,}73$ m

Lösungen zu Seite 66

1.

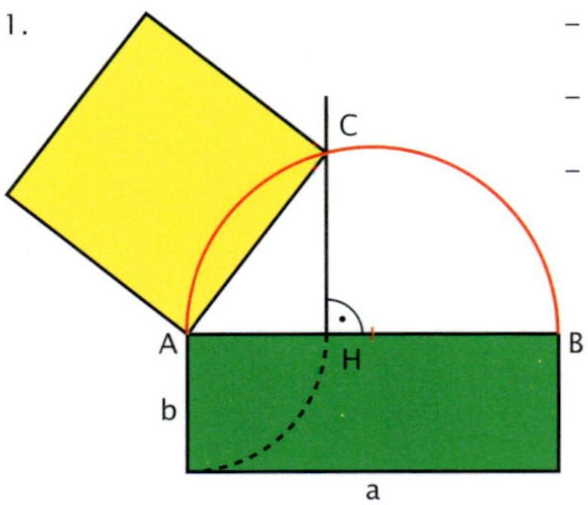

- Über der Strecke $\overline{AB}$ wird der Thaleskreis gezeichnet.
- Schnittpunkt um Kreis und Höhenstrahl ist C.
- Das Quadrat über $\overline{AC}$ ist inhaltsgleich zum gegebenen Rechteck (Kathetensatz).

2.

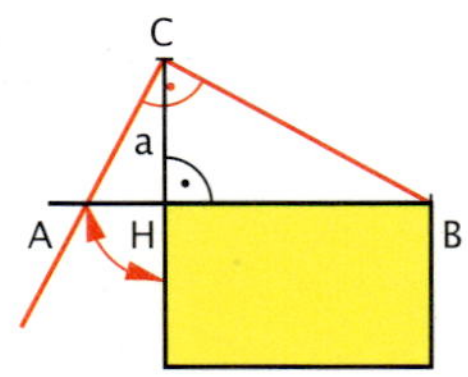

- B mit C verbinden
- in C einen rechten Winkel antragen
- Das Rechteck mit den Kantenlängen AH und BH hat denselben Inhalt wie das gegebene Quadrat.

Lösungen zu Seite 67

1. $\alpha = 19°$, $\beta = 29°$, $\gamma = 35°$, $\delta = 40°$, $\varepsilon = 50°$, $\omega = 72°$
sin 19° = 0,33 cos 29° = 0,87 tan 29° = 0,55 sin 35° = 0,57 tan 40° = 0,84 sin 40° = 0,64
cos 50° = 0,65 sin 72° = 0,95

Lösungen zu Seite 68

1. – $\triangle$ OQP ist gleichschenklig, weil OP = OQ = 1
 – Die Winkel bei P und Q sind zusammen 120° und gleich, also jeder Winkel 60°.
 – Damit ist das Dreieck mit drei 60°-Winkeln gleichseitig.
 – Im gleichseitigen Dreieck ist jede Höhe zugleich auch Mittelsenkrechte.
 Deshalb ist R der Mittelpunkt von $\overline{OQ}$, und es gilt $OR = \cos 60° = \frac{1}{2}$

2. a) Nach dem Strahlensatz gilt $\frac{\tan\alpha}{\sin\alpha} = \frac{1}{\cos\alpha}$, also $\tan\alpha = \frac{\sin\alpha}{\cos\alpha}$

b)

	0°	30°	45°	60°	90°
$\tan\alpha$	0	$\frac{1}{\sqrt{3}}$	1	$\sqrt{3}$	nicht definiert

3. Die Gleichung gilt nach dem Satz des Pythagoras: $(\sin\alpha)^2 + (\cos\alpha)^2 = 1^2$; $\sin^2\alpha + \cos^2\alpha = 1$

4.

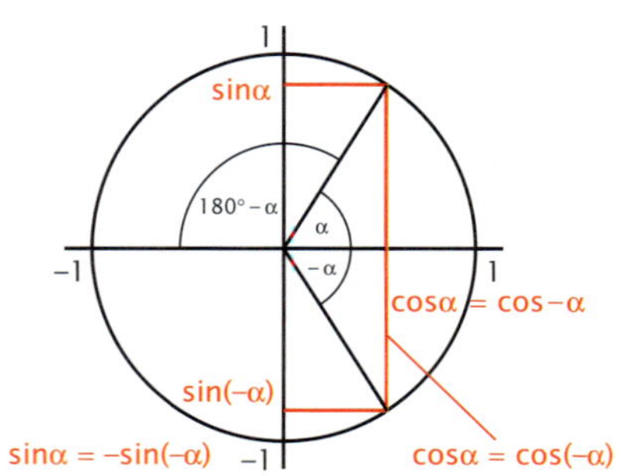

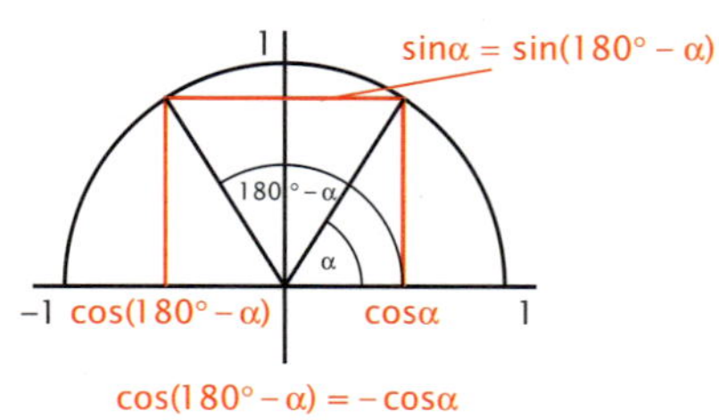

Lösungen zu Seite 69

1. a) $x \approx 3{,}9$ cm, $y \approx 7{,}7$ cm b) $x \approx 3{,}4$ cm, $y \approx 6{,}6$ cm c) $x \approx 8$ cm, $y \approx 8{,}9$ cm

2. a) $\alpha \approx 60{,}4°$, $b \approx 7{,}22$ m, $\beta \approx 29{,}6°$ b) $\alpha \approx 57°$, $\beta \approx 33°$, $c \approx 8{,}24$ m c) $\alpha \approx 31{,}4°$, $\gamma \approx 58{,}6°$, $c \approx 8{,}37$ m

3. $\tan 7° = \frac{x}{28} \Rightarrow x \approx 3{,}44$ Das Flugzeug überfliegt die Kirche in ca. 3,44 km Höhe.

4.
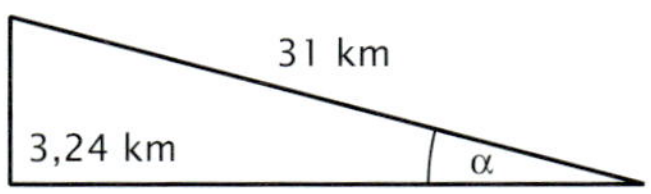

a) $\sin \alpha = \frac{3{,}24}{31}$ Das Flugzeug steigt mit einem Winkel von 6° an.

b) $\sin \alpha = \frac{10\text{ km}}{x}$

$x = 95{,}679...$ Nach ca. 96 km Flug ist die Flughöhe erreicht.

Lösungen zu Seite 70

1. a) Sinussatz: $\frac{a}{\sin 29} = \frac{11{,}7}{\sin 137} \Rightarrow a \approx 8{,}32$ b) Kosinussatz: $x^2 = 4{,}9^2 + 8{,}5^2 - 2 \cdot 4{,}9 \cdot 8.5 \cdot \cos 82 \Rightarrow x \approx 9{,}2$

2. a) Kosinussatz: $\gamma = \cos^{-1}\left(\frac{6{,}3^2 + 7{,}9^2 - 11{,}8^2}{2 \cdot 6{,}3 \cdot 7{,}9}\right) \Rightarrow \gamma \approx 111{,}9$

b) Sinussatz: $\frac{\sin \alpha}{7{,}4} = \frac{\sin 54}{6{,}1} \Rightarrow \alpha = \sin^{-1}\left(\frac{\sin 54 \cdot 7{,}4}{6{,}1}\right) \Rightarrow \alpha \approx 78{,}9$

3. a) – b) – c) $\gamma = 180 - 103 - 40 \Rightarrow \gamma = 37$

$2r = \frac{c}{\sin \gamma}$

$r = \frac{3{,}2}{2 \cdot \sin 37}$

$r \approx 2{,}66$

Lösungen zu Seite 71

1. (1) $\frac{\pi}{2}$ ist der Viertelumfang, also 90° zugeordnet; $\sin 90° = 1$
   (2) $\cos 90° = 0$
   (3) 2π ist der volle Umfang, also 360° bzw. 0° zugeordnet; $\tan 0° = 0$
   (4) $\frac{\pi}{6}$ ist der 6. Teil des halben Umfangs, also 30° zugeordnet; $\sin 30° = 0{,}5$

2.

α	43°	≈ 27°	168°	271°	≈ 254°	≈ 448°
b_α	≈ 0,75	0,471	≈ 2,932	≈ 4,73	4,441	7,826

Lösungen zu Seite 72

1. a)
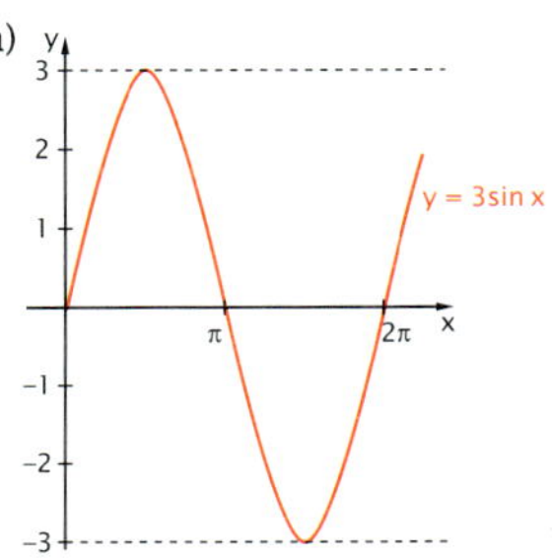

b)
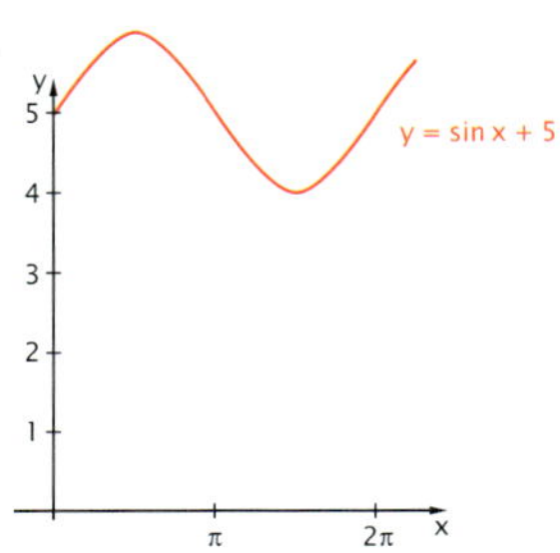

c)
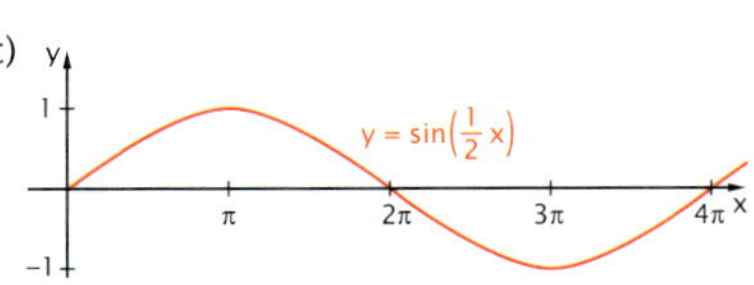

d)
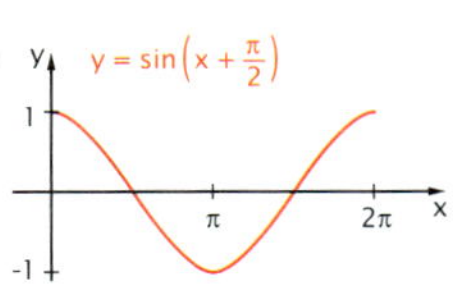

Lösungen zu Seite 73

1. a) $A = a \cdot b \Rightarrow \frac{A}{a} = b$ $b = 3{,}8$ m
   $u = 2a + 2b$ $u = 20{,}6$ m

   b) $e = a \cdot \sqrt{2} \Rightarrow a = \frac{e}{\sqrt{2}}$ $a = 4{,}8$ dm
   $A = a^2$ $A = 23{,}04\ \text{dm}^2$

2. $A = g \cdot h \Rightarrow h = \frac{A}{g}$ $h = 2{,}5$

3. a) $A = a \cdot h_a$ $A = 12{,}42\ \text{cm}^2$ b) $u = 2a + 2b \Rightarrow \frac{u}{2} - a = b$ $b = 3{,}6$ cm c) $A = b \cdot h_b \Rightarrow \frac{A}{b} = h_b$ $h_b = 3{,}45$ cm

Lösungen zu Seite 74

1. $A = \frac{e \cdot f}{2}$ $A = 12{,}76\ \text{cm}^2$

2. $A = \frac{e \cdot f}{2} \Rightarrow e = \frac{2A}{f}$ $e = 17$ cm

3. Nach dem Satz des Pythagoras gilt: $a^2 = \left(\frac{e}{2}\right)^2 + \left(\frac{f}{2}\right)^2$ $a = \sqrt{\left(\frac{5{,}6}{2}\right)^2 + \left(\frac{5{,}2}{2}\right)^2}$ $a \approx 3{,}8$ dm $u \approx 15{,}2$ dm

4. $A = \frac{a + c}{2} \cdot h \Rightarrow h = \frac{2A}{a + c}$ $h = 12$ m

5. a) $A = 8{,}45\ \text{m}^2$
   b)

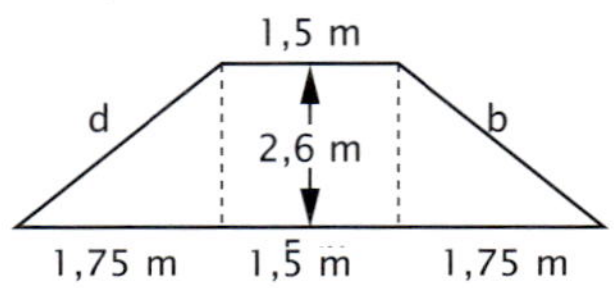

Nach dem Satz des Pythagoras gilt:
$d^2 = 1{,}75^2 + 2{,}6^2$ $d = 3{,}13$ m
$u = 5 + 1{,}5 + 2 \cdot 3{,}13$ $u = 12{,}76$ m

Lösungen zu Seite 75

1. $A = \frac{g \cdot h}{2}$ $A \approx 19{,}4\ \text{cm}^2$

2. $A = \frac{g \cdot h}{2} \Rightarrow h = \frac{2A}{g}$ $h_a = 3$m; $h_b \approx 2{,}86$ m; $h_c = 3{,}75$ m; $u = 11{,}4$ m

3. $c^2 = a^2 + b^2$ $c = 15{,}1$ cm $u = 36{,}1$ cm
   a ist Höhe von b bzw. b ist Höhe von a
   $A = \frac{12{,}4 \cdot 8{,}6}{2}$ $A = 53{,}32\ \text{cm}^2$

4. a) $h = \sqrt{7{,}5^2 - 6{,}5^2}$ $h \approx 3{,}7$ cm
   b) $A \approx 16{,}84\ \text{cm}^2$
   c) $b = \sqrt{3{,}7^2 + 2{,}5^2}$ $b \approx 4{,}5$ cm
   d) $u \approx 21$ cm

5.

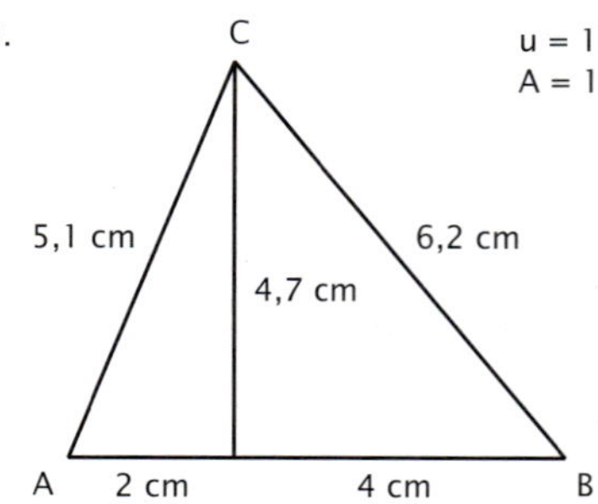

$u = 17{,}3$ cm
$A = 14{,}1\ \text{cm}^2$

Lösungen zu Seite 76

1. a) $A_1 = 3 \cdot 12$ $A_2 = 5 \cdot 5$ $A_{Ges} = A_1 + A_2$
   $A_1 = 36\ \text{cm}^2$ $A_2 = 25\ \text{cm}^2$ $A_{Ges} = 61\ \text{cm}^2$

   b) $A_1 = 30 \cdot 13$ $A_2 = 2 \cdot \frac{8 \cdot 9}{2}$ $A_{Ges} = A_1 - A_2$
   $A_1 = 390\ \text{cm}^2$ $A_2 = 72\ \text{cm}^2$ $A_{Ges} = 318\ \text{cm}^2$

2. a)

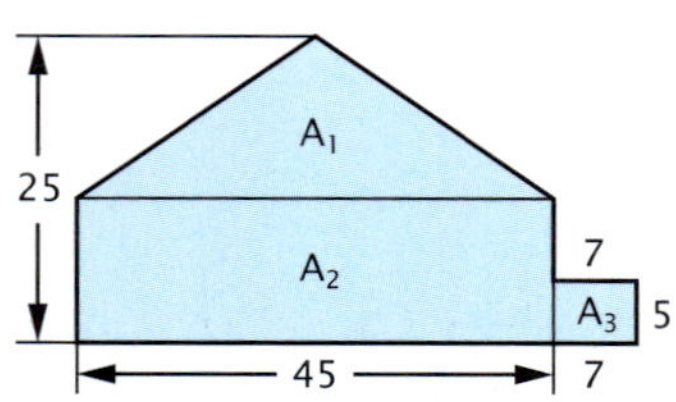

$A_1 = \frac{45 \cdot 13}{2} = 292{,}5$ mit $h = 25 - 7 - 5 = 13$
$A_2 = 45 \cdot 12 = 540$
$A_3 = 5 \cdot 7 = 35$
$A_{Ges} = 867{,}5\ \text{cm}^2$

Lösungen zu Seite 76

2. b)

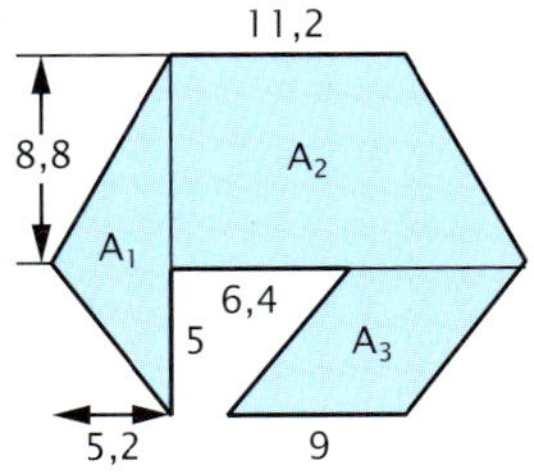

$A_1 = \frac{13{,}8 \cdot 5{,}2}{2} = 35{,}88$

$A_2 = \frac{15{,}4 + 11{,}2}{2} \cdot 8{,}8 = 117{,}04$

$A_3 = 9 \cdot 5 = 45$

$A_{Ges} = 197{,}92\ cm^2$

3. a)

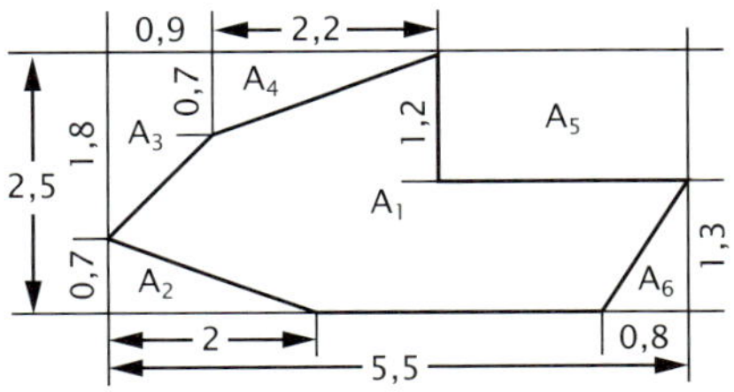

$A_1 = 2{,}5 \cdot 5{,}5 = 13{,}75$

$A_2 = \frac{2 \cdot 0{,}7}{2} = 0{,}7$

$A_3 = \frac{0{,}7 + 1{,}8}{2} \cdot 0{,}9 = 1{,}13$

$A_4 = \frac{2{,}2 \cdot 0{,}7}{2} = 0{,}77$

$A_5 = 2{,}4 \cdot 1{,}2 = 2{,}88$

$A_6 = \frac{1{,}3 \cdot 0{,}8}{2} = 0{,}52$

$A_{Ges} = A_1 - (A_2 + A_3 + A_4 + A_5 + A_6) = 7{,}75\ cm^2$

b)

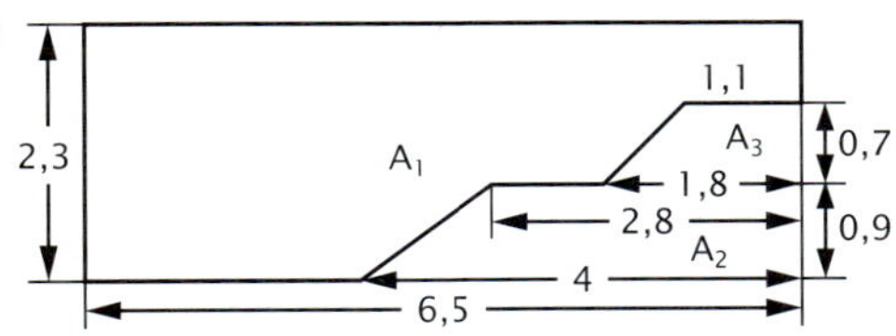

$A_1 = 6{,}5 \cdot 2{,}3 = 14{,}95$

$A_2 = \frac{4 + 2{,}8}{2} \cdot 0{,}9 = 3{,}06$

$A_3 = \frac{1{,}8 + 1{,}1}{2} \cdot 0{,}7 = 1{,}02$

$A_{Ges} = A_1 - (A_2 + A_3) = 10{,}87\ cm^2$

Lösungen zu Seite 77

1. $A = 6{,}16\ m^2 \quad u = 8{,}8\ m$
2. $u = 43{,}4\ cm$ mit $r = 6{,}9\ cm$
3. $A = 1{,}13\ m^2$
4. $r = 0{,}625\ m$, $A_{Kreis} = 1{,}23\ m^2$, $A_{Quadrat} = 1{,}56\ m^2$ $\quad A_{Abfall} = 100(1{,}56 - 1{,}23) = 33\ m^2$
5. a) $A_{Rest} = 4^2 - \pi \cdot 1^2 = 12{,}86\ cm^2$

   b) $A_{Rest} = 5^2 - \frac{\pi \cdot 2{,}5^2}{2} = 15{,}18\ cm^2$

   c) $A_{Rest} = 6^2 - 4\frac{\pi \cdot 3^2}{4} = 7{,}73\ cm^2$
6. a) $0{,}5 = \pi \cdot r^2 \Rightarrow r = 0{,}4\ m$; $u = 2{,}51\ m = 251\ cm$ $\quad \frac{251}{60} = 4{,}18\overline{3}$ $\quad$ 4 Personen können am Tisch sitzen.

   b)

   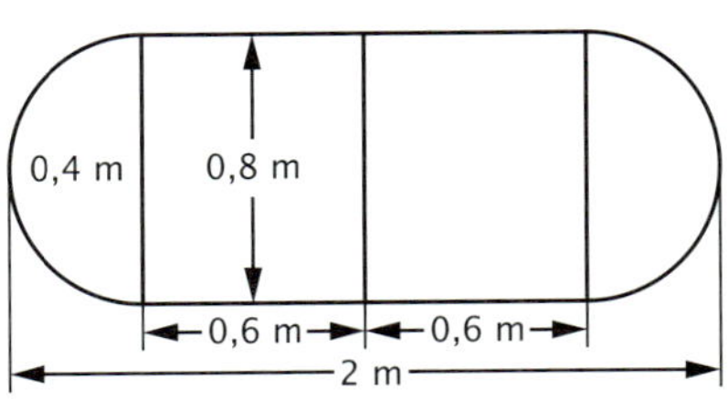

   Eine Platte hätte die Abmessungen 0,8 m · 0,4 m.

   c) Mit einer Einlage 6 Personen, mit 2 Einlagen 8 Personen.
7. a) In einem Jahr sind es $9{,}4 \cdot 10^8$ km.

   An einem Tag: $\frac{9{,}4 \cdot 10^8}{3{,}65 \cdot 10^2} = 2{,}6 \cdot 10^6$ km

   Das Jahr hat ca. $60 \cdot 60 \cdot 24 \cdot 365 = 3{,}1536 \cdot 10^7$ s.

   In einer Sekunde: $\frac{9{,}4 \cdot 10^8}{3{,}1536 \cdot 10^7} \approx 29{,}8$ km

   b) $V = \frac{Weg}{Zeit} \qquad \frac{9{,}4 \cdot 10^8}{365 \cdot 24} \approx 1{,}1 \cdot 10^5\ \frac{km}{h}$

Lösungen zu Seite 78

1. $R = 4{,}3\ m;\ r = 1{,}7\ m;\ A = \pi(4{,}3^2 - 1{,}7^2) = 49\ m^2$

2. $R = 30\ cm;\ r = 15\ cm;\ A = \pi(30^2 - 15^2)\ cm^2 \quad A = 2\,120{,}6\ cm^2$

3. $A = \pi R^2 - \pi r^2 \Rightarrow A - \pi R^2 = -\pi r^2 \Rightarrow \sqrt{\frac{\pi R^2 - A}{\pi}} = r;\ r = 25{,}6\ cm$

4. a) $A_\alpha = 5{,}9\ cm^2;\ b_\alpha = 2{,}6\ cm$ b) $A_\alpha = 4{,}1\ m^2;\ b_\alpha = 3{,}3\ m$ c) $A_\alpha = 7\,363{,}1\ cm^2;\ b_\alpha = 196{,}3\ cm$

5. a) $r = \sqrt{\frac{A_\alpha \cdot 360}{\pi \cdot \alpha}};\ \alpha = \frac{A_\alpha \cdot 360}{\pi \cdot r^2}$ b) $r = \frac{b_\alpha \cdot 180}{\pi \cdot \alpha};\ \alpha = \frac{b_\alpha \cdot 180}{\pi \cdot r}$

6. ① $\cos 60° = \frac{h_s}{8};\ h_s = 4\ cm$ ② $h_s + h = 8 \Rightarrow h = 4\ cm$
   ③ $\frac{s}{2} = \sqrt{8^2 - 4^2};\ \frac{s}{2} = 6{,}9\ cm$ ④ $b_\alpha = 16{,}8\ cm;\ A = \frac{16{,}8 \cdot 8 - 13{,}8(8-4)}{2}\ cm^2 = 39{,}6\ cm^2$

7. a) $b_\alpha = \frac{2A + s(r-h)}{r}$
   b) $r = \frac{2A - sh}{b_\alpha - s}$
   c) $s = \frac{b_\alpha \cdot r - 2A}{r - h}$
   d) $h = \frac{2A - b_\alpha \cdot r}{s} + r$

Lösungen zu Seite 79

1. a) $V = 21{,}952\ m^3;\ O = 47{,}04\ m^2$ b) $a = 8{,}5\ cm;\ V = 614{,}125\ cm^3$ c) $a = 9\ dm;\ O = 486\ dm^2$

2. $V = 200\ cm^3;\ O = 210\ cm^2$

3. $V = 147\ m^3;\ a = \sqrt{\frac{147}{12}} \Rightarrow a = 3{,}5\ m;\ O = 192{,}5\ m^2$

4. $h = \frac{O - 2a^2}{4a}$

5. $a = 6\ cm;\ h = 8\ cm;\ V = 288\ cm^3$

6. $V = 200\ cm^3;\ a_{Würfel} = \sqrt[3]{200};\ a_{Würfel} \approx 5{,}8\ cm$

Lösungen zu Seite 80

1. (1 dm^3 entspricht 1 l Wasser) $V = 11 \cdot 6 \cdot 6{,}5 = 429\,l;\ O = 370\ dm^2 = 0{,}37\ m^2$

2. $c = \frac{756}{7{,}5 \cdot 9} = 11{,}2\ cm;\ O = 504{,}6\ cm^2$

3. a) $G = 12\ cm^2;\ V = 144\ cm^3$; fehlende Dreieckslänge: 7,2 cm; $M = 206{,}4\ cm^2;\ O = 230{,}4\ cm^2$
   b)
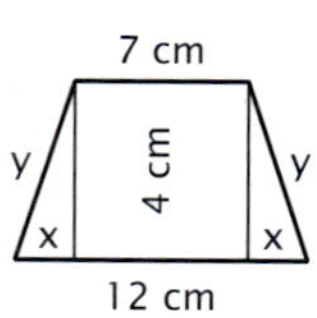

   $x = \frac{12 - 7}{2}$ $G = 38\ cm^2$
   $x = 2{,}5\ cm$ $V = 456\ cm^3$
   $y = \sqrt{4^2 + 2{,}5^2}$ $M = 340{,}8\ cm^2$
   $y = 4{,}7\ cm$ $O = 416{,}8\ cm^2$

   c) $G = 15\ cm^2;\ V = 180\ cm^3;\ M = 204\ cm^2;\ O = 234\ cm^2$
   d)
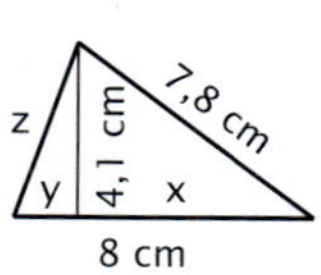

   $x = \sqrt{7{,}8^2 - 4{,}1^2}$ $z = \sqrt{4{,}1^2 + 1{,}4^2}$
   $x = 6{,}6\ cm$ $z = 4{,}3\ cm$
   $y = 8 - 6{,}6$ $M = 241{,}2\ cm^2$
   $y = 1{,}4\ cm$ $G = 16{,}4\ cm^2$ $O = 274\ cm^2$ $V = 196{,}8\ cm^3$

Lösungen zu Seite 81

1. $M = \pi \cdot 1{,}8 \cdot 2{,}4 = 13{,}57\ m^2$

2. a) $r = \frac{M}{2\pi h} = 2{,}6$ cm b) $V = 573{,}4\ cm^3$

3. a) $r \approx 4$ cm b) $M = 251{,}3\ cm^2$ $0{,}02513\ m^2 \cdot 1\,000 = 25{,}13\ m^2$

   c) $G_{Zyl} = 50{,}3\ cm^2$; Grund- und Deckfläche für eine Dose: $100{,}6\ cm^2$
   Aus einem Blech mit 82 cm · 42 cm = 3 444 cm^2 können 34 Grund- und Deckflächen gefertigt werden.
   Es werden 30 Bleche benötigt (1 000 : 34).

4. u = 21 cm; h = 29,7 cm; M = 623,7 cm^2; r = 3,3 cm; V = 1 016,1 cm^3; O = 692,1 cm^2
   u = 29,7 cm; h = 21 cm; M = 623,7 cm^2; r = 4,7 cm; V = 1 457,4 cm^3; O = 762,5 cm^2

5. a) r = 0,2 m b) V = 0,33 m^3 = 333 dm^3 c) m = 133,2 kg

Lösungen zu Seite 82

1. ① $2\pi r^2 + 2\pi rh - O = 0$

   ② $r^2 + hr - \frac{O}{2\pi} = 0$

   ③ $r^2 + 20r - 476 = 0$

   $r_{1/2} = -10 \pm \sqrt{100 + 476}$

   $r_{1/2} = -10 \pm 24$

   $r_1 = 14$ cm

   $r_2 = -34$ (keine Lösung)

   ④ V = 12 315 cm^3 = 12,315 dm^3

2. $V_{Rohling}$: r = 17,5 mm; h = 100 mm $V_{Rohling} \approx 96{,}2\ cm^3$

   a) V_{welle}: $2\pi \cdot 4^2 \cdot 20 + \pi 17{,}5^2 \cdot 60$ $V_{Welle} \approx 59{,}7\ cm^3$

   b) Abfall: 36,5 cm^3

3. V = 13 784 cm^3; O = 6 677,5 cm^2

4. a) Hier ohne Skizze: R = 11 mm; r = 10 mm b) R = 0,11 dm; r = 0,1 dm; h = 200 dm; V ≈ 1,32 dm^3

   c) $V = \pi \cdot 0{,}1^2 \cdot 200 \approx 6{,}28\ dm^3$ (6,3 *l*)

5. a) r = 6,25 dm; h = 76 dm; V ≈ 9 326,6 *l* b) R = 0,785 m; r = 0,625 m; V ≈ 5,67 m^3

Lösungen zu Seite 83

1. a = 10 cm

2. a ≈ 29,82 m; h ≈ 22,51 m; s ≈ 30,84 m; V = 6 672 m^3; M = 1610,3 m^2

3. a) 16,5 *l* = 16,5 dm^3; h = 3 dm; r = 2,3 dm = 23 cm b) s = 37,8 cm c) M = 2 731,3 cm^2

Lösungen zu Seite 84

1. V = 52 m^3

2. O = 1064 cm^2; V = 2 128 cm^3

3. h = 8,9 cm

4. a) V = 827,8 dm^3 b) s = 9 dm; M = 311 dm^2; O = 515,2 dm^2

Lösungen zu Seite 85

1. V ≈ 3,5 m^3; O ≈ 11,2 m^2

2. r ≈ 1,93 dm; O ≈ 46,8 dm^2

3. a) r_{Kugel} = 10 cm; O ≈ 1 256,6 cm^2

   b) d = 20 cm; h = 20 cm

   c) O ≈ 1 256,6 cm^2; $O_{Zyl} = O_{Kugel}$

   d) $M = 2 \cdot \pi \cdot r \cdot h$ mit h = 2r; $M = 2 \cdot \pi \cdot r \cdot 2r \Rightarrow M = 4\pi \cdot r^2$

Lösungen zu Seite 85

4. a) $V \approx 387{,}77\ m^3$ b) $r \approx 9{,}92$ m c) $M = 168{,}36\ m^2$

Lösungen zu Seite 86

1. a) 4 m^2 kosten 35 €. b) Es ist 60 m lang. c) 50 g kosten 0,95 €.

2. Nicht dazu gehört (2 € / 3,3 kg) 3. $0{,}8\ \frac{g}{Blatt}$; 700 Blatt wiegen 560g.

4. a) 7,20 € b) 12,5 kg

Lösungen zu Seite 87

1. a) Zwei Pumpen benötigen 24 Stunden. b) 60 Kräfte müssten eingesetzt werden.

2. a) Antiproportional: 5 Pumpen benötigen 4,2 Stunden. b) Proportional: 90 Inch sind 226,8 cm.

Lösungen zu Seite 88

1. a) G = 650 Personen; W = 260 Frauen; p% = 40 % b) G = 1 350 Fahrzeuge; W = 81 Fahrzeuge; p% = 6 %

2. a) $4{,}5\ \% = \frac{4{,}5}{100}$ b) $\frac{224}{100} = 2{,}24$ c) 0,25 = 25 % d) $\frac{2}{5} = 40\ \%$ e) $\frac{250}{100} = 250\ \%$ f) $\frac{16}{100} = 16\ \%$

3. a) $p\% \approx 11{,}5\ \%$ b) G = 105 c) W = 4,14

4. a) um 918 € b) 433 Schülerinnen und Schüler

Lösungen zu Seite 89

1. 1 577,76 € 2. 23,2 kg netto 3. 10 273,90 € 4. 3 110,52 €

5. G = 688 Mitglieder: 43,6 % Fußball; 12,4 % Handball; 37,6 % Tennis; 6,4 % Volleyball

Lösungen zu Seite 90

1. a) Z = 18,75 € b) p% = 4,5 % c) K = 420 000 €

2. Z = 350 € 3. Zinszeitraum: 5 Monate; Z = 265,63 €

Lösungen zu Seite 91

1. Z = 61,14 €

2. ① $t = \frac{Z \cdot 360}{K \cdot p\%}$
② t = 78 Tage

3. $K = \frac{Z \cdot 360}{t \cdot p\%} = 7\ 000$ €

4. a) ① 30 − 18 = 12
② 4 · 30 = 120
③ im August 27
④ insgesamt 159; Es sind 159 Zinstage

b) z = 1 855 €

5. $p\% = \frac{Z \cdot 12}{K \cdot m} = 3{,}6\ \%$

Lösungen zu Seite 92

1. $K_1 = 4\,690{,}40$ €
2. $K = 450$ €
3. $p\% = 3{,}4\,\%$
4. $K_8 = 5\,480{,}60$ €
5. $K = 11\,793{,}28$ € also $\approx 11\,800$ €
6. $p\% = 6\,\%$
7. $n = 4$ Jahre

Lösungen zu Seite 93

1. $K_{30} = 102\,355$ €
2. 18 Raten zu Beginn der Zeitspanne; $K_{18} = 24\,882{,}14$ €
3. a) $n = 15$ Jahre; $K_{15} = 216\,549$ € b) $K_{20} = 216\,549 \cdot 1{,}065^{20} - \dfrac{15\,000 \cdot 1{,}065(1{,}065^{20} - 1)}{0{,}065} = 142\,807{,}51$ €
4. $K_n = 0 \Rightarrow K \cdot q^n = \dfrac{R \cdot q(q^n - 1)}{q - 1}$; $R = \dfrac{K \cdot q^n \cdot (q - 1)}{q(q^{n-1})} = 7\,256{,}20$ €

Lösungen zu Seite 94

1. a) Die Gesamtzahl der Arbeiten ist 27, also ist die Note mit dem Rangplatz 14 der Median. Das ist die 3.
   b) $\bar{x} = \dfrac{2 \cdot 1 + 5 \cdot 2 + 8 \cdot 3 + 7 \cdot 4 + 4 \cdot 5 + 1 \cdot 6}{27} = 3{,}\bar{3}$ c) $S = \sqrt{\dfrac{2(2{,}\bar{3})^2 + 5(1{,}\bar{3})^2 + 8(0{,}\bar{3})^2 + 7 \cdot (-0{,}\bar{6})^2 + 4 \cdot (-1{,}\bar{6})^2 + 1 \cdot (-2{,}\bar{6})^2}{27}} \approx 1{,}247$
2. Median: 2 476,50 €; Mittelwert: 2 516,08 €
   Der Mittelwert ist informativer, es handelt sich um den monatlichen Durchschnittsverdienst.
3. a) Median: 63 280 €; Mittelwert: 93 862 €; Standardabweichung: 92 103 €; Die Standardabweichung verrät sehr große Verdienstunterschiede. Der Mittelwert hat keine Aussagekraft über die Angestelltengehälter, eher schon der Median, der unempfindlicher gegen Ausreißer (hier das Gehalt von Notar Krause) ist.

Lösungen zu Seite 95

1. Man kann 5 040 (7!) verschiedene Zahlen bilden.
2. Es gibt 240 ($6 \cdot 5 \cdot 8$) verschieden aussehende Fahrzeuge des Autotyps.
3. Für die Herren gibt es 24 (4!) verschiedene Sitzverteilungen, für die Damen ebenfalls.
   Kombiniert man jede mögliche Sitzverteilung der Herren mit jeder Sitzverteilungsmöglichkeit der Damen, so gibt es 576 ($24 \cdot 24$) Möglichkeiten, die Karten zu verteilen.
4. Es gibt 1 296 (6^4) mögliche Ergebnisse (Variation mit Zurücklegen).
5. Es gibt 360 $\left(\dfrac{6!}{(6-4)!}\right)$ Möglichkeiten (Variation ohne Zurücklegen).
6. Es gibt 13 983 816 $\left(\dfrac{49!}{6! \cdot 43!}\right)$ Möglichkeiten (Kombination ohne Zurücklegen).

Lösungen zu Seite 96

1. a) Die Ergebnismenge hat 992 Elemente ($32 \cdot 31$).
   b) E = {(Kreuz König/Herz König), (Kreuz König/Karo König), (Pik König/Herz König), (Pik König/Karo König),
   (Herz König/Kreuz König), (Herz König/Pik König), (Karo König/Kreuz König), (Karo König/Pik König),
   (Kreuz König/Herz Bube), (Kreuz König/Karo Bube), (Pik König/Herz Bube), (Pik König/Karo Bube),
   (Herz Bube/Kreuz König), (Karo Bube/Kreuz König), (Herz Bube/Pik König), (Karo Bube/Pik König),
   (Herz König/Kreuz Bube), (Herz König/Pik Bube), (Karo König/Kreuz Bube), (Karo König/Pik Bube),
   (Kreuz Bube/Herz König), (Kreuz Bube/Karo König), (Pik Bube/Herz König), (Pik Bube/Karo König),
   (Kreuz Bube/Herz Bube), (Kreuz Bube/Karo Bube), (Pik Bube/Herz Bube), (Pik Bube/Karo Bube),
   (Herz Bube/Kreuz Bube), (Herz Bube/Pik Bube), (Karo Bube/Kreuz Bube), (Karo Bube/Pik Bube)}
2. a) {WWW, WWZ, WZW, ZWW, WZZ, ZWZ, ZZW, ZZZ} b) E = {WZZ, ZWZ, ZZW, ZZZ}
3. Das Ereignis hat 25 Elemente ($5 \cdot 5$).

Lösungen zu Seite 96

4. a) absolutive Häufigkeit von E_1: 11 und von E_2: 14 b) relative Häufigkeit von E_1: 44 % $\left(\frac{11}{25} = \frac{44}{100}\right)$ und von E_2: 56 %

5. Die Serie bestand aus 800 Würfen (48 % ≙ 384 ⇒ 1 % ≙ 8 ⇒ 100 % ≙ 800).

Lösungen zu Seite 97

1. $p = \frac{6}{36} = \frac{1}{6}$ (zu E gehören 6 Ergebnisse: (6|6), (5|6), (6|5), (5|5), (6|4), (4|6)

2. $p = \frac{6}{16} = \frac{3}{8}$ (zu E gehören: WWZZ, WZWZ, WZZW, ZWZW, ZWWZ, ZZWW)

3. $p = \frac{4 \cdot 31 + 28 \cdot 4}{32 \cdot 31}$ zu E gehören: – Jeder Bube als 1. Ziehung; jede andere Karte als 2. Ziehung ⇒ 4 · 31
   $P \approx 0{,}2379$ – Jede andere Karte als 1. Ziehung und ein Bube als 2. Ziehung ⇒ 28 · 4
   $P \approx 23{,}79$ %

4. $p = \frac{12}{56} \approx 21{,}4$ % $\left(\frac{4 \cdot 3 = 12}{8 \cdot 7 = 56}\right)$

5.

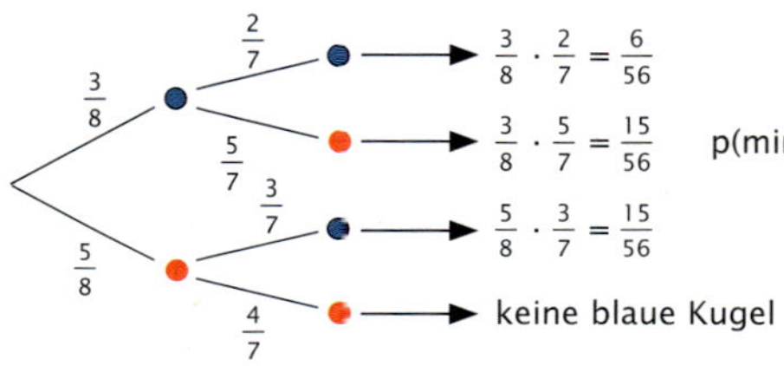

$$p(\text{mindestens 1 blaue Kugel}) = \frac{6}{56} + \frac{15}{56} + \frac{15}{56} = \frac{36}{56} \approx 64{,}3\ \%$$

6.

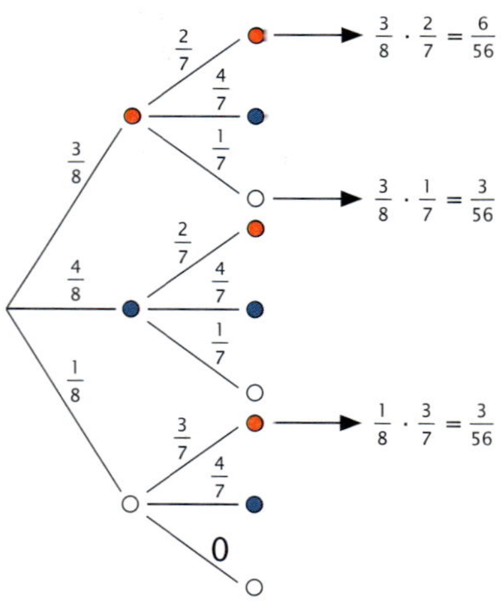

$$p(\text{Aufgabe 4}) = \frac{6}{56} + \frac{3}{56} + \frac{3}{56} = \frac{12}{56} \approx 21{,}4\ \%$$

Lösungen zu Seite 98

1. $x = 6$; linke Seite: -102, rechte Seite: -102 — Lösung, Probe je 1 P — 2 P

2. a) $\_\_\_ = 49a^4b^2 - 70a^2b^2 + 25b^2$ b) $(\_\_\_ - 7a^2)^2 = 16 - 56a^2 + \_\_\_$
   c) $(7a + 9b)(7a - \_\_\_) = \_\_\_ - 81b^2$ d) $(5a - 3b)^2 = \_\_\_ - \_\_\_ + 9b^2$ — je 1 P — 4 P

3. $x = 3$; linke Seite: $\frac{15}{15}$, rechte Seite: $\frac{5}{5}$ — Lösung, Probe je 1 P — 2 P

4. a) $a = \frac{2A}{h} - c$ b) $b = \frac{u - a - c}{2}$ c) $r = \sqrt{\frac{O}{4\pi}}$ d) $s = \frac{O - \pi r^2}{\pi r}$ (oder $s = \frac{O}{\pi r} - r$) — je 1 P — 4 P

5. a) Lösungspaar $(3 \mid -7)$ b) Lösungspaar $(4 \mid 9)$ — je 2 P — 4 P

6. $x_1 = 8$, $x_2 = -5$ Probe 1: $8 \cdot 5 - 19 = 21$
   Probe 2: $-5 \cdot (-8) - 19 = 21$ — je 1 P — 2 P

7. (1) $-2 \cdot 35 \neq -35$ kein Lösungspaar (2) $10 - 3{,}5 \neq -2$ kein Lösungspaar
   (3) $5 \cdot (-7) = -35$, $5 - 7 = -2$ Lösungspaar (4) $-18{,}5 \cdot (-16{,}5) \neq -35$ kein Lösungspaar — je $\frac{1}{2}$ P — 2 P

20 P

Lösungen zu Seite 99

1. a) 0,81 b) 1,65 — je 1 P — 2 P
2. a) 2 b) 0,16 $\left(= \frac{4}{25}\right)$ — je 1 P — 2 P
3. a) -17 b) 8 — je 1 P — 2 P
4. a) $-1{,}8$ b) -4 — je 1 P — 2 P
5. a) $4{,}156 \cdot 10^9$ b) $4{,}192 \cdot 10^{-10}$ — je 1 P — 2 P
6. a) $3{,}125 \cdot 10^{12}$ b) $7 \cdot 10^1$ — je 1 P — 2 P
7. a) a^{1-p} b) $\frac{1}{5x}$ c) b^{8-m} d) $\frac{y^3}{8x^3}$ — je 1 P — 4 P
8. a) 5 b) 2 c) 3 — je 1 P — 3 P
9. a) 25 b) 10 c) 9 — je 1 P — 3 P

22 P

Lösungen zu Seite 100

1. (1) ⇔ (A), (2) ⇔ (C), (3) ⇔ (D), (4) ⇔ (B), — je $\frac{1}{2}$ P — 2 P
2. a) $y = 1{,}5x + 6$ b) $y = 1{,}5x - 3$ c) $y = -4x + 20$ d) $y = 1{,}6x + 0{,}2$ — je 1 P — 4 P
3. a) $f(x) = (x - 2)^2 + 3$
   b) $S(2 \mid 3)$
   c) Es gibt keine Nullstellen

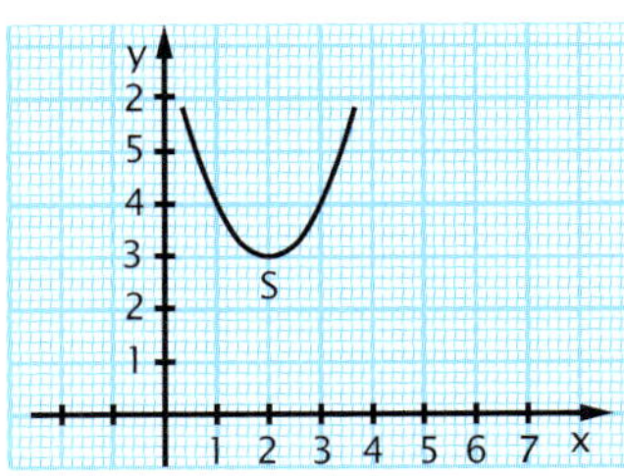

je 1 P — 4 P

4. $f(x)$ ⇔ (3), $g(x)$ ⇔ (2), $h(x)$ ⇔ (4), $k(x)$ ⇔ (1), — je $\frac{1}{2}$ P — 2 P

12 P

Lösungen zu Seite 101

1. Die Dreiecke △ PQR und △ P'Q'R' sind wegen SSS kongruent, also sind es auch die entsprechenden Winkel ∢ PQR und ∢ P'Q'R'. — 2 P
2. a) $x : 4{,}4 = 9{,}5 : 4$, $x = 10{,}45$ b) $2{,}9 : (y + 2{,}9) = 2{,}3 : 4{,}3$ $y \approx 2{,}52$ — je 2 P — 4 P
3. a) $\frac{a}{2} = \sqrt{11{,}7^2 - 10{,}9^2}$, $a \approx 8{,}5$ cm b) $d = a \cdot \sqrt{2}$, $d \approx 12$ cm — je 1 P — 2 P
4. $SK = \sqrt{15^2 - 5{,}8^2} = 13{,}83329\ldots$ In der Ebene beträgt die Entfernung ungefähr 13,8 km. — 2 P
5. a) $x \approx 8{,}2$ cm b) $\alpha \approx 39{,}3°$ c) $a \approx 6$ cm d) $b \approx 7{,}3$ cm — je 1 P — 4 P

14 P

Lösungen zu Seite 102

1. $a \approx 7{,}1$ cm, $O = 303$ cm² — je 1 P — 2 P

2. $A_{Abfall} = A_{Qr} - A_{Kr} \approx 7{,}726\ \text{cm}^2$, $\frac{7{,}726}{36} = 21{,}5\ \%$ — je 1 P — 2 P

3. $A_{Kreisring} = \pi \cdot 4{,}2^2 - \pi \cdot 2{,}7^2$; $A_{blau} = \frac{A_{Kreisring}}{360} \cdot 109$; $A \approx 9{,}845\ \text{m}^2$ — je 1 P — 2 P

4. $u \approx 16{,}65$ m; $16{,}65 : 0{,}25 \approx 66{,}6$; Es werden 67 Blumen benötigt. — 2 P

5. a) $V = V_Z + V_{Ku}$ (2 Halbkugeln), Zylinderhöhe 2,50 m
   $V \approx 2{,}827\ \text{m}^3 + 0{,}905\ \text{m}^3 = 3{,}732\ \text{m}^3$ — 1 P

   b) $O = M_Z + O_{Ku}$
   $O \approx 9{,}425\ \text{m}^2 + 4{,}524\ \text{m}^2 = 13{,}949\ \text{m}^2$ — 1 P

6. a) $V = V_W + V_P$; $V = 216\,l + 102\,l = 318\,l$
   b) $V = V_{Kl} + V_{Hk}$; $V \approx 10{,}8\,l + 4{,}6\,l \approx 15{,}4\,l$ — je 2 P — 4 P

7. $r \approx 7{,}04$ cm; $O \approx 622{,}8\ \text{cm}^2$ — je 1 P — 2 P

8. r der Kugel $\approx 0{,}282$ m; $V \approx 0{,}094\ \text{m}^3$
   a des Würfels: 0,408 m; $V \approx 0{,}068\ \text{m}^3$ — je 2 P — 4 P

9. $h = 6r$

$O = 2\pi r^2 + 2\pi r \cdot 6r$	$V = \pi r^2 h$
$O = 2\pi r^2 + 12\pi r^2$	$V = \pi r^2 \cdot 6r$
$O = 14\pi r^2$	$V = 6\pi r^3$
$r = \sqrt{\frac{O}{14\pi}}$	$V \approx 1\,672{,}3\ \text{cm}^3$
$r \approx 4{,}46$ cm	

je 1 P — 2 P

22 P

Lösungen zu Seite 103

1. Es benötigt 40 Minuten. — 2 P
2. Der Wasservorrat reicht 39 Tage. — 2 P
3. Beide Orte sind 1 500 km voneinander entfernt. — 2 P
4. Die Miete betrug 350 €. — 2 P
5. Nach einem Jahr ist der Betrag 14 490 €. — 2 P
6. Es sind ca. 52 400 000 Einwohner zu erwarten ($64\,700\,000 \cdot 0{,}993^{30}$). — 2 P
7. $(a \cdot 1{,}2) \cdot (b \cdot 1{,}2) = a \cdot b \cdot 1{,}44$; Der Flächeninhalt vergrößert sich um 44 %. — 2 P
8. Der Notendurchschnitt beträgt 3,53. — 2 P
9. Die Glücksfee kann 362 880 (9!) verschiedene 9-stellige Zahlen ziehen.
   Um sicher zu gehen, hätte man alle 362 880 möglichen Tipps abgeben müssen, was 181 440 € gekostet hätte. Gewonnen aber hätte man dann nur 100 000 € – das ist nicht fair. — 2 P

18 P

Insgesamt sind 108 Punkte im Text zu erreichen. Addieren Sie Ihre erreichten Punkte und prüfen Sie, in welchem Farbbereich Ihre Leistung angesiedelt ist. Im gelben Bereich sollten Sie dieses Buch intensiv durcharbeiten, Ihre Vorkenntnisse für die gymnasische Oberstufe weisen bedenkliche Lücken auf. Im grünen Bereich sind die Grundlagen für die Sekundarstufe II ausreichend und besser, im blauen Bereich sogar gut bis sehr gut.

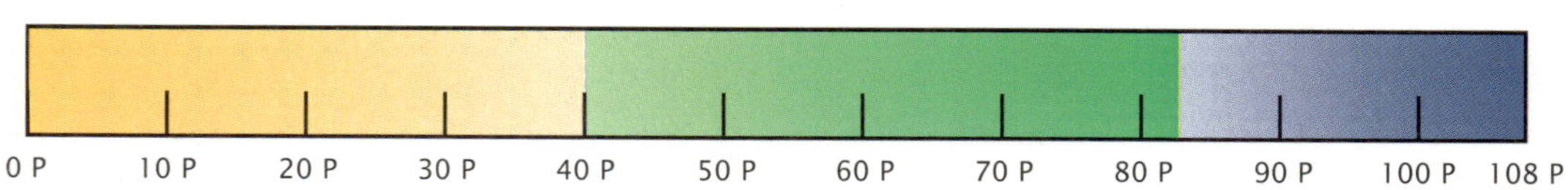